Quod erat knobelandum

Clara Löh · Stefan Krauss · Niki Kilbertus
(Hrsg.)

Quod erat knobelandum

Themen, Aufgaben und Lösungen
des Schülerzirkels Mathematik
der Universität Regensburg

2. Auflage

 Springer Spektrum

Hrsg.
Clara Löh
Fakultät für Mathematik
Universität Regensburg
Regensburg, Deutschland

Stefan Krauss
Fakultät für Mathematik
Universität Regensburg
Regensburg, Deutschland

Niki Kilbertus
MPI for Intelligent Systems
Tübingen, Deutschland

ISBN 978-3-662-58724-9   ISBN 978-3-662-58725-6   (eBook)
https://doi.org/10.1007/978-3-662-58725-6

Die Deutsche Nationalbibliothek verzeichnet diese Publikation in der Deutschen Nationalbibliografie; detaillierte bibliografische Daten sind im Internet über http://dnb.d-nb.de abrufbar.

Springer Spektrum
© Springer-Verlag GmbH Deutschland, ein Teil von Springer Nature 2016, 2019

Planung: Andreas Rüdinger

Springer Spektrum ist ein Imprint der eingetragenen Gesellschaft Springer-Verlag GmbH, DE und ist ein Teil von Springer Nature
Die Anschrift der Gesellschaft ist: Heidelberger Platz 3, 14197 Berlin, Germany

Inhaltsverzeichnis

0 Prolog ix
   Quod erat knobelandum?
   Clara Löh, Stefan Krauss, Niki Kilbertus

Teil I Erste Schritte 1

1 Musterthema 3
   Schachbrettmuster und andere Färbungen
   Timo Keller, Alexander Voitovitch

2 Von der Idee zum Beweis 11
   Eine kleine Anleitung
   Clara Löh, Theresa Stoiber, Jan-Hendrik Treude

3 Lösungsvorschläge zum Musterthema 21
   Timo Keller, Alexander Voitovitch

Teil II Themenblätter 27

1 Invarianten 29
   Was ändert sich und was bleibt gleich?
   Theresa Stoiber, Jan-Hendrik Treude

2 Zahlentheorie 37
   Wieviel Uhr ist es in hundert Stunden?
   Timo Keller, Alexander Voitovitch

3 Graphentheorie 45
   ... oder das Haus vom Nikolaus
   Andreas Eberl, Theresa Stoiber

4 Induktion 57
   $0 + 1 + 1 + 1 + 1 + 1 + 1 + 1 + 1 + \dots$
   Clara Löh

5 Spiele 69
   Mit Strategie gewinnen
   Christian Nerf, Niki Kilbertus

6   Die verflixte 7   79
    Welche Zahlen sind durch 7 teilbar?
    Stefan Krauss

7   Zahlenschleifen   85
    Das Slitherlink-Puzzle von nikoli
    Clara Löh

8   Unendliche Mengen   95
    . . . und unendlichere Mengen
    Alexander Voitovitch, Clara Löh

9   Ist doch logisch!   107
    Eine Einführung in die Aussagenlogik
    Theresa Stoiber, Niki Kilbertus

10 Numerakles   119
    . . . und seine sechs Aufgaben
    Clara Löh, Niki Kilbertus

11 RSA-Verschlüsselung   123
    Der Satz von Euler-Fermat und die RSA-Verschlüsselung
    Timo Keller

12 Der Eulersche Polyedersatz   135
    Planare Graphen und platonische Körper
    Alexander Engel

13 Folgen und Reihen   147
    1, 3, 6, 10, 15, . . . und was kommt dann?
    Theresa Stoiber, Stefan Krauss

14 Abrakadalgebra   157
    Vom Hut zum Hasen und zurück
    Clara Löh

15 Mehr Folgen und Reihen   169
    . . . oder Achilles und die Schildkröte
    Andreas Eberl

16 Ganz schön voll hier!   179
    Das Schubfachprinzip
    Gerrit Herrmann

17 Geheimnisvolle Zahlentafeln 189
   Weihnachten und die Magie der magischen Quadrate
   Karin Binder, Georg Bruckmaier

18 Roro-Robo.. 195
   Von Turtle zu Turing
   Clara Löh

Teil III Lösungsvorschläge 203

1 Lösungsvorschläge zu Thema 1 205
   Theresa Stoiber, Jan-Hendrik Treude

2 Lösungsvorschläge zu Thema 2 209
   Timo Keller, Alexander Voitovitch

3 Lösungsvorschläge zu Thema 3 215
   Andreas Eberl, Theresa Stoiber

4 Lösungsvorschläge zu Thema 4 221
   Clara Löh

5 Lösungsvorschläge zu Thema 5 229
   Christian Nerf, Niki Kilbertus

6 Lösungsvorschläge zu Thema 6 237
   Stefan Krauss

7 Lösungsvorschläge zu Thema 7 241
   Clara Löh

8 Lösungsvorschläge zu Thema 8 249
   Alexander Voitovitch, Clara Löh

9 Lösungsvorschläge zu Thema 9 253
   Theresa Stoiber, Niki Kilbertus

10 Lösungsvorschläge zu Thema 10 259
   Clara Löh, Niki Kilbertus

11 Lösungsvorschläge zu Thema 11 263
   Timo Keller

12 Lösungsvorschläge zu Thema 12 269
   Alexander Engel

13   Lösungsvorschläge zu Thema 13 275
     Theresa Stoiber, Stefan Krauss

14   Lösungsvorschläge zu Thema 14 281
     Clara Löh

15   Lösungsvorschläge zu Thema 15 287
     Andreas Eberl

16   Lösungsvorschläge zu Thema 16 293
     Gerrit Herrmann

17   Lösungsvorschläge zu Thema 17 299
     Karin Binder, Georg Bruckmaier

18   Lösungsvorschläge zu Thema 18 305
     Clara Löh

∞   Epilog 309
     Quod erat docendum?
     Stefan Krauss

Index 315

0
Prolog

Quod erat knobelandum?

Clara Löh, Stefan Krauss, Niki Kilbertus

0.1   Wie funktioniert Mathematik?   x
0.2   Wie funktioniert der Schülerzirkel?   xii
0.3   Wie funktioniert dieses Buch?   xiii
Literaturverzeichnis   xiv
Danksagungen   xv

Das vorliegende Buch enthält das überarbeitete und ergänzte Material des Schülerzirkels Mathematik der Fakultät für Mathematik an der Universität Regensburg aus den Schuljahren 2012/13–2014/15, das für die zweite Auflage um ausgewählte Themen der Schuljahre 2015/16–2017/18 ergänzt wurde. Die Originalmaterialien finden sich auf der Homepage des Schülerzirkels:

http://www.mathematik.uni-regensburg.de/schuelerzirkel

Mathematik ist eine der zentralen Kulturtechniken, die auf einmalige Weise die Strenge des logischen Denkens, die Nützlichkeit der Naturwissenschaften und die Eleganz der Kunst vereint und verbindet. Dennoch erhalten viele Schüler in der Schulausbildung leider nicht ausreichend Gelegenheit, Mathematik als attraktive und aktive Wissenschaft kennenzulernen und zu entdecken.

Ziel des im Schuljahr 2012/13 gestarteten Schülerzirkels Mathematik an der Fakultät für Mathematik der Universität Regensburg ist es, Schülerinnen und Schüler an die Mathematik heranzuführen und ihre Neugierde für diese Wissenschaft zu wecken und die Begeisterung zu fördern. Dieses Angebot ist an alle mathematikbegeisterten Schüler ab Klasse 7 gerichtet, die Spaß am Knobeln und am logischen Denken haben.

Bei der Auswahl der Themen haben wir darauf geachtet, dass die Aufgaben möglichst unabhängig vom Schulstoff bearbeitet werden können und dass viele verschiedene Gebiete der Mathematik beleuchtet werden. Die Themen sind dabei so aufbereitet, dass sie von Schülern leicht erlernt werden können.

Für die meisten Aufgaben beanspruchen wir jedoch keine mathematische Originalität. Viele der Aufgaben gehören zum weit verbreiteten Fundus mathematischer Probleme wie sie zum Beispiel auch in der Literatur zum mathematischen Problemlösen gesammelt sind [2, 1, 3]. Bei spezielleren Aufgaben haben wir versucht, Referenzen anzugeben, auch wenn es manchmal schwierig ist, die Originalquelle ausfindig zu machen. Andererseits gibt es auch Themenblätter, die sowohl bezüglich des Themas als auch in den Aufgaben vollständig neu für den Schülerzirkel konzipiert wurden (wie zum Beispiel Thema II.7 zu Zahlenschleifen).

0.1   Wie funktioniert Mathematik?

Die Einzigartigkeit der Mathematik beruht auf ihrer Exaktheit. Die formale Sprache der Mathematik mag zunächst abstrakt und abschreckend erscheinen; nach eingehenderer Beschäftigung damit stellt sich aber schnell heraus, dass es ebendiese formale Sprache ermöglicht, Sachverhalte und Argumente präzise und nachvollziehbar darzustellen.

Der rigorose Aufbau der Mathematik besteht aus den folgenden, immer wiederkehrenden Schritten:

- In **Definitionen** werden neue Begriffe präzise eingeführt.

- **Theoreme** (bzw. **Sätze**, **Lemmata**, **Korollare**, ...) enthalten Behauptungen über mathematische Objekte und deren Zusammenhang.

- In der Mathematik muss jede Behauptung durch logische Argumente aus den bereits etablierten Tatsachen abgeleitet werden. Eine solche Kette von Argumenten bezeichnet man als **Beweis**; traditionell endet ein Beweis mit **quod erat demonstrandum** (was zu beweisen war). Bemerkenswert dabei ist, dass auch der Begriff des Beweises eine stringente mathematische Definition besitzt.

Dieser Prozess benötigt natürlich einen Ursprung, an dem diese Schritte beginnen. Klassisch sind diese grundlegenden Startpunkte durch die Axiome der

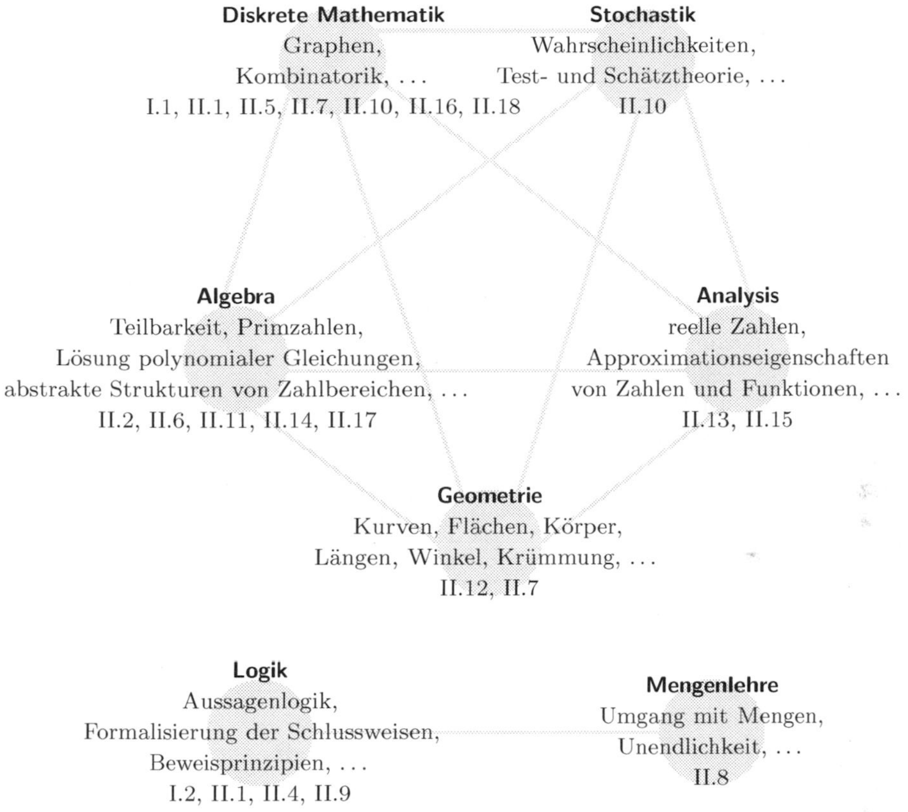

Diskrete Mathematik
Graphen,
Kombinatorik, ...
I.1, II.1, II.5, II.7, II.10, II.16, II.18

Stochastik
Wahrscheinlichkeiten,
Test- und Schätztheorie, ...
II.10

Algebra
Teilbarkeit, Primzahlen,
Lösung polynomialer Gleichungen,
abstrakte Strukturen von Zahlbereichen, ...
II.2, II.6, II.11, II.14, II.17

Analysis
reelle Zahlen,
Approximationseigenschaften
von Zahlen und Funktionen, ...
II.13, II.15

Geometrie
Kurven, Flächen, Körper,
Längen, Winkel, Krümmung, ...
II.12, II.7

Logik
Aussagenlogik,
Formalisierung der Schlussweisen,
Beweisprinzipien, ...
I.2, II.1, II.4, II.9

Mengenlehre
Umgang mit Mengen,
Unendlichkeit, ...
II.8

Abbildung 0.1: Panorama der Mathematik. Aufbauend auf Logik und Mengenlehre entwickeln und verbinden sich diverse mathematischen Teilgebiete. Die Grenzen zwischen den Gebieten verlaufen dabei fließend und durch Kombination mehrerer Gebiete entstehen neue Forschungsrichtungen (zum Beispiel algebraische Geometrie, Topologie, algebraische Topologie, Differentialgeometrie, diskrete Geometrie, ...).

Logik und Mengenlehre gegeben. Darauf aufbauend haben sich die mathematischen Teilgebiete wie Geometrie, Algebra, ... entwickelt (Abbildung 0.1 zeigt einen groben Überblick).

Einerseits erfordert und ermöglicht die Auseinandersetzung mit mathematischen Themen also diszipliniertes und selbstkritisches logisches Denken. Andererseits besitzt die Mathematik aber auch vielfältige Anwendungen in den Naturwissenschaften, in den Wirtschaftswissenschaften und im Alltag, selbst in vielen geisteswissenschaftlichen Disziplinen wie z. B. der Psychologie bildet die Mathematik in Form der Statistik das empirische Fundament.

Der wahrlich vergnügliche Teil der Mathematik besteht aber nicht darin, nur bereits bekannte Theorie und ihre Anwendungen nachzuvollziehen, sondern selbst aktiv Mathematik zu betreiben, d. h. neue Probleme zu lösen, neue Theoreme zu entdecken und neue Fragen zu stellen. Der Einstieg in das Problemlösen erfordert keine komplizierte Mathematik – selbst mit wenigen Grundbegriffen lassen sich schöne und auch knifflige Aufgaben formulieren und lösen.

Im Schülerzirkel laden wir Schüler dazu ein, diese verschiedenen Aspekte der Mathematik zu entdecken und zu erlernen.

0.2   Wie funktioniert der Schülerzirkel?

Der Schülerzirkel für Mathematik an der Universität Regensburg hat zwei Komponenten: den Korrespondenzzirkel und Workshops an der Fakultät für Mathematik. Das Schülerzirkelteam unter der Leitung der Initiatoren Clara Löh (Fachmathematik) und Stefan Krauss (Didaktik der Mathematik) besteht aus freiwilligen wissenschaftlichen Mitarbeitern der Fakultät sowie fortgeschrittenen Studenten der Mathematik.

Der **Korrespondenzzirkel** funktioniert nach dem Vorbild anderer Korrespondenzzirkel in Mathematik, wie sie früher zum Beispiel in der ehemaligen DDR etabliert waren. In unserem Fall werden fünfmal pro Schuljahr Themenblätter auf der Schülerzirkel-Homepage veröffentlicht bzw. per Email/Post an die registrierten Teilnehmer versandt. Jedes Themenblatt enthält eine Einführung in ein mathematisches Thema und passende Aufgaben dazu. Die Teilnehmer haben dann ca. acht Wochen Zeit, die Themen zu studieren, die Aufgaben einzeln oder in Gruppen zu bearbeiten und ihre Lösungen einzusenden. Diese Lösungen werden vom Schülerzirkelteam korrigiert und bewertet; die Korrekturen werden dann mit dem jeweils nächsten neuen Themenblatt an die Teilnehmer zurückgesandt. Am Ende des Schuljahres erhalten die besten Teilnehmer Preise und werden auf der Homepage des Schülerzirkels genannt.

Zu Beginn des Schuljahres 2016/17 haben wir das Format der Themenblätter leicht modifiziert: Die Themenblätter sind seitdem stärker fokussiert und gestrafft und enthalten nur noch eine kondensierte einseitige Einführung sowie eine Seite mit Aufgaben. Durch dieses kompaktere Format wird den Schülern der Einstieg sichtlich erleichtert.

Die **Workshops** finden jährlich statt und bestehen aus Vorträgen, Knobelrunden, Wettbewerben und kleinen mathematischen Experimenten. Die bisherigen Workshops hatten die folgenden Titel:

- 2013: Mathematisches Kaleidoskop

- 2014: Würfelei

- 2015: Zahlensuppe

- 2016: Georigami

- 2017: Spielologie

Wie alle Angebote des Schülerzirkels standen auch die Workshops allen Schülern aus der Region um Regensburg offen – unabhängig davon, ob sie am Korrespondenzzirkel teilgenommen haben oder nicht.

0.3   Wie funktioniert dieses Buch?

Dieses Buch ist in drei Teile gegliedert:

- In Teil I wird ein **Musterthema** des Schülerzirkels vorgestellt und gelöst; außerdem werden allgemeine Hinweise zum Problemlösen in der Mathematik und zum schlüssigen Beweisen gegeben.

- Teil II enthält das Herzstück des Buches: die fünfzehn **Themenblätter** des Schülerzirkels aus den Schuljahren 2012/13–2014/15 sowie ausgewählte Themen der Schuljahre 2015/16–2017/18. Zusätzlich haben wir die Themenblätter für dieses Buch um einige einfache Aufwärmaufgaben erweitert, die den Einstieg in die Aufgaben erleichtern sollen.

- In Teil III finden sich **Lösungsvorschläge** zu den Aufgaben dieser Themenblätter.

Lesern, die noch keine Erfahrung mit dieser Art des Problemlösens und Beweisens haben, sei empfohlen, zunächst Teil I durchzuarbeiten. Nach dem Lesen des Musterthemas (Kapitel I.1) bietet es sich an, die Hinweise zum Problemlösen und Beweisen (Kapitel I.2) zu studieren. Mit diesen Hinweisen gerüstet sollten die Aufgaben des Musterthemas gut zugänglich sein – an dieser Stelle ist natürlich Geduld, die eine oder andere Idee und auch etwas Glück gefragt. Erst wenn man sich an allen Aufgaben ernsthaft versucht hat, sollte man die Lösungsvorschläge in Kapitel I.3 zur Hilfe nehmen. Bei allen Lösungsvorschlägen ist natürlich zu beachten, dass mathematische Probleme oft eine Vielzahl verschiedener Lösungswege zulassen und wir nur eine kleine Auswahl präsentieren können.

Erfahrenere Problemlöser können sich auch direkt den Themenblättern im zweiten Teil widmen. Jedes Kapitel stellt ein mathematisches Thema vor, bietet Beispiele dazu und liefert dann eine Reihe von Aufgaben, an denen man die neu erworbenen Kenntnisse ausprobieren kann. Lösungsvorschläge zu den Aufgaben finden sich im dritten Teil.

Da unter den Themenblättern nur wenige Abhängigkeiten bestehen, können die Themenblätter im Wesentlichen in beliebiger Reihenfolge bearbeitet werden. Es empfiehlt sich aber,

- Thema II.2 zur Zahlentheorie vor Thema II.11 zur RSA-Verschlüsselung,

- Thema II.4 zur Induktion vor den Themen II.13 und II.15 zu Folgen und Reihen, und

- Thema II.3 zur Graphentheorie vor Thema II.12 zum Eulerschen Polyedersatz zu bearbeiten.

Die Themen sind so ausgewählt, dass Schüler ab Klasse 7 die mathematischen Kenntnisse haben sollten, bei jedem Themenblatt einen Teil der Aufgaben zu lösen; manche der Aufgaben erfordern jedoch weiterführende Kenntnisse aus den späteren Schuljahren. Wir haben aber insgesamt versucht darauf zu achten, dass die Themenblätter vor allem mathematische Konzepte und Gebiete behandeln, die normalerweise in der Schulmathematik nicht vertreten sind.

Die Schwierigkeiten der Aufgaben sind durch Sterne markiert – je mehr Sterne, desto schwieriger erscheint uns die Aufgabe. Im Normalfall bedeutet dies aber nicht, dass mehr Schulwissen nötig ist, um die entsprechende Aufgabe zu lösen: Die Schwierigkeit ist im Wesentlichen nicht durch die nötigen Vorkenntnisse bestimmt, sondern durch die Komplexität der zu verwendenden Argumente und Tricks.

Hinweise und Zusatzinformationen für Lehrer finden sich im Epilog (S. 309).

Literatur

[1] D. Djukić, V. Janković, I. Matić, N. Petrović. *The IMO Compendium: A Collection of Problems Suggested for International Mathematical Olympiads 1959–2009*, Problem Books in Mathematics, zweite Auflage, Springer, 2011.

[2] A. Engel. *Problem-Solving Strategies, Problem Books in Mathematics*, Springer, 1998.

[3] S. Vandervelde. *Circle in a Box, MSRI Mathematics Circles Library*, AMS, 2009.

Danksagungen

Wir möchten uns an dieser Stelle ganz herzlich bei allen Unterstützern des Schülerzirkels bedanken. An erster Stelle geht unser Dank an die teilnehmenden Schüler und Lehrer.

Ohne die tatkräftige, kreative und professionelle Mithilfe der Mitarbeiter Karin Binder, Rosina Bonn, Georg Bruckmaier, Laura Drossel, Andreas Eberl, Brigitte Eichenseher, Alexander Engel, Tabea Fischer, Franziska Hagn, Gerrit Herrmann, Timo Keller, Christian Nerf, Antonella Perucca, Mihaela Pilca, Gesina Schwalbe, Theresa Stoiber, Jan-Hendrik Treude, Alexander Voitovitch und Michael Völkl wäre der Schülerzirkel – und somit auch dieses Buch – nicht denkbar gewesen.

Ein ganz besonderer Dank geht an Matthias Moßburger für seine sorgfältigen Anmerkungen zu unserem ursprünglichen Material. Die Fehlerfüchse Dominik Pruy, Patrick Weber und Anna Zellner haben uns bei der ersten Auflage auf den letzten Metern bei der Fehlerjagd unterstützt.

Wir wünschen viel Freude beim Entdecken und Knobeln!

Regensburg, den 1. Dezember 2018

Clara Löh
Stefan Krauss
Niki Kilbertus

Teil I

Erste Schritte

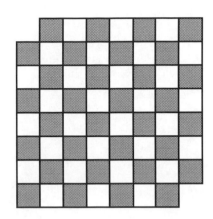

1
Musterthema

Schachbrettmuster und andere Färbungen

Timo Keller, Alexander Voitovitch

1.1   Der Färbungstrick   4
1.2   Weitere Beispielaufgaben   5
1.3   Aufgaben   6
Literaturverzeichnis   9
Lösungen zu den Aufgaben   21

Knobelaufgabe. Ist es möglich, die rechten drei Bretter in Abbildung 1.1 mit Dominosteinen zu überdecken? Begründe deine Antwort!

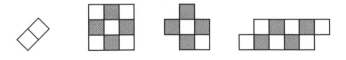

Abbildung 1.1: Dominostein und Bretter

© Springer-Verlag GmbH Deutschland, ein Teil von Springer Nature 2019
C. Löh et al. (Hrsg.), *Quod erat knobelandum*,
https://doi.org/10.1007/978-3-662-58725-6_1

1.1 Der Färbungstrick

Lukas hat obige Knobelaufgabe schnell gelöst. Nun stellt ihm sein Mathematiklehrer eine anspruchsvollere Aufgabe, mit dem Tipp, sich die schwarzen und weißen Felder anzuschauen:

Beispielaufgabe 1.1. Lässt sich das Schachbrett aus Abbildung 1.2 durch 31 Dominosteine überdecken?

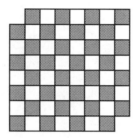

Abbildung 1.2: Ein Schachbrett, dem zwei Ecken fehlen

Um diese Aufgabe zu lösen, schneidet sich Lukas aus Papier 31 Dominosteine aus, und probiert zu Hause auf einem Schachbrett viele Überdeckungen aus. Bald merkt er, dass er mit dieser Methode nicht weiterkommt, da es zu viele Möglichkeiten gibt, die Dominosteine auf dem Brett zu verteilen. Lukas fragt sich, wie er den Tipp seines Lehrers anwenden könnte. Er hat schon bemerkt, dass jeder Dominostein ein schwarzes und ein weißes Feld überdeckt, aber wie soll ihm das weiterhelfen?

Mit dieser Beobachtung hat Lukas die Aufgabe schon fast gelöst, er muss nur noch die weißen und schwarzen Felder des Bretts zählen. Es gibt nämlich 30 weiße und 32 schwarze. Bei jeder Überdeckung durch Dominosteine würden aber gleich viele weiße wie schwarze Felder überdeckt werden. Daher ist klar, dass sich obiges Brett nicht durch 31 Dominosteine überdecken lässt. Mit diesem Trick kann man also obige Aufgabe lösen, ohne herumprobieren zu müssen.

Die Färbung des Schachbretts hat hier entscheidend zur Lösung der Aufgabe beigetragen. Bei dem klassischen Schachbrettmuster decken alle draufgelegten Dominosteine immer je ein schwarzes und ein weißes Feld ab. Dagegen kann in einer anderen Situation eine andere Färbung des Schachbretts nützlicher sein, wie wir in Beispielaufgabe 1.3 sehen werden.

Neben Beispielaufgabe 1.1 und den folgenden Aufgaben findet man im Buch von Engel [1] noch viele andere Probleme, die sich mit Färbungen lösen lassen.

1.2 Weitere Beispielaufgaben

Beispielaufgabe 1.2. Zeige, dass ein 8×8-Brett nicht durch 15 T-Formen und eine 2×2-Form wie in Abbildung 1.3 überdeckt werden kann.

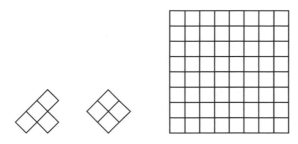

Abbildung 1.3: Eine T-Form, eine 2×2-Form und und ein 8×8-Brett

Lösung. Färbe das Brett mit einem schwarz-weiß-Schachbrettmuster. Dann gibt es gleich viele schwarze wie weiße Felder, nämlich jeweils 32. Legt man die 2×2-Form auf das Brett, so deckt sie je zwei weiße und zwei schwarze Felder ab. Für eine T-Form gibt es zwei Fälle:

1. Die T-Form überdeckt ein weißes und drei schwarze Felder. Dann nennen wir sie dunkle T-Form.

2. Die T-Form überdeckt drei weiße und ein schwarzes Feld. Dann nennen wir sie helle T-Form.

Je mehr dunkle T-Formen es gibt (und damit weniger helle), desto mehr schwarze Felder werden abgedeckt. Bei sieben dunklen T-Formen (und damit acht hellen) werden $7 \cdot 3 + 8 \cdot 1 + 1 \cdot 2 = 31$ schwarze Felder überdeckt (die 2×2-Form überdeckt $1 \cdot 2$ schwarze Felder). Für weniger als sieben dunkle T-Formen werden weniger als 31 schwarze Felder abgedeckt. Außerdem werden bei acht oder mehr dunklen T-Formen mindestens $8 \cdot 3 + 7 \cdot 1 + 1 \cdot 2 = 33$ schwarze Felder überdeckt. Also ist eine Überdeckung nicht möglich, weil nicht gleich viele schwarze wie weiße Felder abgedeckt werden können.

Alternativ geht es mit folgendem Ansatz: Sei x die Anzahl der dunklen T-Formen. Dann gibt es $15 - x$ helle T-Formen und es werden

$$x \cdot 3 + (15 - x) \cdot 1 + 1 \cdot 2 = 17 + 2x$$

schwarze Felder überdeckt. Weil es genau 32 schwarze Felder gibt, muss $17 + 2x = 32$ gelten, also $2x = 15$. Das kann aber nicht sein, da 15 nicht durch 2 teilbar ist. Also ist eine Überdeckung nicht möglich.   ◫

Beispielaufgabe 1.3. Zeige, dass ein 8×8-Brett nicht durch 15 L-Formen und eine 2×2-Form wie in Abbildung 1.4 abgedeckt werden kann.

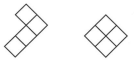

Abbildung 1.4: Eine L-Form und eine 2 × 2-Form

Lösung. Färbe diesmal das Brett in scharz-weiß-Spalten wie in Abbildung 1.5. Auch hier überdeckt die 2 × 2-Form je zwei weiße und zwei schwarze Felder. Wie in obiger Beispielaufgabe deckt eine L-Form entweder drei weiße und ein schwarzes Feld (helle L-Form) oder drei schwarze und ein weißes Feld (dunkle L-Form) ab. Auch hier lässt sich zeigen, dass eine Überdeckung nicht möglich ist, indem man in der Argumentation der obigen Lösung „T-Form" durch „L-Form" ersetzt.   ▣

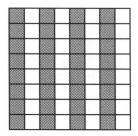

Abbildung 1.5: Ein 8 × 8-Brett gefärbt in schwarz-weiß-Spalten

Versuche nun selbst durch passende Färbungen die folgenden Aufgaben zu lösen. Dabei solltest du immer deinen Lösungsweg begründen. Eine kleine Anleitung dazu, wie du deine Ideen zu einem mathematisch sauberen Beweis machst, findest du in in Kapitel I.2.

1.3   Aufgaben

Aufwärmaufgabe 1.A. Zeige, dass ein 8 × 8-Brett wie rechts in Abbildung 1.3 durch 32 Dominosteine wie links in Abbildung 1.1 überdeckt werden kann.

Aufwärmaufgabe 1.B. Zeige, dass man eine T-Form wie links in Abbildung 1.3 nicht durch zwei Dominosteine überdecken kann.

Aufwärmaufgabe 1.C. Überdecke ein 8 × 8-Brett wie rechts in Abbildung 1.3 durch 16 L-Formen wie links in Abbildung 1.4.

Aufgabe 1.1 (*). Ist es möglich, ein 4×4-Brett durch drei L-Formen und eine 2×2-Form wie in Abbildung 1.4 abzudecken?

Aufgabe 1.2 (*).

1. Kann man mit vier T-Formen ein 4×4-Brett überdecken?

2. Lässt sich ein 6×6-Brett durch neun T-Formen abdecken?

Aufgabe 1.3 (Färbungstetris**). Beim Spiel Färbungstetris geht es darum, vorgegebene Bereiche mit den herunterfallenden Steinen zu füllen. Die ersten fünf herunterfallenden Formen sind genau die fünf Formen aus Abbildung 1.6. Warum kann selbst der begabteste Färbungstetris-Profi damit nicht den skizzierten Turm ausfüllen? Dabei dürfen die Formen in beliebiger Reihenfolge herunterfallen.

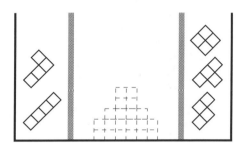

Abbildung 1.6: Tetris

Aufgabe 1.4 (Grillgitter**). In einem Supermarkt wird ein Bausatz für ein Grillgitter verkauft. Nach dem Kauf soll man das Gitter aus den 10 Einzelstücken aus Abbildung 1.7 zusammenlöten. Auf der Verpackung ist das Gitter wie rechts in Abbildung 1.7 zu sehen. Zeige, dass das Zusammensetzen des Gitters nicht möglich ist.

Hinweis. Färbe die senkrechten Stäbe anders als die waagrechten.

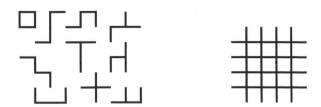

Abbildung 1.7: Ist es möglich die zehn Einzelstücke so zusammenzulöten, dass das rechte Gitter herauskommt?

Aufgabe 1.5 (Würfel-Planet**). Auf einem sehr kleinen, würfelförmigen Planeten kam es bei der letzten Aufteilung des wertvollen Rohstoffs Wertvollenium zu Streitigkeiten zwischen den 14 Städten, wobei sich auf jeder der acht Ecken und jeder der sechs Seitenflächen des Würfels eine Stadt befindet. Zur Versöhnung möchte der Imperator des Planeten ein Autorennen auf den Hauptstraßen (in Abbildung 1.8 gestrichelt) veranstalten lassen. Dabei soll in einer Runde jede Stadt genau einmal passiert werden. Weshalb ist seine Idee nicht umsetzbar?

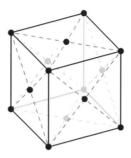

Abbildung 1.8: Der Würfelplanet

Aufgabe 1.6 (Austausch von Pflastersteinen***, nach Engel [1, Problem 2.1]). Heidi hat eine quadratische 8×8-Fläche in ihrem Garten mit 2×2- und 1×4-Steinen gepflastert. Als sie einen schweren Grill darauf stellen will, bricht einer der Steine. Sie hat leider nur noch einen Pflasterstein vom anderen Typ als jener, der gebrochen ist. Kann sie, wenn sie den kaputten Stein durch den neuen Stein vom anderen ersetzt, durch Umordnen der Steine wieder die 8×8-Fläche überdecken?

Aufgabe 1.7 (Ziegelsteinstapel***, nach Engel [1, Problem 2.7]). Dem Maurer Hans Ziegler bleiben nach der Arbeit genau 250 Ziegelsteine vom Typ $1 \times 1 \times 4$ wie in Abbildung 1.9 übrig. Um seinen Chef zu beeindrucken, möchte er sie zu einem würfelförmigen $10 \times 10 \times 10$-Block stapeln. Warum wird Herr Ziegler das nicht schaffen?

Abbildung 1.9: Ein $1 \times 1 \times 4$-Ziegelstein

Hinweis. Bei dieser Aufgabe brauchst du mehr als zwei Farben.

Literatur

[1] A. Engel. *Problem-Solving Strategies*, *Problem Books in Mathematics*, Springer, 1998.

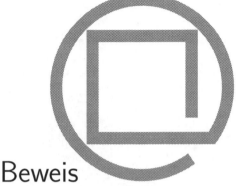

2
Von der Idee zum Beweis

Eine kleine Anleitung

Clara Löh, Theresa Stoiber, Jan-Hendrik Treude

2.1   Wie geht man an ein Problem heran?   12
2.2   Was ist ein Beweis?   14
2.3   Wie schreibt man eine Lösung auf?   19
Literaturverzeichnis   20

Das Lösen eines mathematischen Problems besteht aus zwei Teilen:

1. Der erste Teil besteht darin, Ideen zu sammeln und zu versuchen, eine Lösung zu finden.

2. Der zweite Teil besteht darin, diese Lösung im Detail sauber auszuarbeiten und schlüssig als Beweis aufzuschreiben.

Man kann dies mit dem Bau einer Brücke vergleichen. Zunächst muss die Brücke konzipiert werden; im zweiten Schritt wird die Brücke dann tatsächlich gebaut. Das Projekt ist erst dann erfolgreich abgeschlossen, wenn die Brücke tatsächlich steht, die gewünschten Punkte miteinander verbindet und nicht einstürzt. Dazu muss in beiden Phasen sorgfältig und kreativ gearbeitet werden.

Wir werden in diesem Kapitel diese beiden allgemeinen Aspekte des Problemlösens genauer beschreiben. Insbesondere werden wir auch darauf eingehen, was ein mathematischer Beweis eigentlich ist, und erste Beweistechniken

© Springer-Verlag GmbH Deutschland, ein Teil von Springer Nature 2019
C. Löh et al. (Hrsg.), *Quod erat knobelandum*,
https://doi.org/10.1007/978-3-662-58725-6_2

kennenlernen. Speziellere Beweistechniken werden in den Themenblättern vorgestellt.

2.1   Wie geht man an ein Problem heran?

Als erstes beschreiben wir grundlegende Schritte, die den Einstieg in die Lösung eines mathematischen Problems bzw. einer Aufgabe erleichtern.

- Lies dir die Aufgabe gründlich durch. Verstehst du alle Begriffe? Falls nicht, scheue dich nicht davor, jemanden zu fragen oder selbst die fehlenden Begriffe nachzuschlagen.

- Was ist gegeben? Was soll gezeigt werden? Wie hängen die verschiedenen Dinge miteinander zusammen? Wenn dir die Aufgabenstellung unklar erscheint, versuche sie in eigenen Worten wiederzugeben.

- Was weißt du bereits über die auftretenden Begriffe oder ähnliche Situationen?

- Kann man einfache Beispiele ausprobieren? Kann man Beispiele für die allgemeine Fragestellung finden und das Problem in diesen Fällen lösen?

- Probiere verschiedene Wege und Methoden aus. Gibt es eine naheliegende spezielle Lösungsstrategie für diese Aufgabe?

- Wenn dir die Aufgabe unplausibel erscheint, kannst du versuchen, die Voraussetzungen zu modifizieren oder das Gegenteil zu zeigen und Erkenntnisse daraus gewinnen, an welcher Stelle dies scheitert.

- Vielleicht hilft eine Skizze?

- Versuche das Problem in kleinere Schritte aufzuteilen.

- Verwende Schmierpapier, um deine Überlegungen zu notieren.

Wir betrachten zur Illustration das folgende Beispielproblem.

Problem. Sei $n > 0$ eine natürliche Zahl. Markiere auf einem Kreis n Punkte und zeichne alle Sehnen zwischen diesen Punkten ein. Wird der Kreis durch diese Linien in genau 2^{n-1} Flächenstücke zerlegt?

Falls du dich nicht daran erinnerst, was eine Sehne in einem Kreis ist, solltest du diesen Begriff nun nachschlagen.

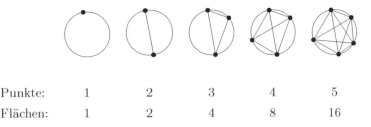

Punkte:	1	2	3	4	5
Flächen:	1	2	4	8	16

Abbildung 2.1: Experimente zum Beispielproblem

Um ein Gefühl für dieses Problem zu erhalten, betrachten wir Beispiele für kleine Werte von n. Wir markieren also einen, zwei, drei, ... Punkte auf einem Kreisrand, verbinden diese Punkte jeweils durch gerade Linien und zählen die entsprechenden Flächenstücke, die wir im Kreis erhalten. Wir erhalten so zum Beispiel die Bilder in Abbildung 2.1.

Nach der Betrachtung dieser Beispiele ist es an der Zeit, eine erste Vermutung zu formulieren:

Vermutung. Sei $n > 0$ eine natürliche Zahl. Markiere auf einem Kreis n Punkte und zeichne alle Sehnen zwischen diesen Punkten ein. Dann wird der Kreis durch diese Linien in genau 2^{n-1} Flächenstücke zerlegt.

Für die Werte $1, 2, \ldots, 5$ für n scheint dies nach den obigen Bildern richtig zu sein; strenggenommen haben wir die Vermutung für diese Zahlenwerte noch nicht bewiesen, da wir ja nur bestimmte Punkte markiert haben, die Behauptung aber für jede Wahl gezeigt werden muss.

Was passiert aber für größere Werte von n? Wir markieren auf einem Kreis sechs Punkte und verbinden sie jeweils durch gerade Linien. Nach unserer Vermutung müssten wir dann $2^{6-1} = 2^5 = 32$ Flächenstücke erhalten. Zu unserer Verblüffung stellen wir aber fest, dass dies *nicht* der Fall ist: Zum Beispiel erhalten wir links in Abbildung 2.2 genau 30 Flächenstücke und rechts genau 31.

Insgesamt stellen wir fest, dass sich das Verhalten ab $n = 6$ drastisch verändert: Je nach Position der Punkte erhalten wir verschiedene Anzahlen von Flächenstücken und insbesondere erhalten wir nicht immer die Anzahl 2^{n-1}. Die Vermutung ist damit widerlegt. Zu dem Zeitpunkt, zu dem wir die Vermutung aufgestellt haben, hatten wir einfach noch nicht genügend Beispiele gesehen, um das Problem wirklich zu verstehen.

Wie das Beispiel mit den Kreisen gezeigt hat, genügt schon ein einziges **Gegenbeispiel** (in unserem Fall die Beispiele in Abbildung 2.2), um eine allgemeine Vermutung zu widerlegen.

Wie sieht es aber mit der folgenden Vermutung aus?

Vermutung. Die Summe zweier gerader ganzer Zahlen ist gerade.

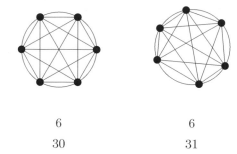

Punkte:	6	6
Flächen:	30	31

Abbildung 2.2: Experimente zum Beispielproblem mit sechs Randpunkten

Ist diese Vermutung richtig oder falsch? Probiere es doch an ein paar Beispielen aus! So lange man es auch versucht, es scheint sich einfach kein Gegenbeispiel finden zu lassen. Also scheint die Vermutung richtig zu sein. Aber wie können wir uns wirklich sicher sein, dass die Vermutung stimmt? Schließlich gibt es ja noch unendlich viele Beispiele, die wir noch nicht ausprobiert haben. Die einzige Möglichkeit, sicher zu gehen, dass die Vermutung stimmt, ist sie zu *beweisen*. In der Tat ist die Vermutung richtig und wir werden im folgenden Abschnitt sehen, wie man das beweisen kann. Dazu müssen wir aber zunächst lernen, was ein Beweis überhaupt ist.

2.2   Was ist ein Beweis?

Das klassische Fundament der Mathematik besteht aus zwei Komponenten: der **mathematischen Logik** und der **Mengenlehre**. Die Logik beschreibt die Regeln, nach denen argumentiert und bewiesen werden kann, und die Mengenlehre beschreibt, welche mathematischen Objekte beschrieben und konstruiert werden können. Beide Gebiete sind eng miteinander verzahnt; der lückenlose gleichzeitige Aufbau von Logik und Mengenlehre ist jedoch sehr aufwendig. Wir werden daher im Folgenden nur die wichtigsten Aspekte des Beweisbegriffs skizzieren.

2.2.1   Logische Grundlagen

Die mathematische Logik beschäftigt sich mit den folgenden Fragen:

- Wie kann man die mathematische Sprache formalisieren?

- Was ist eine „wahre" mathematische Aussage?

- Was ist ein Beweis?

- Was kann man beweisen? Gibt es Grenzen der Beweisbarkeit?

Die **Aussagenlogik** bildet den Startpunkt der Beantwortung der ersten beiden Fragen (s. Kapitel II.9).

Ein Beweis ist nichts anderes als eine Formalisierung der gängigen logischen Schlussweisen: Gegeben seien

- eine **mathematische Theorie** T (z. B. die Zahlentheorie, gegeben durch ihre Axiome und Definitionen der zugehörigen Begriffe),

- **Voraussetzungen** V (z. B.: „Seien gerade ganze Zahlen n und m gegeben."), und

- eine **Behauptung** B (z. B.: „Dann ist auch $n + m$ gerade.").

Ein **Beweis** dafür, dass die Behauptung B in der Theorie T logisch aus den Voraussetzungen V folgt, ist dann eine endliche Folge von Aussagen in der Theorie T mit folgenden Eigenschaften: Jede dieser Aussagen ist

- ein Axiom von T oder eine Voraussetzung aus V,

- eine wahre Aussage aus der Aussagenlogik (z. B.: „Wenn A und A' gelten, so gilt insbesondere A'."),

- oder man erhält sie aus vorherigen Aussagen des Beweises (Enthalten die vorigen Aussagen des Beweises bereits die Aussage „Wenn A gilt, so folgt A'." und die Aussage „Es gilt A.", so darf auch die Aussage „Es gilt A'." zum Beweis hinzugefügt werden.),

- die letzte Aussage des Beweises ist die Behauptung B.

Beweise bauen sich also Schritt für Schritt aus Axiomen, Voraussetzungen und einfachen logischen Schlüssen auf. Wir werden dies im Folgenden anhand von Beispielen aus der Zahlentheorie genauer kennenlernen.

2.2.2   Direkter Beweis

Die naheliegendste Beweismethode ist der sogenannte **direkte Beweis**. Dabei wird ausgehend von den Voraussetzungen Aussage für Aussage bis zur Behauptung gefolgert. Ein einfaches Beispiel eines direkten Beweises ist:

Voraussetzung. Seien n und m gerade ganze Zahlen.

Behauptung. Dann ist auch $n + m$ gerade.

Beweis. Laut Voraussetzung sind n und m gerade ganze Zahlen. Dies bedeutet per Definition, dass n und m durch 2 teilbar sind. Also gibt es ganze Zahlen a und b mit

$$n = 2 \cdot a \quad \text{und} \quad m = 2 \cdot b.$$

Für die Summe $n + m$ erhalten wir somit

$$n + m = 2 \cdot a + 2 \cdot b = 2 \cdot (a + b).$$

Also ist auch $n + m$ durch 2 teilbar und daher eine gerade ganze Zahl.   ▣

2.2.3 Beweis durch Kontraposition

Manchmal ist es geschickter, statt der **Implikation**

Wenn A nicht gilt, so gilt auch B nicht.

die dazu äquivalente Implikation (die sogenannte **Kontraposition**)

Wenn B gilt, so folgt A.

zu beweisen. Wir betrachten dazu das folgende Beispiel:

Voraussetzung. Seien n und m ganze Zahlen.

Behauptung. Gilt $n \cdot m \neq 0$, so folgt $n \neq 0$ und $m \neq 0$.

Beweis. Wir zeigen die Kontraposition der Behauptung. Sei also $n = 0$ oder $m = 0$. Ohne Einschränkung können wir $n = 0$ annehmen (ansonsten vertauschen wir die Rollen von n und m). Dann folgt

$$n \cdot m = 0 \cdot m = 0.$$

Damit ist die Kontraposition der Behauptung (und somit auch die Behauptung) gezeigt.   ▣

2.2.4 Indirekter Beweis

Verwandt mit dem Beweis durch Kontraposition ist der **indirekte Beweis**. Dabei geht man wie folgt vor: Ist die Aussage A zu zeigen, so nimmt man an, dass A *nicht* gilt, und führt dies zu einem Widerspruch. Da A somit nicht nicht gilt, folgert man, dass A gilt. Diese Beweistechnik beruht auf dem Axiom, dass es außer *wahr* und *falsch* keine anderen Wahrheitswerte gibt. Die Widerspruchsannahme wird dabei im Normalfall mit „Angenommen, . . .“ eingeleitet. Zum Beispiel können wir durch einen indirekten Beweis zeigen, dass es unendlich viele Primzahlen gibt:

Behauptung. Es gibt unendlich viele Primzahlen.

Beweis. Da 2 eine Primzahl ist, gibt es mindestens eine Primzahl. *Angenommen,* es gäbe nur endlich viele Primzahlen $p_1, \ldots, p_n$ mit $n \geq 1$. Dann betrachten wir die ganze Zahl

$$m := p_1 \cdot p_2 \cdot \cdots \cdot p_n + 1.$$

Da 2 eine Primzahl ist, ist $m > 1$ und besitzt somit mindestens einen Primteiler. Da n nach Konstruktion nicht durch $p_1, \ldots, p_n$ teilbar ist, muss es außer $p_1, \ldots, p_n$ noch weitere Primzahlen geben, im Widerspruch zu unserer Annahme. Also gibt es unendlich viele Primzahlen. ◻

Es ist zu beachten, dass sich die Beweismethode des indirekten Beweises *nicht* in der folgenden Weise abändern lässt: Um eine Aussage A zu beweisen, genügt es *nicht*, aus A eine wahre Aussage zu folgern! Zum Beispiel folgt aus $2015 = 2016$ die wahre Aussage $0 \cdot 2015 = 0 \cdot 2016$; aber die Aussage $2015 = 2016$ ist trotzdem *nicht* wahr.

Auch wenn es manchmal leichter erscheint, einen indirekten Beweis einer Aussage zu finden, sollte man versuchen, den Beweis in einen direkten Beweis zu übersetzen. In vielen Fällen wird der Beweis dadurch klarer, verständlicher und kürzer.

2.2.5 Beweis von Äquivalenzen und Gleichheiten

Eine **Äquivalenz** ist eine Aussage der folgenden Form:

Es gilt genau dann A, wenn B gilt.

Dies lässt sich in die Aussage

Wenn A gilt, so folgt auch B,
und
wenn B gilt, so folgt auch A.

umformen; der Beweis einer Äquivalenz besteht daher im Normalfall aus zwei Teilen, nämlich den Beweisen der beiden Folgerungsrichtungen. Wir illustrieren dies an einem Beispiel aus der Zahlentheorie:

Voraussetzung. Sei n eine ganze Zahl.

Behauptung. Dann ist n genau dann gerade, wenn n^2 gerade ist.

Beweis. Wir zeigen die beiden Implikationsrichtungen einzeln:
Sei n gerade. Also gibt es eine ganze Zahl a mit $n = 2 \cdot a$ und es folgt

$$n^2 = (2 \cdot a)^2 = 2 \cdot 2 \cdot a^2.$$

Somit ist auch n^2 gerade. Dies zeigt die erste Implikation.

Sei umgekehrt n^2 gerade. Also gibt es eine ganze Zahl a mit $n \cdot n = n^2 = 2 \cdot a$. Da 2 eine Primzahl ist, muss 2 somit einen der beiden Faktoren n von $n \cdot n$ teilen. Daher ist n gerade. Dies zeigt die zweite Implikation. $\square$

Ähnlich zum Beweis von Äquivalenzen ist es auch beim Nachweis von Gleichheiten von Mengen oder Zahlen oft ratsam, den Beweis in die zwei Mengeninklusionen bzw. Ungleichungen aufzuteilen.

2.2.6   Beweis von Eindeutigkeitsaussagen

Soll eine **Eindeutigkeitsaussage** der Form

$$\text{Es gibt genau ein } x, \text{ sodass } A(x) \text{ gilt.}$$

bewiesen werden, so sind zwei Dinge zu zeigen:

- **Existenz**. Es gibt mindestens ein x, das $A(x)$ erfüllt. Dies kann häufig durch die konkrete Angabe dieses x gezeigt werden.

- **Eindeutigkeit**. Es ist zu zeigen, dass x – falls es existiert – eindeutig ist. Dies kann häufig dadurch gezeigt werden, indem man annimmt, dass auch y die Bedingung $A(y)$ erfüllt, und daraus $x = y$ folgt.

Als Beispiel betrachten wir sogenannte Primzahldrillinge: Ein **Primzahldrilling** ist ein Tripel (p, q, r) von Primzahlen mit $q = p + 2$ und $r = q + 2$.

Behauptung. Es gibt genau einen Primzahldrilling.

Beweis. *Existenz:* Offensichtlich ist $(3, 5, 7)$ ein Primzahldrilling.

Eindeutigkeit: Sei (p, q, r) ein Primzahldrilling. Man überlegt sich leicht, dass von den drei Zahlen p, $q = p + 2$, $r = p + 4$ mindestens eine durch 3 teilbar ist. Da 3 die einzige durch 3 teilbare Primzahl ist und gleichzeitig die kleinste ungerade Primzahl ist, folgt nun, dass $p = 3$, $q = 5$ und $r = 7$ ist. $\square$

2.2.7   Weitere Beweistechniken

Aufbauend auf diesen allgemeinen Beweistechniken gibt es viele spezielle Beweistechniken. Zum Beispiel bietet sich für Aussagen über natürliche Zahlen das Prinzip der vollständigen Induktion (Kapitel II.4) an. Weitere wichtige Techniken sind Färbungen (Kapitel I.1) und andere Invarianten (Kapitel II.1), das Extremalprinzip [3, Kapitel 3], etc. [5, 6, 3, 1].

2.3   Wie schreibt man eine Lösung auf?

Den Abschluss des Lösungsprozesses bildet das Aufschreiben der Lösung und das Korrekturlesen. Die folgenden Hinweise helfen dabei:

- Stell dir vor, du würdest jemand anderem die Lösung erklären und auf seine kritischen Rückfragen antworten. Schreibe die Lösung genau so auf.

- Beschreibe deine Gedankengänge, damit auch der Leser deine Lösung nachvollziehen kann.

- Gliedere deine Lösung in kleine, leicht verständliche Schritte.

- Achte auf eine korrekte logische Reihenfolge deiner Argumente.

- Bemühe dich um eine saubere Darstellung: Schreibe genau auf, was gegeben ist, was du behauptest und markiere den Anfang und das Ende des Beweises. So etwa könnte das dann aussehen:

  Voraussetzung. Hier steht, welche Voraussetzungen gegeben sind.

  Behauptung. Hier steht die Behauptung.

  Beweis. Hier steht der Beweis.

  > **Zwischenbehauptung 1.**
  > **Beweis von Zwischenbehauptung 1.**
  > Ende des Beweises von Zwischenbehauptung 1.   □
  > **Zwischenbehauptung 2.**
  > **Beweis von Zwischenbehauptung 2.**
  > Ende des Beweises von Zwischenbehauptung 2.   □
  > ⋮

  Ende des Beweises der Behauptung.   □

Mathematiker benutzen gerne □ oder *qed* (quod erat demonstrandum: was zu zeigen war), um das Ende des Beweises zu kennzeichnen. Wir werden in diesem Buch das Symbol ⊕ verwenden.

- Überprüfe noch einmal, ob dein Beweis wirklich das zeigt, was du behauptet hast.

- Hast du alle Variablen eingeführt? Sind deine Sätze verständlich formuliert?

- Sei misstrauisch gegenüber deiner eigenen Lösung und hinterfrage alle Schritte.

- Lies dir die Lösung später noch einmal durch. Verstehst du sie selbst noch?!

Sowohl das verständliche Schreiben als auch das kritische Hinterfragen lassen sich gut an einfachen Beispielen üben; die Bücher von Beutelspacher [2] und Konforowitsch [4] enthalten viele schöne Übungsaufgaben dazu.

Literatur

[1] M. Aigner, G. M. Ziegler. *Proofs from THE BOOK*, vierte Auflage, Springer, 2009.

[2] A. Beutelspacher. *„Das ist o.B.d.A. trivial!"*, neunte Auflage, Vieweg+Teubner, 2009.

[3] A. Engel. *Problem-Solving Strategies, Problem Books in Mathematics*, Springer, 1998.

[4] A. G. Konforowitsch. *Logischen Katastrophen auf der Spur*, zweite Auflage, Fachbuchverlag Leipzig, 1994.

[5] G. Polya. *How to solve it. A new aspect of mathematical method*, mit einem Vorwort von J.H. Conway, Nachdruck der zweiten Auflage, Princeton University Press, 2014.

[6] T. Tao. *Solving mathematical problems. A personal perspective*, Oxford University Press, 2006.

3 Lösungsvorschläge zum Musterthema

Timo Keller, Alexander Voitovitch

Lösung zu Aufgabe 1.1. Wir färben das Brett in schwarz-weiß-Spalten wie in Abbildung 3.1 und zählen die schwarzen Felder, die von den Formen abgedeckt werden.

Abbildung 3.1: Ein 4 × 4-Brett gefärbt in schwarz-weiß-Spalten

Die 2 × 2-Form überdeckt genau zwei schwarze Felder. Daher müssten die drei L-Formen bei einer Überdeckung genau die sechs verbleibenden schwarzen Felder abdecken. Dies ist aber nicht möglich, da jede L-Form entweder genau ein schwarzes oder genau drei schwarze Felder überdeckt.

Lösung zu Aufgabe 1.2.

1. Wenn wir das Brett im Schachbrettmuster färben, überdeckt eine T-Form auf dem Brett entweder ein schwarzes und drei weiße Felder (helle T-Form) oder drei schwarze und ein weißes Feld (dunkle T-Form). Mit zwei dunklen und zwei hellen T-Formen würden alle weißen und schwarzen Felder des Bretts belegt werden. Dies beweist aber noch nicht, dass eine Überdeckung möglich ist. Denn wir wissen noch nicht, ob wir die T-Formen so auf dem Brett verteilen können, dass zwei Formen dunkel und zwei Formen hell sind. Eine passende Verteilung der T-Formen auf dem Brett ist tatsächlich möglich, zum Beispiel wie in Abbildung 3.2.

Abbildung 3.2: Eine mögliche Überdeckung des 4 × 4-Bretts durch T-Formen

© Springer-Verlag GmbH Deutschland, ein Teil von Springer Nature 2019
C. Löh et al. (Hrsg.), *Quod erat knobelandum*,
https://doi.org/10.1007/978-3-662-58725-6_3

2. Wir färben das Brett im klassischen Schachbrettmuster und zählen die schwarzen Felder, die von den T-Formen abgedeckt werden. Für jede T-Form, die man auf das Brett legt, gibt es zwei Fälle:

   (a) Entweder überdeckt die T-Form genau ein schwarzes Feld. Dann nennen wir sie helle Form.

   (b) Oder die T-Form überdeckt genau drei schwarze Felder. Dann nennen wir sie dunkle Form.

Bei fünf dunklen Formen (und damit vier hellen Formen) werden genau $5 \cdot 3 + 4 \cdot 1 = 19$ schwarze Felder abgedeckt, bei mehr als fünf dunklen Formen werden mehr als 19 schwarze Felder abgedeckt. Bei vier dunklen (und damit fünf hellen) Formen werden genau $4 \cdot 3 + 5 \cdot 1 = 17$ schwarze Felder abgedeckt, bei weniger als vier dunklen Formen werden weniger als 17 schwarze Felder abgedeckt. Da das 6×6-Brett genau 18 schwarze Felder hat, ist eine Überdeckung durch neun T-Formen nicht möglich.

Alternativ rechnet man mit Variablen: Mit x bezeichnen wir die Anzahl der dunklen T-Formen. Dann gibt es $9 - x$ helle T-Formen. Bei einer Überdeckung würden insgesamt $x \cdot 3 + (9 - x) \cdot 1 = 9 + 2x$ schwarze Felder überdeckt werden. Da das Brett genau 18 schwarze Felder hat, müsste dann $9 + 2x = 18$, das heißt $x = 9/2$, erfüllt sein. Weil es keine halben T-Formen gibt, ist also eine Überdeckung nicht möglich.   ▢

Lösung zu Aufgabe 1.3. Wir färben den vorgegebenen Bereich im gewöhnlichen Schachbrettmuster wie in Abbildung 3.3. Bei einer Zusammensetzung decken alle Formen außer der T-Form jeweils zwei schwarze und zwei weiße Felder ab. Daher müsste die T-Form die verbleibenden zwei schwarzen und zwei weißen Felder abdecken, was nicht möglich ist.   ▢

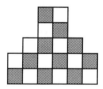

Abbildung 3.3: Eine mögliche Färbung des Tetristurms

Lösung zu Aufgabe 1.4. Jedes der zehn Einzelstücke besteht aus vier Elementen. Wir färben die waagrechten Stäbe schwarz und die senkrechten Stäbe grau, wie in Abbildung 3.4 zum Beispiel für die Stuhlform gezeigt, und zählen, wie viele der 20 schwarzen Elemente beim Zusammenlöten von den Einzelstücken abgedeckt werden.

Das stuhlähnliche Einzelstück deckt entweder genau drei oder genau ein schwarzes Element ab, wie man in Abbildung 3.4 sieht. Jedes der anderen neun Einzelstücke deckt genau zwei schwarze und zwei graue Elemente ab, egal wie

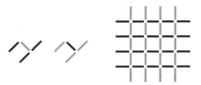

Abbildung 3.4: Die stuhlähnliche Form überdeckt entweder genau ein oder genau drei schwarze Elemente

man sie dreht. Damit überdecken diese neun Einzelstücke zusammen genau 18 schwarze Elemente. Somit lassen sich die 20 schwarzen Elemente des Grillgitters in Abbildung 3.4 nie exakt abdecken. Das Zusammensetzen des Gitters wie auf der Verpackung ist also nicht möglich.   ▣

Lösung zu Aufgabe 1.5. Angenommen es gäbe eine Route, die jede der 14 Städte genau einmal durchläuft. Wir färben die acht Eckstädte weiß und die sechs Städte auf den Seitenflächen schwarz wie in Abbildung 3.5. Wir bemerken, dass es direkte Verbindungen nur zwischen weißen und schwarzen Städten gibt, also nie zwischen gleichfarbigen Städten.

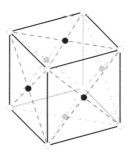

Abbildung 3.5: Färbe die Eckstädte weiß und die restlichen Städte schwarz

Da bei der Route die weißen und schwarzen Städte abgewechselt werden, gibt es für die Reihenfolge der ersten zwölf durchfahrenen Städte die zwei Möglichkeiten aus Abbildung 3.6.

Abbildung 3.6: Die erste Stadt auf der Route ist entweder weiß oder schwarz

Es verbleiben zwei weiße Städte, die nicht passiert werden können, ohne eine der schwarzen Städte nochmals zu durchlaufen. Also ist die Idee des Imperators nicht umsetzbar.   ▣

Lösung zu Aufgabe 1.6. Wir färben die 8×8-Fläche wie in Abbildung 3.7.

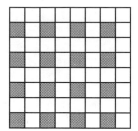

Abbildung 3.7: Eine Färbung des 8×8-Bretts

Jeder 2×2-Stein überdeckt genau ein schwarzes Feld, jeder 1×4-Stein überdeckt entweder genau zwei oder kein schwarzes Feld. Daher ist das Ersetzen des kaputten Pflastersteins durch einen Stein des anderen Typs nicht möglich, da sich dann die Anzahl der überdeckten schwarzen Felder verändern würde. $\Box$

Lösung zu Aufgabe 1.7. Der $10 \times 10 \times 10$-Block besteht aus 1000 Elementarwürfeln (das heißt aus $1 \times 1 \times 1$-Steinen), welche wir mit vier Farben wie folgt färben. Wir ordnen den Farben die Zahlen 1, 2, 3 und 4 zu und färben so, dass zu einem gegebenen Elementarwürfel der Würfel links davon, der Würfel dahinter und der Würfel darüber jeweils die Farbe der nächsthöheren Zahl besitzt (dabei soll 1 die nächsthöhere Zahl von 4 sein). In Abbildung 3.8 sieht man die Färbung von sechs Ebenen des Blocks, wobei man von der linken Seite des Blatts aus auf die Ebenen schaut.

Angenommen Herr Ziegler könnte die Ziegelsteine zu einem $10 \times 10 \times 10$-Block stapeln. Dann würde jeder der 250 Ziegelsteine jede der vier Farben genau einmal belegen und damit müsste der Block genau 250 Elementarwürfel jeder Farbe besitzen. Das kann aber nicht sein: Dazu zählen wir die Würfel mit der Farbe 1 in Abbildung 3.8.

In der ersten Ebene (von unten) gibt es genau 25 Würfel der Farbe 1, in der zweiten Ebene genau 24, in der dritten genau 25 und in der vierten genau 26. So wie wir den Block gefärbt haben, ist jede Ebene gleich der, die vier Schichten darüber liegt (vergleiche Abbildung 3.8). Also:

1. Die Ebenen eins, fünf und neun haben jeweils genau 25 Würfel der Farbe 1.

2. Die Ebenen zwei, sechs und zehn haben jeweils genau 24 Würfel der Farbe 1.

3. Die Ebenen drei und sieben haben jeweils genau 25 Würfel der Farbe 1.

4. Die Ebenen vier und acht haben jeweils genau 26 Würfel der Farbe 1.

Zusammen ergibt das genau 249 Würfel der Farbe 1. Herr Zieglers Vorhaben ist nicht möglich, weil es sonst 250 Würfel der Farbe 1 geben müsste. $\Box$

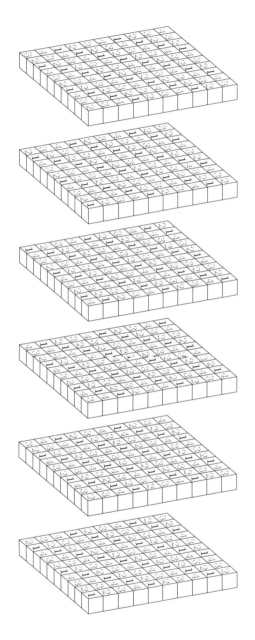

Abbildung 3.8: Eine Färbung von sechs Ebenen des Blocks

Teil II

Themenblätter

1

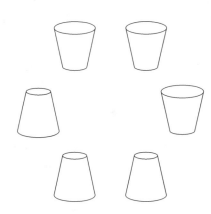

Invarianten

Was ändert sich und was bleibt gleich?

Theresa Stoiber, Jan-Hendrik Treude

1.1   Was sind Invarianten und wozu sind sie gut?   30
1.2   Aufgaben   32
Literaturverzeichnis   35
Lösungen zu den Aufgaben   205

Zum Einstieg wollen wir eine Knobelaufgabe betrachten und versuchen, sie ohne jegliche Vorbereitung zu lösen. Versuche dir dabei bewusst zu machen, welche Art von Argumenten du intuitiv einsetzt.

Knobelaufgabe 1.1. Auf einem Tisch stehen sechs Becher, drei davon richtig herum und drei auf dem Kopf. Bei einem Zug darf man zwei beliebige Becher nehmen und beide umdrehen. Ist es möglich, durch mehrere Züge alle Becher richtig herum zu stellen? Begründe deine Antwort.

Dies ist eine typische Aufgabe, die man mit sogenannten **Invarianten** lösen kann. Was das genau ist und wie man Invarianten einsetzen kann, werden wir nun erklären.

© Springer-Verlag GmbH Deutschland, ein Teil von Springer Nature 2019
C. Löh et al. (Hrsg.), *Quod erat knobelandum*,
https://doi.org/10.1007/978-3-662-58725-6_4

1.1   Was sind Invarianten und wozu sind sie gut?

Die obige Aufgabe ist ein Beispiel für eine sehr allgemeine Fragestellung, welche sich wie folgt formulieren lässt.

> Man hat gewisse Objekte gegeben, die sich in verschiedenen Anordnungen befinden können. Nun stellt man sich folgende Frage: Angenommen zu Beginn befinden sich die Objekte in einer bestimmten Anordnung A, kann man sie dann durch eine bestimmte Folge erlaubter Züge in eine andere vorgegebene Anordnung B überführen? (Unter einer Anordnung verstehen wir hier nicht unbedingt die Reihenfolge oder Position von Objekten, sondern zum Beispiel auch Zustände wie „auf dem Kopf" oder „richtig herum".)

Während wir in Knobelaufgabe 1.1 einfach ein wenig mit den Regeln herumspielen und durch Ausprobieren versuchen können, die gewünschte Endkonfiguration zu erreichen, wird dies bei größeren Problemen schnell zu aufwendig. Für eine systematische Vorgehensweise sind bei Aufgaben dieses Typs oft die folgenden beiden Fragen hilfreich.

1. Was genau ändert sich bei den erlaubten Zügen?

2. Was bleibt bei den erlaubten Zügen unverändert?

Eine Größe oder Eigenschaft, welche unter allen erlaubten Zügen unverändert bleibt, nennt man eine **Invariante**. Eine typische Vorgehensweise ist nun, eine Invariante zu finden, welche für zwei Situationen A und B einen unterschiedlichen Wert annimmt. Findet man so eine Invariante, kann man bereits ausschließen, dass man von A mit den erlaubten Zügen zu B kommen kann und umgekehrt. An folgendem Beispiel zeigen wir, wie man das **Invariantenprinzip** konkret anwendet.

Beispiel 1.2. Anna und Ulrike spielen folgendes Spiel: Sie bilden Fantasiewörter, die nur aus den Buchstaben A und U bestehen, wie zum Beispiel UAU, AAUUAA, oder UUAU. Ein gebildetes Wort darf außerdem nach folgenden beiden Regeln umgeformt werden.

(R 1) Man darf die Buchstabenfolge AU aus einem Wort streichen oder an einer beliebigen Stelle hinzufügen.

(R 2) Man darf die Buchstabenfolge UAU durch die Buchstabenfolge UUAAAUU ersetzen und umgekehrt.

Zum Beispiel darf man aus dem Wort UUAU mit **(R 1)** das Wort UU machen, oder man darf daraus mit **(R 2)** das Wort UUUAAAUU machen. Das Spiel funktioniert nun so, dass eine der beiden Spielerinnen zwei Wörter bildet und die andere fragt, ob sie das eine Wort in das andere Wort umformen kann. So stellt Ulrike Anna die folgenden Fragen.

Frage 1: Kann man AUU in UAU umformen?

Frage 2: Kann man AUUAUUAU in UUAAAUUU umformen?

Frage 3: Kann man AU in AUU umformen?

Bevor wir uns gemeinsam eine mögliche Vorgehensweise erarbeiten, kannst du gerne selbst ein wenig tüfteln und versuchen, Antworten auf die drei Fragen von Ulrike zu finden. Wir präsentieren hier Beispiellösungen.

zu Frage 1: Hier kann man aus AUU mit **(R 1)** das Wort U machen. Wenn man daran wieder mit **(R 1)** ein AU anhängt, bekommt man UAU, was genau das gesuchte Wort ist.

zu Frage 2: Zuerst kann man im ersten Wort mit **(R 1)** die beiden AUs am Anfang und Ende wegstreichen. Danach hat man das Wort UAUU. Hier kann man jetzt **(R 2)** auf UAU anwenden und erhält damit das gesuchte Wort.

zu Frage 3: Je länger man mit den beiden Wörtern aus dem dritten Beispiel herumspielt, umso mehr scheint es, dass man das erste Wort nicht in das zweite umformen kann. Aber geht das wirklich nicht? Und wenn dem so ist, wieso funktioniert es nicht? Können wir vielleicht beweisen, dass es unmöglich ist?

Wir wollen uns also überlegen, ob man gewisse Wörter gar nicht ineinander umformen kann und wieso dies so ist. Wie wir sehen werden, ist hier das Invariantenprinzip hilfreich. Wir suchen nach Merkmalen, die sich unter den beiden Wortumformungen **(R 1)** und **(R 2)** ändern beziehungsweise nicht ändern. Wir wollen zuerst einige mögliche Merkmale identifizieren. Da die Objekte, die wir untersuchen, Wörter aus den Buchstaben A und U sind, betrachten wir zum Beispiel folgende Merkmale.

- Das erste Merkmal eines Wortes, das einem einfallen könnte, ist die Länge des Wortes. Diese ist keine Invariante, da sich die Länge eines Wortes unter den Umformungen **(R 1)** und **(R 2)** ändert.

- Als nächstes könnte man auf die Idee kommen, zu zählen, wie oft die Buchstaben A und U jeweils in einem Wort vorkommen. Wie man leicht sieht, sind jedoch auch die Häufigkeiten der einzelnen Buchstaben keine Invarianten.

Wir haben festgestellt, dass die obigen Eigenschaften nicht erhalten bleiben, also keine Invarianten sind. Diese Merkmale können aber dennoch spannende Hinweise liefern, wenn man untersucht, wie genau sie sich unter den zulässigen Umformungen ändern. Wir könnten zum Beispiel überlegen, um wie viel sich die Länge eines Wortes ändert.

1. Bei der Umformung **(R 1)** werden entweder zwei Buchstaben weggenommen, oder es kommen zwei Buchstaben hinzu. Die Wortlänge ändert sich also um +2 oder um −2.

2. Bei der Umformung **(R 2)** wird das Wort UAU durch das Wort UUAAAUU ersetzt oder umgekehrt. Da UAU drei Buchstaben und UUAAAUU sieben Buchstaben hat, ändert sich die Wortlänge also um +4 oder um −4.

Haben die Zahlen +2, −2, +4, −4 irgendetwas gemeinsam? Ja, sie sind alle durch 2 teilbar, sind also gerade Zahlen. Wir haben somit festgestellt, dass sich die Länge eines Wortes immer um eine gerade Zahl ändert.

Mit dieser Beobachtung können wir nun beweisen, dass die Antwort auf Ulrikes dritte Frage Nein ist, wir also AU nicht in AUU umformen können. Wenn wir nämlich das Wort AU mit **(R 1)** und **(R 2)** umformen, so ändert sich die Länge immer um eine gerade Zahl. Da die Länge des Startwortes AU gerade ist, bleibt die Wortlänge also immer eine gerade Zahl (addiert oder subtrahiert man von einer geraden Zahl eine andere gerade Zahl, so ist das Ergebnis auch wieder eine gerade Zahl). Deshalb können wir AU nicht in AUU umwandeln, da die Länge des Wortes AUU eine ungerade Zahl ist.

Insgesamt sehen wir, dass unter den Umformungen **(R 1)** und **(R 2)** die Eigenschaft eines Wortes, ob seine Länge eine gerade oder eine ungerade Zahl ist, erhalten bleibt. Diese Eigenschaft ist also eine Invariante.

1.2 Aufgaben

Bei den folgenden Aufgaben ist das Invariantenprinzip oft hilfreich. Wenn du nach einer Lösung suchst, überlege genau, was sich ändert und was gleich bleibt. Es erfordert natürlich einiges an Kreativität Invarianten zu finden, welche bei der Lösung des Problems helfen. Für die Suche nach interessanten Invarianten gibt es zumeist kein Kochrezept. Selbstverständlich ist es auch in Ordnung, die Aufgaben auf eine andere Art und Weise zu lösen.

Aufwärmaufgabe 1.A. Wir beginnen mit der Zahl 16 und dürfen folgende Rechnungen durchführen:

(R 1) Addiere 4 zur aktuellen Zahl.

(R 2) Subtrahiere 8 von der aktuellen Zahl.

Kann man mit einer beliebigen Abfolge dieser beiden Rechnungen ausgehend von der Zahl 16 die Zahl 1001 erreichen?

Aufwärmaufgabe 1.B. In einer 2 × 2-Tabelle ist die linke obere Zelle schwarz eingefärbt und alle übrigen Zellen sind weiß. Die folgenden Änderungen sind erlaubt:

(R 1) Drehe die Farbe aller Zellen in einer Zeile um. (Das heißt alle schwarzen Zellen einer Zeile werden weiß und alle weißen Zellen in dieser Zeile werden schwarz.)

(R 2) Drehe die Farbe aller Zellen um.

Ist es möglich, durch diese Umfärbungen die ganze Tabelle weiß zu färben?

Aufwärmaufgabe 1.C. Man darf aus den Zahlen 2, 7, 8 und 13 beliebige Produkte bilden, zum Beispiel $2 \cdot 7 \cdot 13 \cdot 2$ oder $7 \cdot 8 \cdot 8$. Ist es auf diese Weise möglich, eine durch 3 teilbare Zahl zu konstruieren?

Hinweis. Was weißt du über die Teiler des Produkts zweier Zahlen? Vielleicht helfen dir die Inhalte von Thema 11.2 bei dieser Frage.

Aufgabe 1.1 (Emu-Sprache*). Die Geheimsprache der Emu besteht aus den drei Buchstaben E, M, U und den folgenden Regeln:

(R 1) Endet ein Wort auf U, so darf man dieses letzte U durch ein E ersetzen.

(R 2) Man darf den ersten und den letzten Buchstaben eines Wortes vertauschen.

(R 3) Die Kombination ME darf stets in einem Wort weggelassen werden oder an beliebiger Stelle eingefügt werden.

Ist es mit diesen Regeln möglich, das Wort MEU in MU umzuformen?

Aufgabe 1.2 (Becherdrehen*). Löse die Knobelaufgabe 1.1 vom Anfang.

Aufgabe 1.3 (Schokolade zerteilen*). Du und dein Freund habt eine 4×8-Tafel Schokolade wie in Abbildung 1.1 geschenkt bekommen. Damit spielt ihr folgendes Spiel. Einer von euch beginnt und bricht die Tafel entlang einer beliebigen Rille (horizontal oder vertikal). Danach darf der andere eines der beiden entstandenen Stücke auf dieselbe Weise teilen. Dies wiederholt ihr nun so lange, bis nur noch Einzelstücke vorhanden sind. Es gewinnt, wer den letzten Zug machen konnte. Solltest du selbst beginnen oder deinen Freund anfangen lassen, wenn du gewinnen möchtest? Was wäre, wenn ihr mit einer 3×7-Tafel spielt?

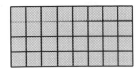

Abbildung 1.1: Eine 4×8-Schokoladentafel

Aufgabe 1.4 (Murmelei**). Pascal hat einen Beutel, in dem sich fünf rote und sechs grüne Murmeln befinden. Außerdem hat er noch einen großen Vorrat an grünen und roten Murmeln. Pascal zieht nun blind zwei Murmeln aus dem Beutel und befolgt dann die folgenden Regeln:

(R 1) Sind beide Murmeln grün, so legt er eine davon zurück in den Beutel und die andere zum Vorrat.

(R 2) Sind beide Murmeln rot, so legt er die beiden zum Vorrat und legt eine neue grüne Murmel aus dem Vorrat in den Beutel.

(R 3) Ist eine der Murmeln grün und die andere rot, so legt er die rote zurück in den Beutel und die grüne zum Vorrat.

Dies wiederholt er immer weiter. Zeige, dass irgendwann nur noch eine Murmel im Beutel ist und dass diese immer die gleiche Farbe hat. Welche Farbe hat sie?

Aufgabe 1.5 (Kuchenzahlen**, nach Engel [1]). Man teile einen Kreis in sechs Kuchenstücke und schreibe wie in Abbildung 1.2 die Zahlen 0 und 1 in die einzelnen Stücke. Nun darf man immer zwei benachbarte Zahlen jeweils um 1 erhöhen. Kann man so erreichen, dass irgendwann in jedem Feld die gleiche Zahl steht? Falls ja, welche Zahl?

Hinweis. Betrachte verschiedene Kombinationen von Summen und Differenzen der Zahlen.

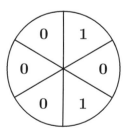

Abbildung 1.2: Ein in sechs Stücke geschnittener Kuchen

Aufgabe 1.6 (Ausweißen***). Gegeben sei ein 4×4-Spielfeld, das wie in Abbildung 1.3 gefärbt ist. Es gibt die folgenden vier Regeln, wie man die Farbe bestimmter Felder ändern darf:

(R 1) Man dreht jede Farbe in einer Reihe um. Mit dem „Umdrehen" einer Farbe meinen wir, dass schwarz zu weiß wird und weiß zu schwarz.

(R 2) Man dreht jede Farbe in einer Spalte um.

(R 3) Man dreht jede Farbe in einer Diagonalen um.

(R 4) Man dreht jede Farbe in einer der acht Nebendiagonalen um, die in Abbildung 1.4 eingezeichnet sind.

Kann man mit diesen Zügen alle Felder des Schachbretts weiß färben?

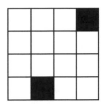

Abbildung 1.3: Das Startspielfeld von Aufgabe 1.6

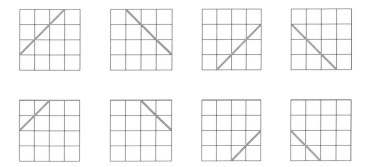

Abbildung 1.4: Die acht erlaubten Nebendiagonalen des Spielfelds von Aufgabe 1.6

Weiterführende Links

http://de.wikipedia.org/wiki/Invariante_(Mathematik)
http://en.wikipedia.org/wiki/Topological_property

Literatur

[1] A. Engel. *Problem-Solving Strategies, Problem Books in Mathematics*, Springer, 1998.
[2] S. Mac Lane. *Categories for the working mathematician, Graduate Texts in Mathematics Vol. 5*, Springer, 1978.
[3] H. Weyl. *The Classical Groups. Their Invariants and Representations*, Princeton University Press, 1939.

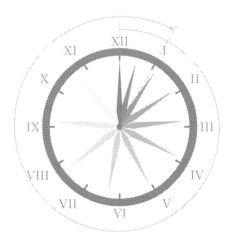

2
Zahlentheorie

Wieviel Uhr ist es in hundert Stunden?

Timo Keller, Alexander Voitovitch

2.1	Modulo-Rechnen	38
2.2	Beispielprobleme	41
2.3	Aufgaben	42
Literaturverzeichnis		44
Lösungen zu den Aufgaben		209

In diesem Kapitel beschäftigen wir uns mit Zahlentheorie (früher auch Arithmetik genannt). Das ist ein Teilgebiet der Mathematik, genauer gesagt der Algebra, das sich dem Studium der ganzen Zahlen widmet. Wir werden in diesem Thema zum Beispiel folgendes Problem lösen:

Knobelaufgabe 2.1. Um 14 Uhr sollte der Zug abfahren. Leider hat der Zug hundert Stunden Verspätung. Wie viel Uhr wird es sein, wenn der Zug kommt?

In Thema II.11 behandeln wir weitere Aspekte der Zahlentheorie.

© Springer-Verlag GmbH Deutschland, ein Teil von Springer Nature 2019
C. Löh et al. (Hrsg.), *Quod erat knobelandum*,
https://doi.org/10.1007/978-3-662-58725-6_5

2.1 Modulo-Rechnen

Obwohl **Modulo-Rechnen** ein wenig geheimnisvoll klingt, rechnen wir im Alltag relativ häufig „modulo", hier zwei Beispiele:

Wochentage: Wenn heute Sonntag ist, welchen Wochentag werden wir in 22 Tagen haben? Da sich der Wochentag nach sieben Tagen wiederholt, haben wir nach $7+7+7 = 21$ Tagen wieder Sonntag. Deswegen ist nach 22 Tagen Montag. Aus der Sicht eines Mathematikers wurde „modulo 7" gerechnet.

Minuten: Klaras Bus fährt immer zur vollen Stunde direkt vor ihrer Haustür. Im Momemt ist es Viertel nach. Wie lange wird sie auf ihren Bus warten müssen, wenn sie zuerst noch eine DVD anschaut, die 202 Minuten dauert? Nach $60 + 60 + 60 = 180$ Minuten ist es wieder Viertel nach. Wegen $202 = 180 + 22$, ist es nach dem Anschauen der DVD 22 Minuten später als Viertel nach, also $15 + 22 = 37$ Minuten nach voller Stunde. Klara muss also $60 - 37 = 23$ Minuten auf den Bus warten. Hier wurde „modulo 60" gerechnet.

Hinter solchen alltäglichen Rechnungen steckt ein mathematisches Konzept. Ordnen wir im ersten Beispiel den Wochentagen Sonntag, Montag, Dienstag, ..., Samstag die Zahlen $0, 1, 2, \ldots, 6$ zu, so entspricht der gesuchte Wochentag gerade der Zahl, die als Rest beim Teilen von 22 durch 7 übrig bleibt. Da 22 beim Teilen durch 7 den Rest 1 ergibt, ist der gesuchte Wochentag also Montag. Wir sagen „22 ist gleich 1 modulo 7" und schreiben dafür $22 \equiv 1 \pmod{7}$. Allgemeiner sind zwei Zahlen gleich modulo 7, wenn sie bei der Division durch 7 den gleichen Rest lassen. Zum Beispiel ist $22 \equiv 71 \pmod{7}$, denn beide Zahlen lassen den Rest 1. Eine Möglichkeit zu testen, ob zwei Zahlen gleich sind modulo 7, ist zu überprüfen, ob ihre Differenz durch 7 teilbar ist. Beachte, dass eine negative Zahl genau dann durch 7 teilbar ist, wenn ihr Betrag durch 7 teilbar ist.

Beispiel 2.2.

- $22 \equiv 8 \pmod{7}$, da $22 - 8 = 14$ durch 7 teilbar ist, oder weil 22 und 8 bei der Division durch 7 beide den Rest 1 lassen.

- $7 \equiv 0 \pmod{7}$, weil $7 - 0 = 7$ durch 7 teilbar ist.

- $86 \equiv 100 \pmod{7}$, denn $86 - 100 = -14$ ist durch 7 teilbar.

- $-6 \equiv 8 \pmod{7}$, weil $(-6) - 8 = -14$ durch 7 teilbar ist.

- $9 \not\equiv 17 \pmod{7}$, weil $9 - 17 = -8$ *nicht* durch 7 teilbar ist.

Wir können 7 durch beliebige positive natürliche Zahlen austauschen:

Beispiel 2.3.

- $1 \equiv -23 \pmod{12}$, denn $1 - (-23) = 24$ ist durch 12 teilbar.

- $13 \equiv 10 \pmod 3$, da $13 - 10 = 3$ durch 3 teilbar ist oder weil 13 und 10 bei der Division durch 3 beide den Rest 1 lassen.

- $4 \not\equiv 13 \pmod 4$, denn bei Division durch 4 lässt 4 den Rest 0 und 13 lässt den Rest 1.

- $x \equiv -x \pmod 2$ für jede ganze Zahl x, weil $x - (-x) = 2x$ durch 2 teilbar ist.

- Für jede positive ganze Zahl a gilt entweder $a \equiv 0 \pmod 2$ oder $a \equiv 1 \pmod 2$. Das ist so, weil man bei Division durch 2 immer nur 0 oder 1 als Rest erhalten kann. Ebenso gilt entweder $a \equiv 0 \pmod 3$ oder $a \equiv 1 \pmod 3$ oder $a \equiv 2 \pmod 3$. Weitere Fälle werden wir noch im Aufgabenabschnitt 2.3 behandeln.

- Wenn $a = b$ für zwei ganze Zahlen a und b gilt, dann ist $a \equiv b \pmod{60}$.

Zusammenfassend formulieren wir diese wichtige Tatsache allgemein als Satz:

Satz 2.4. Seien a, b ganze Zahlen und n eine natürliche Zahl. Dann gilt genau dann $a \equiv b \pmod n$, das heißt a und b sind gleich modulo n, wenn ihre Differenz $a - b$ durch n teilbar ist.

Lasst uns mit der Modulo-Technik nochmal Klaras Wartezeit zum Bus nachrechnen. Da der Bus alle 60 Minuten fährt, rechnen wir modulo 60. Die gesuchte Zahl ist die Wartezeit, welche wir mit x bezeichnen. Die Wartezeit ist die Zeit bis zur vollen Stunde. Wir müssen also die Gleichung $15 + 202 + x \equiv 0 \pmod{60}$, oder äquivalent die Gleichung $217 + x \equiv 0 \pmod{60}$ lösen. Umstellen liefert

$$x \equiv -217 \equiv 240 - 217 = 23 \pmod{60}.$$

Dabei haben wir beim Umformen die Zahl 240 hinzuaddiert. Dies ist erlaubt, da $240 \equiv 0 \pmod{60}$, das heißt wir haben im Grunde nur 0 dazu addiert. In einer Gleichung, die modulo 60 gilt, können wir links und rechts beliebige Vielfache von 60 addieren, ohne die Gültigkeit der Gleichung zu beeinflussen.

Außerdem haben wir bei der Lösung die modulo-Gleichung einfach nach x aufgelöst, aber dürfen wir das? Schauen wir genauer hin: Was passiert beim Auflösen nach x? Auf beiden Seiten der Gleichung wird die Zahl 217 abgezogen. Das ist erlaubt, denn wenn die Zahlen a und b den selben Rest bei Division durch 60 haben, dann haben auch die Zahlen $a - 217$ und $b - 217$ denselben Rest bei Division durch 60. Genauso dürfen wir natürlich jede andere ganze Zahl auf beiden Seiten einer modulo-Gleichung subtrahieren oder addieren.

Wir können diese Tatsache sogar verallgemeinern und formulieren einen Satz:

Satz 2.5. Sind a, b, c, d ganze Zahlen mit $a \equiv b \pmod{60}$ und $c \equiv d \pmod{60}$, so gelten die folgenden Aussagen:

(A) $a + c \equiv b + d \pmod{60}$

(M) $ac \equiv bd \pmod{60}$

Beweis.

(A) Wegen $a \equiv b \pmod{60}$ und $c \equiv d \pmod{60}$ wissen wir, dass $a-b$ und $c-d$ durch 60 teilbar sind. Wir müssen zeigen, dass $a+c \equiv b+d \pmod{60}$ gilt. Dafür müssen wir überprüfen, ob die Differenz durch 60 teilbar ist. Also:

$$(a + c) - (b + d) = a + c - b - d = (a - b) + (c - d).$$

Dies ist durch 60 teilbar, weil $a - b$ und $c - d$ durch 60 teilbar sind. Wir mussten nur die Reihenfolge der Variablen verändern!

(M) Wir testen wieder mit der Differenz: Die Differenz

$$ac - bd = ac - bc + bc - bd = (a - b)c + b(c - d)$$

ist ebenfalls durch 60 teilbar, da auch alle Vielfachen von $a - b$ und $c - d$ durch 60 teilbar sind. Hier haben wir einen kleinen Trick bei der Umformung benutzt: Wir haben den Term $-bc + bc$ eingefügt, damit wir danach ausklammern konnten. ⬚

Dieselbe Überlegung funktioniert natürlich auch mit jeder anderen positiven ganzen Zahl anstelle von 60. Wir dürfen also mit modulo-Gleichungen auf beiden Seiten Additionen und Multiplikationen durchführen, wie wir es bei den normalen Gleichungen gewohnt sind!

Beispiel 2.6. Wegen $10 \equiv 2 \pmod{8}$ gilt $10 \cdot 10 \equiv 2 \cdot 2 \pmod{8}$ nach Eigenschaft **(M)** sowie $10 \cdot 2 \equiv 2 \cdot 2 \pmod{8}$. Damit haben wir

$$10 \cdot 10 + 10 \cdot 2 \equiv 2 \cdot 2 + 2 \cdot 2 \pmod{8}$$

nach Eigenschaft **(A)**. Addieren wir auf beiden Seiten 3 (wieder Eigenschaft **(A)**), so erhalten wir

$$10 \cdot 10 + 10 \cdot 2 + 3 \equiv 2 \cdot 2 + 2 \cdot 2 + 3 \pmod{8}.$$

Zusammen können wir berechen:

$$123 \equiv 10 \cdot 10 + 10 \cdot 2 + 3 \equiv 2 \cdot 2 + 2 \cdot 2 + 3 \equiv 11 \equiv 3 \pmod{8}.$$

Um den Rest von 123 bei Division durch 8 zu bestimmen, hat es also gereicht, die Reste von 10 und 11 zu kennen. Wie wir in Abschnitt 2.2 sehen werden, kann man mit ähnlichen Tricks auch den Rest sehr großer Zahlen ermitteln.

2.2   Beispielprobleme

Bevor wir mit den Aufgaben beginnen, rechnen wir zum Warmwerden noch ein paar Beispiele gemeinsam durch.

Problem. Zeige, dass $9^n - 2^n$ für jede positive ganze Zahl n durch 7 teilbar ist.

Lösung. Es ist $9 \equiv 2 \pmod 7$. Mit Eigenschaft **(M)** folgt $9 \cdot 9 \equiv 2 \cdot 2 \pmod 7$. Wiederholtes Anwenden von **(M)** liefert

$$\underbrace{9 \cdot 9 \cdot \ldots \cdot 9}_{n\text{-mal}} \equiv \underbrace{2 \cdot 2 \cdot \ldots \cdot 2}_{n\text{-mal}} \pmod 7.$$

Nun addieren wir auf beiden Seiten -2^n und bekommen $9^n - 2^n \equiv 2^n - 2^n \equiv 0$ $\pmod 7$. ◻

Problem. Welchen Rest lässt 102^{37} bei der Division durch 5?

Lösung. Durch mehrfaches Anwenden der Regel **(M)** auf die Gleichung $102 \equiv 2$ $\pmod 5$ erhalten wir $102^{37} \equiv 2^{37} \pmod 5$. Wir schreiben 2^{37} aus:

$$\begin{aligned}
2^{37} &= \underbrace{2 \cdot 2 \cdot \ldots \cdot 2}_{37\text{-mal}} \\
&= \underbrace{(2 \cdot 2 \cdot 2 \cdot 2) \cdot (2 \cdot 2 \cdot 2 \cdot 2) \cdot \ldots \cdot (2 \cdot 2 \cdot 2 \cdot 2)}_{9\text{-mal}} \cdot 2 \\
&= \underbrace{16 \cdot 16 \cdot \ldots \cdot 16}_{9\text{-mal}} \cdot 2 \\
&= 16^9 \cdot 2.
\end{aligned}$$

Wegen $16 \equiv 1 \pmod 5$ gilt nach Eigenschaft **(M)** $16^9 \equiv 1^9 \equiv 1 \pmod 5$. Zusammen erhalten wir

$$102^{37} \equiv 2^{37} \equiv 16^9 \cdot 2 \equiv 1 \cdot 2 \equiv 2 \pmod 5.$$

Also ist 2 der Rest von 102^{37} bei Division durch 5. ◻

Problem. Zeige, dass es keine ganze Zahl x gibt, die die Gleichung $x^3 - 4x + 2 = 0$ löst.

Lösung. Hier wenden wir die Technik des Widerspruchsbeweises an (auch indirekter Beweis genannt), siehe Kapitel I.2. Wir nehmen an, dass es doch eine Lösung der Gleichung in den ganzen Zahlen gibt, nennen wir sie a. Dann gilt die Gleichung auch, wenn wir modulo einer positiven ganzen Zahl rechnen. Denn wenn die linke und die rechte Seite exakt gleich sind, so lassen sie bei der Division durch egal welche positive ganze Zahl auch den gleichen Rest.

Wir probieren es modulo 3, das heißt es muss $a^3 - 4a + 2 \equiv 0 \pmod 3$ gelten. Für die Zahl a gibt es drei Fälle, wenn wir modulo 3 rechnen:

1. Fall: $a \equiv 0$: Nach **(M)** und **(A)** gilt $0^3 - 4 \cdot 0 + 2 \equiv 2 \not\equiv 0 \pmod 3$.

2. Fall: $a \equiv 1$: Nach **(M)** und **(A)** gilt $1^3 - 4 \cdot 1 + 2 \equiv 2 \not\equiv 0 \pmod 3$.

3. Fall: $a \equiv 2$: Nach **(M)** und **(A)** gilt $2^3 - 4 \cdot 2 + 2 \equiv 2 \not\equiv 0 \pmod 3$.

Wir sehen, dass es eine solche Zahl a nicht geben kann. Unsere Annahme war also falsch. Die Gleichung hat also keine Lösung modulo 3 und daher auch keine Lösung insgesamt.   ◫

Problem. Zeige: Wenn $a \equiv b \equiv 1 \pmod 2$, dann ist $a^2 + b^2$ nicht das Quadrat einer natürlichen Zahl, das heißt es gibt keine natürliche Zahl x mit $x^2 = a^2 + b^2$.

Lösung. Wegen $a \equiv 1 \pmod 2$, ist $a - 1$ durch 2 teilbar, also ist auch $a + 1 = (a - 1) + 2$ durch 2 teilbar. Daher ist $(a + 1)(a - 1) = a^2 - 1$ durch $2 \cdot 2 = 4$ teilbar, was gerade $a^2 \equiv 1 \pmod 4$ bedeutet. Dieselbe Argumentation liefert $b^2 \equiv 1 \pmod 4$.

Wir zeigen wieder in einem Widerspruchsbeweis, dass es keine natürliche Zahl x geben kann, für die die Gleichung $x^2 = a^2 + b^2$ erfüllt ist. Gäbe es eine solche Zahl x, so wäre die Gleichung auch modulo 4 richtig, das heißt es würde gelten:

$$x^2 \equiv a^2 + b^2 \equiv 1 + 1 \equiv 2 \pmod 4.$$

Da $0, 1, 2, 3$ die einzigen möglichen Reste bei Division von x durch 4 sind, müsste aber auch gelten:

$$0^2 \equiv 2 \quad \text{oder} \quad 1^2 \equiv 2 \quad \text{oder} \quad 2^2 \equiv 2 \quad \text{oder} \quad 3^2 \equiv 2 \pmod 4.$$

Dies ergibt einen Widerspruch, womit die Gleichung $x^2 = a^2 + b^2$ keine Lösung hat.   ◫

2.3   Aufgaben

Aufwärmaufgabe 2.A. Wir haben im Abschnitt 2.1 behauptet, dass für jede natürliche Zahl a entweder $a \equiv 0 \pmod 2$ oder $a \equiv 1 \pmod 2$ gilt. Warum ist das so? Welche Möglichkeiten gibt es bei modulo 3, modulo 4, modulo 5, ...?

Aufwärmaufgabe 2.B. Gibt es eine natürliche Zahl n mit $n \equiv 1 \pmod 5$ und $n \equiv 2 \pmod{2015}$? Begründe deine Antwort!

Aufwärmaufgabe 2.C. Es gilt $7 \equiv 2 \pmod 5$ und $12 \equiv 2 \pmod 5$. Erkläre, warum daraus *nicht* $7 = 12$ folgt!

Aufgabe 2.1 (*). Wenn heute Samstag ist, welchen Wochentag haben wir dann in 100 Tagen?

Aufgabe 2.2 (*).

1. Entscheide und begründe jeweils, ob $22 \equiv -2 \pmod{12}$, $7 \equiv 4 \pmod{11}$ gilt.

2. Finde drei verschiedene positive natürliche Zahlen n, die $39 \equiv 4 \pmod{n}$ erfüllen.

Aufgabe 2.3 (**). Max sagt seinem Freund Philipp, dass er die letzte Ziffer (also die Einerziffer) von 107^{107} weiß. Daraufhin probiert es Philipp mit dem Taschenrechner aus und bekommt nur eine Fehlermeldung, weil die Zahl zu groß ist. Hilf Philipp, indem du folgende Aufgabe löst:

1. Für welche natürliche Zahl x zwischen 0 und 9 gilt $107^{107} \equiv x \pmod{10}$?

2. Begründe, warum x Max' gesuchte Ziffer ist.

Aufgabe 2.4 (**). Zeige, dass $x^5 - 6x + 3 = 0$ keine Lösung x in den ganzen Zahlen hat.

Aufgabe 2.5 (***). Anna soll prüfen, ob 100091 das Quadrat einer natürlichen Zahl ist. Mit Modulo-Rechnen erkennt sie die Antwort sofort: Zeige, dass die Quersumme einer Quadratzahl bei Division durch 3 nicht den Rest 2 lassen kann.

Die Quersumme einer Zahl ist die Summe ihrer Ziffern, beispielsweise hat 234256 die Quersumme $2 + 3 + 4 + 2 + 5 + 6 = 22$.

Aufgabe 2.6 (∞*). Auf jedem Schwimmbadausweis steht eine 10-stellige Nummer, zum Beispiel 210010000(9). Um Fälschungen schnell zu entdecken, haben sich die Ingenieure eine Prüfziffer ausgedacht, welche an der zehnten Stelle der Nummer in Klammern steht (in unserem Beipiel ist die Prüfziffer 9) und wie folgt mit den ersten neun Ziffern zusammenhängt:

Man multipliziere die erste Ziffer mit 1, die zweite mit 2, die dritte mit 3 und so fort bis zur neunten Ziffer, die mit 9 multipliziert wird. Man addiere die Produkte und teile die Summe ganzzahlig mit Rest durch 11. Der Divisionsrest ist die Prüfziffer. Falls der Rest 10 beträgt, schreiben wir statt der Prüfziffer cin „X".

1. Auf einem Ausweis steht die Nummer 470805978(1). Ist dieser Ausweis echt?

2. Welche Prüfziffer gehört zur Nummer 766987988(?)?

3. Gib eine Ausweisnummer mit Prüfziffer „X" an!

4. Zwei unterschiedliche Ziffern einer gültigen Ausweisnummer werden vertauscht. Warum kann die neue Nummer zu keinem gültigen Ausweis gehören?

5. Die Nummern der Ausweise von Lisa und Hans unterscheiden sich genau durch eine Ziffer. Warum ist einer der Ausweise gefälscht?

Weiterführende Links

http://wiki.zum.de/PH_Heidelberg/Zahlentheorie
http://www.antonellaperucca.net/CRC.html

Literatur

[1] A. Beutelspacher. *Kryptografie in Theorie und Praxis*, zweite Auflage, Vieweg, 2010.
[2] P. Bundschuh. *Einführung in die Zahlentheorie*, sechste Auflage, Springer, 2008.

3
Graphentheorie

. . . oder das Haus vom Nikolaus

Andreas Eberl, Theresa Stoiber

3.1   Das Königsberger Brückenproblem 46
3.2   Gewichtete Graphen 49
3.3   Gerichtete Graphen 49
3.4   Hamilton-Wege und Hamilton-Kreise oder das Problem des Handlungs-
       reisenden 50
3.5   Aufgaben 51
Literaturverzeichnis 55
Lösungen zu den Aufgaben 215

Graphentheorie – man könnte meinen, dass es hier um Funktionsgraphen geht, wie du sie aus der Schule kennst. In der wissenschaftlichen Mathematik ist damit aber etwas anderes gemeint. In diesem Kapitel wirst du sehen, dass es gar nicht so schwer ist, erste Schritte in diesem Teilgebiet der Mathematik zu machen und damit ganz unterschiedliche Probleme zu lösen. Zunächst – wie in der Überschrift schon angedeutet – kommen wir zum Haus vom Nikolaus. Falls du es noch nicht kennst: das Haus ist neben der Überschrift abgebildet.

© Springer-Verlag GmbH Deutschland, ein Teil von Springer Nature 2019
C. Löh et al. (Hrsg.), *Quod erat knobelandum*,
https://doi.org/10.1007/978-3-662-58725-6_6

Knobelaufgabe 3.1. Zeichne das Haus vom Nikolaus in einem Zug. Du darfst also den Stift nicht absetzen und auch keine Linie doppelt zeichnen. Probiere alle fünf Ecken als Startpunkte aus!

1. Du wirst gemerkt haben, dass es nicht von jeder Ecke als Startpunkt klappt. Schreibe auf, von welchen Ecken aus man Lösungen finden kann, und wo es nicht gelingt.

2. Warum kann man von bestimmten Ecken aus niemals eine Lösung „in einem Zug" finden, egal, wie lange man probiert?

3. Warum kann man das Haus vom Nikolaus niemals so in einem Zug zeichnen, dass man am Ende wieder auf dem Anfangspunkt steht?

3.1 Das Königsberger Brückenproblem

Der berühmte deutsche Mathematiker Leonhard Euler (lebte von 1707 bis 1782) begründete die Graphentheorie im Jahr 1736. Er löste das bekannte *Königsberger Brückenproblem*, welches wie folgt lautet:

Problem 3.2 (Königsberger Brückenproblem). Ist es möglich, in der Stadt Königsberg, wie sie in Abbildung 3.1 skizziert ist, an einem Sonntagsspaziergang alle sieben Brücken über den Fluss Pregel genau einmal zu überqueren?

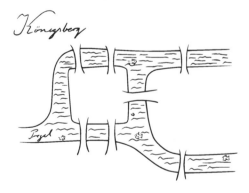

Abbildung 3.1: Eine schematische Zeichnung von den Brücken in Königsberg

Euler zeigte, dass es unmöglich ist, alle sieben Brücken genau einmal zu überqueren und ging dabei folgendermaßen vor:

Er verwandelte die Landkarte zunächst in das Modell in Abbildung 3.2. Eine solche Darstellung wird in der Mathematik als **Graph** bezeichnet. Wie jeder Graph besteht das Modell aus **Knoten** (hier mit A, B, C und D beschriftet) und

Kanten (die geraden Verbindungen zwischen den Knoten). Euler wies jedem der vier zusammenhängenden Stadtgebiete einen Knoten und jeder der sieben Brücken zwischen zwei Gebieten eine Kante zu. Durch den Graphen hat man

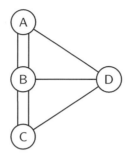

Abbildung 3.2: Die Kanten des Graphen repräsentieren die Brücken von Königsberg

ein abstraktes, vereinfachtes **Modell** für die reale Situation geschaffen. In diesem Modell kann man das Problem neu formulieren:

Problem 3.3 (Umformulierung vom Königsberger Brückenproblem). Gibt es einen Weg durch den Graphen aus Abbildung 3.2, auf dem jede Kante genau einmal durchlaufen wird?

Zum Verständnis des Problems und seiner Lösung brauchen wir einige Fachbegriffe, die in den folgenden Definitionen erklärt werden.

Definition 3.4. Ein **Graph** ist eine nichtleere endliche Menge von **Knoten**, gemeinsam mit einer Menge von **Kanten** zwischen den Knoten. Eine Kante verbindet jeweils zwei Knoten miteinander.

Erlaubt man mehrere Kanten zwischen zwei Knoten, spricht man manchmal auch von einem **Multigraphen**. Kanten können zusätzlich weitere Eigenschaften haben, von denen wir einige später noch kennenlernen werden.

Offenbar ist dies keine besonders scharfe und eindeutige Definition von Graphen. Wir wollen unseren Ausflug in die Graphentheorie jedoch nicht mit unnötiger Terminologie überfrachten. Es wird stets aus dem Kontext und den Darstellungen klar sein, wovon wir sprechen.

Definition 3.5.

1. Eine Abfolge von Knoten, Kante, Knoten, Kante, ..., bei der zwei aufeinanderfolgende Knoten durch eine dazwischen liegende Kante verbunden sind und bei der *keine Kante doppelt* durchlaufen wird, heißt **Weg** in einem Graphen.

2. Ein Weg, bei dem *jede* Kante des Graphen einmal durchlaufen wird, heißt (zu Ehren von Euler) **Euler-Weg**.

3. Die Anzahl an Kanten, die von einem Knoten wegführen, heißt **Grad des Knotens**.

Für die Lösung unseres Problems suchen wir also einen Euler-Weg in unserem Modell von Königsberg. Die Knoten A, C und D haben hier den Grad 3, der Knoten B den Grad 5. Euler löste das Problem 3.3 nun so: Der gewünschte Euler-Weg muss in einem der vier Knoten A, B, C oder D beginnen, und in einem dieser vier Knoten enden. Es bleiben also zwei Knoten, die weder der Start- noch der Endknoten sind. Diese „Zwischen"-Knoten werden auf dem Weg ein- oder mehrmals passiert, und zwar über eine bestimmte Kante betreten und über jeweils eine andere Kante wieder verlassen. In jedem Fall müssen diese Knoten somit eine gerade Zahl als Grad besitzen, da man ja für jedes Passieren des Knotens genau zwei (jeweils unterschiedliche) Kanten benötigt. Betrachtet man die Knotengrade im Modell zum Königsberger Brückenproblem, so stellt man fest, dass es unter den Knoten A, B, C und D keine Knoten mit geradem Grad gibt. Ein Euler-Weg ist also niemals möglich und daher kann auch kein Spaziergang gemacht werden, bei dem jede Brücke genau einmal überquert wird.

Da die Überlegungen von Euler nicht nur für das Königsberger Brückenproblem gelten, sondern ganz allgemein für *jeden zusammenhängenden Graphen*, kann man diese Überlegungen in einem mathematischen Satz, dem *Satz von Euler*, zusammenfassen. Zum Verständnis brauchen wir zuvor noch folgende Definitionen:

Definition 3.6.

1. Ein Graph heißt **zusammenhängend**, wenn es zu zwei beliebigen Knoten immer einen Weg gibt, der beide Knoten verbindet.

2. Ein Weg in einem Graphen, bei dem Anfangs- und Endknoten übereinstimmen, heißt **geschlossener Weg** oder **Kreis**. Einen geschlossenen Euler-Weg nennen wir **Euler-Kreis**.

Satz 3.7 (Satz von Euler).

1. Ein zusammenhängender Graph hat einen nicht geschlossenen Euler-Weg genau dann, wenn exakt zwei Knoten einen ungeraden Grad haben.

2. Ein zusammenhängender Graph hat einen Euler-Kreis genau dann, wenn alle Knoten einen geraden Grad haben.

Mit diesem Satz kann man nun auch Teile der Knobelaufgabe 3.1 besonders elegant lösen.

3.2   Gewichtete Graphen

Stell dir vor, du fährst in den Urlaub, oder du bist in München mit Straßenbahn oder U-Bahn unterwegs. Meist gibt es viele Wege zum Ziel, und oft ist es wichtig, den *kürzesten* oder den *schnellsten* Weg zu finden. Moderne Navigationsgeräte rechnen diese auf den eingegebenen Routen in wenigen Augenblicken aus, sogar mit Berücksichtigung von Verkehrsstörungen.

Solche Fragen nach kürzesten oder schnellsten Wegen können wir mithilfe von **gewichteten Graphen** beantworten. Hierzu stellen wir das Verkehrsnetz als Graph dar. Zwischen jeweils zwei Knotenpunkten weisen wir den Kanten das gewünschte **Kantengewicht** zu. Dies kann zum Beispiel die Entfernung in Kilometern zwischen den zwei Nachbarknoten oder die Fahrzeit in Minuten auf dem entsprechenden Autobahnstück oder die Anzahl der Haltestellen zwischen den zwei Knotenpunkten sein. Ein Beispiel für einen gewichteten Graphen siehst du in der Abbildung 3.3.

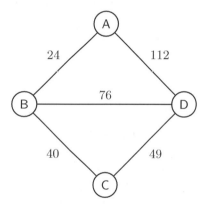

Abbildung 3.3: Ein gewichteter Graph

3.3   Gerichtete Graphen

Bei **gerichteten Graphen** haben die Kanten eine Richtung. Solche Graphen werden zum Beispiel benötigt, wenn Einbahnstraßen dargestellt werden, die nur in einer Richtung befahren werden können.

Eine völlig andere Situation, die man aber auch durch gerichtete Graphen darstellen kann, ist die Teilbarkeitsrelation zwischen zwei natürlichen Zahlen:

Beispiel 3.8. In **Teilbarkeitsgraphen** gibt es genau dann eine Kante vom Knoten A zum Knoten B, wenn A ein Teiler von B ist. Jeder Knoten repräsentiert dabei eine natürliche Zahl. Die Zahl 12 mit allen ihren Teilern hat dann einen Teilbarkeitsgraphen wie in Abbildung 3.4.

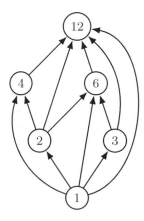

Abbildung 3.4: Der Teilbarkeitsgraph der Zahl 12 mit all ihren Teilern

3.4   Hamilton-Wege und Hamilton-Kreise oder das Problem des Handlungsreisenden

Das Problem des Handlungsreisenden (engl. *Traveling Salesman Problem, TSP*) ist ein berühmtes Optimierungsproblem, das mithilfe der Graphentheorie beschrieben werden kann. Es lautet wie folgt:

Problem 3.9 (Problem des Handlungsreisenden). Gegeben ist eine Menge von Städten, die ein Reisender besuchen möchte. In welcher Reihenfolge muss er die Städte besuchen, damit er nach der Rückkehr zum Ausgangsort eine möglichst kurze Strecke zurückgelegt hat? Was ist also eine optimale Route?

Selbst mit der Hilfe von Computern ist eine optimale Route nur sehr schwer zu finden, wenn die Anzahl der Städte groß ist. Es gibt einfach extrem viele Möglichkeiten die Städte nacheinander zu besuchen! Sind die Entfernungen zwischen allen n Städten bekannt, so kann man beweisen, dass es dann $\frac{2 \cdot 3 \cdot 4 \cdot \ldots \cdot (n-1)}{2}$ mögliche Routen gibt, sofern es zwischen je zwei Städten immer eine Kante gibt. So sind es zum Beispiel bei 15 Städten bereits ca. 43 Milliarden Routen!

Das Problem des Handlungsreisenden lässt sich mithilfe eines Graphen beschreiben. Ziel ist es, jeden Knoten genau einmal zu besuchen und wieder am Ausgangspunkt anzukommen. Ein derartiger Weg durch den Graphen wird auch *Hamilton-Kreis* genannt.

Definition 3.10. Ein Weg, bei dem jeder Knoten eines Graphen genau einmal besucht wird, heißt **Hamilton-Weg**. Entsprechend nennen wir einen Weg **Hamilton-Kreis**, wenn man jeden Knoten eines Graphen genau einmal passiert und am Ende wieder beim Startknoten ankommt.

Ein naiver Ansatz für das Problem des Handlungsreisenden wäre, von einem Startpunkt aus immer zur jeweils nächstgelegenen Stadt zu reisen. Es stellt sich jedoch heraus, dass diese Methode in den seltensten Fällen die optimale Route liefert. Allgemein fällt schnell auf, dass es oft nicht ausreicht, immer nur eine kleine Umgebung – zum Beispiel die 10 nächsten Städte – des aktuellen Aufenthaltorts zu kennen. Dementsprechend trickreich muss man Algorithmen gestalten, die dieses Problem auf Computern lösen sollen.

3.5 Aufgaben

Aufwärmaufgabe 3.A. Zeichne einen zusammenhängenden Graphen mit fünf Knoten und vier Kanten. Warum gibt es nur eine Möglichkeit?

Aufwärmaufgabe 3.B. Skizziere einen zusammenhängenden Graphen mit vier Knoten und sechs Kanten, bei dem ein Eulerkreis möglich ist. Gib auch die Abfolge der Knoten im Eulerkreis an.

Aufwärmaufgabe 3.C. Erstelle den (gerichteten) Teilbarkeitsgraphen zur Zahl 30.

Aufgabe 3.1 (Haus vom Nikolaus*).

1. Löse alle Teile der Knobelaufgabe 3.1 zum Haus des Nikolaus!

2. Nun betrachte das „Doppelhaus" in Abbildung 3.5. Findest du hier einen Euler-Weg? Begründe deine Antwort!

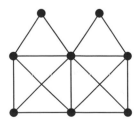

Abbildung 3.5: Zwei Häuser vom Nikolaus formen ein „Doppelhaus"

Aufgabe 3.2 (Regelmäßiges Fünfeck*). Wie viele Hamilton-Kreise mit Startpunkt A gibt es in dem Graphen in Abbildung 3.6? Begründe deine Antwort!

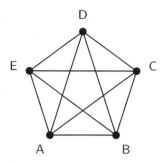

Abbildung 3.6: Ein regelmäßiges Fünfeck, in dem jede Ecke mit allen anderen Ecken verbunden ist

Aufgabe 3.3 (Hamilton-Wege*). Betrachte den Graphen in Abbildung 3.7.

1. Ein Entsorgungsfahrzeug startet seine Tour mit FDCBG. Setze die Tour so fort, dass jeder Knoten genau einmal passiert wird. Das Fahrzeug muss am Ende nicht zum Anfang zurückkehren.

2. Ein Postbote beginnt seine Tagestour mit FDC und möchte nach Erreichen aller Briefkästen (Buchstaben) bei T enden. Jeder Briefkasten soll nur einmal passiert werden. Gib an, wie der Postbote seinen Weg fortsetzen könnte.

3. Am nächsten Tag startet der Postbote mit QXYT. Nach sechs weiteren Stationen kann er seinen Weg nicht mehr fortsetzen, denn er befindet sich in einer Sackgasse. Wie könnte er gefahren sein?

4. Ein Stadtbus fährt anfangs die Stationen FDC ab und beendet die Fahrt bei Station B. Station M kann er nicht anfahren, da sich dort eine Baustelle befindet. Wie kann der Bus fahren, um alle Stationen außer M genau einmal anzufahren?

Diese Aufgabe geht auf ein von dem berühmten Mathematiker Sir William Rowan Hamilton im Jahre 1857 entwickeltes Spiel zurück. Das Spiel heißt „The Icosian Game" (später auch „Traveller's Dodecahedron") oder auf deutsch „Reise um die Welt" und ist noch heute im Handel erhältlich. Die Bezeichnung der Knoten beruht auf den Namen von verschiedenen Städten. Der Graph ist übrigens eine planare Einbettung des Dodekaeders. Was das bedeutet, kannst du in Thema II.12 nachlesen.

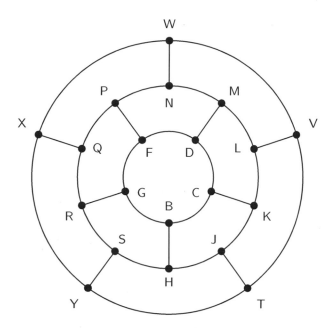

Abbildung 3.7: Die Knoten dieses Graphen repräsentieren Häuser, Briefkästen oder Halte stellen

Aufgabe 3.4 (Vollständige Graphen**). Ein Graph heißt **vollständig**, wenn jeder Knoten mit jedem anderen Knoten durch genau eine Kante verbunden ist.

1. Wie viele Kanten hat ein vollständiger Graph mit fünf Knoten?

2. Wie viele Kanten hat ein vollständiger Graph mit zehn Knoten?

3. Sei n eine natürliche Zahl. Wie viele Kanten hat ein vollständiger Graph mit n Knoten? Gib einen allgemeingültigen Term in Abhängigkeit von n an und begründe deine Antwort!

Aufgabe 3.5 (Atlantis I**). Ein Reisender erzählt, im Kontinent Atlantis gäbe es sechs Staaten, bei denen jeder an drei andere angrenze.

1. Zeichne einen möglichen Graphen als Modell für den Kontinent Atlantis und gib an, wofür ein Knoten bzw. eine Kante steht!

2. Während der Reise hätten die Reiseteilnehmer jede Grenze zwischen zwei Staaten genau einmal überquert. Kann das stimmen? Begründe deine Antwort!

Aufgabe 3.6 (Atlantis II***). Ein anderer Reisender erzählt ebenfalls über seinen Besuch von Atlantis. Er behauptet, dort gäbe es sieben Staaten, sodass jeder Staat an drei andere angrenze.

1. In der Graphentheorie gilt der folgende Satz: „In jedem Graphen ist die Anzahl an Knoten mit ungeradem Grad gerade." Beweise diesen Satz!

2. Kann man dem Reisenden trauen? Begründe deine Antwort!

Aufgabe 3.7 (Eine Reise durch Deutschland***). Zum Abschluss gibt es eine Zusatzaufgabe, die man normalerweise nur mit der Hilfe von Computerprogrammen optimal lösen kann. Du kannst und sollst aber auch ohne Computer ein bisschen knobeln und die deiner Meinung nach beste Lösung suchen. Die Aufgabe kann aber grundsätzlich natürlich mit allen beliebigen Hilfsmitteln (auch einem Computer) gelöst werden!

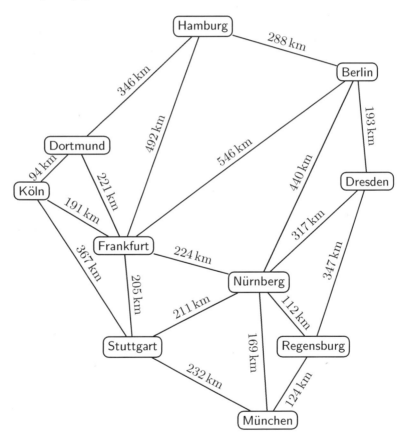

Abbildung 3.8: Ein Städtenetz von Deutschland als Graph gezeichnet. Die Städte sind Knoten und die Kantengewichte geben die Distanzen zwischen den Städten an.

Betrachte das Städtenetz Deutschlands in Abbildung 3.8. Finde eine möglichst kurze Deutschlandtour, bei der alle Städte genau einmal besucht werden! Start und Ziel soll Regensburg sein. Es reicht, wenn du die kürzeste Route, die du gefunden hast, nennst. Du musst keine Begründungen oder Beweise angeben.

Durch die relativ geringe Anzahl an Knoten und Kanten, sowie die Veranschaulichung in Abbildung 3.8, ist die optimale Route hier relativ einfach zu finden. Erweitert man das Problem jedoch zum Beispiel auf die 500 größten Städte Europas, wird es schon viel schwieriger.

Weiterführende Links

http://de.wikipedia.org/wiki/Hamiltonkreisproblem

http://de.wikipedia.org/wiki/Problem_des_Handlungsreisenden

http://de.wikipedia.org/wiki/Soziale_Netzwerkanalyse

Literatur

[1] R. Diestel. *Graphentheorie*, vierte Auflage, Springer, 2010.
[2] J. Harris, J. L. Hirst, M. Mossinghoff. *Combinatorics and Graph Theory*, dritte Auflage, Springer, 2008.

4
Induktion

$$0+1+1+1+1+1+1+1+1+\ldots$$

Clara Löh

4.1	Induktion	58
4.2	Aufgaben	62
	Literaturverzeichnis	65
	Epilog: Verwandte Konzepte: Rekursion und Wohlordnung	66
	Lösungen zu den Aufgaben	221

Wir beschäftigen uns im Folgenden mit einem wichtigen Aspekt der natürlichen Zahlen, dem sogenannten Prinzip der vollständigen Induktion.

Knobelaufgabe 4.1 (Parkplatzpuzzle [3, 8.20]). Der $2^{2013} \times 2^{2013}$-Frachtraum eines Raumfrachters soll mit kleinen L-Tromino-Raumgleitern ⌐ gefüllt werden, ohne dass sich diese überlappen. Auf einem der Felder des Frachtraums steht jedoch ein Container. Kann der restliche Frachtraum immer mit Raumgleitern gefüllt werden, unabhängig davon, auf welchem Feld der Container steht?

Wie kann man ein solches Problem angehen? Man könnte natürlich alle möglichen Konfigurationen (z. B. mithilfe eines Computers) durchprobieren. Aber selbst wenn man es auf diese Weise tatsächlich schafft, eine Antwort auf die

© Springer-Verlag GmbH Deutschland, ein Teil von Springer Nature 2019
C. Löh et al. (Hrsg.), *Quod erat knobelandum*,
https://doi.org/10.1007/978-3-662-58725-6_7

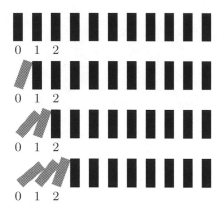

Abbildung 4.1: Jeder kippende Dominostein stößt den nächsten an …

obige Frage zu erhalten, ist diese Lösung unbefriedigend, da sie sich nicht ohne weiteres auf andere Frachtraumgrößen verallgemeinern lässt.

Im Folgenden werden wir das Induktionsprinzip kennenlernen, das helfen kann, Aussagen über die natürlichen Zahlen zu beweisen. Insbesondere werden wir so auch eine elegante Antwort auf das verallgemeinerte Parkplatzpuzzle erhalten.

4.1   Induktion

4.1.1   Das Induktionsprinzip

Den natürlichen Zahlen $\mathbb{N} = \{0, 1, 2, \dots\}$ ist das Prinzip der vollständigen Induktion zu eigen:

Prinzip der vollständigen Induktion. Sei M eine Menge natürlicher Zahlen, die folgende Bedingungen erfüllt:

(0) **Induktionsanfang.** Es ist $0 \in M$.

(+1) **Induktionsschritt.** Für alle natürlichen Zahlen n gilt: Ist n in M, so ist auch $n + 1$ in M.

Dann ist $M = \mathbb{N}$, d. h. M enthält alle natürlichen Zahlen.

Das Induktionsprinzip besagt, dass jede natürliche Zahl, ausgehend von 0 durch hinreichend häufige Anwendung von „+1" erreicht werden kann. Wir können uns das Induktionsprinzip auch wie folgt vorstellen: Wir stellen auf der Zahlengeraden an jeder natürlichen Zahl einen Dominostein auf. Wenn wir den Stein bei 0 anstoßen und zum Kippen bringen (Induktionsanfang) und wir für jeden Stein wissen, dass er, wenn er kippt, auch seinen rechten Nachbarn anstößt und zum Kippen bringt (Induktionsschritt), dann werden alle Dominosteine umkippen (Abbildung 4.1).

Das Induktionsprinzip hängt mit weiteren wichtigen Prinzipien zusammen, nämlich mit dem Rekursionsprinzip und dem Wohlordnungsprinzip (s. Epilog auf Seite 66).

4.1.2 Beispiele

Wir zeigen nun an Beispielen, wie uns das Induktionsprinzip helfen kann, Aussagen über natürliche Zahlen zu beweisen.

Beispiel 4.2. Für alle natürlichen Zahlen n gilt

$$0 + 1 + 2 + \cdots + n = \frac{n \cdot (n+1)}{2}.$$

Lösung. Wir beweisen die Behauptung durch vollständige Induktion. Dazu betrachten wir die Menge M aller natürlichen Zahlen, die die behauptete Gleichung erfüllen, kurz

$$M := \left\{ n \in \mathbb{N} \,\middle|\, 0 + 1 + 2 + \cdots + n = \frac{n \cdot (n+1)}{2} \right\}.$$

Induktionsanfang. Es ist 0 in M, denn

$$0 = \frac{0 \cdot (0+1)}{2}.$$

Induktionsschritt. Sei n in M (dies ist die sogenannte **Induktionsvoraussetzung**). Dann ist auch $n+1$ in M, denn: Es gilt

$$0 + 1 + 2 + \cdots + (n+1) = (0 + 1 + 2 + \cdots + n) + (n+1).$$

Da $n \in M$ ist, können wir den Term in der ersten Klammer auf der rechten Seite durch $n \cdot (n+1)/2$ ersetzen. Insgesamt erhalten wir somit

$$
\begin{aligned}
0 + 1 + 2 + \cdots + (n+1) &= (0 + 1 + 2 + \cdots + n) + (n+1) \\
&= \frac{n \cdot (n+1)}{2} + (n+1) \\
&= \frac{n \cdot (n+1) + 2 \cdot (n+1)}{2} \\
&= \frac{(n+2) \cdot (n+1)}{2} \\
&= \frac{(n+1) \cdot ((n+1)+1)}{2}.
\end{aligned}
$$

Also ist auch $n + 1$ in M.

Nach dem Induktionsprinzip ist somit $M = \mathbb{N}$. Nach Definition von M bedeutet dies aber gerade, dass $0 + 1 + 2 + \cdots + n = n \cdot (n + 1)/2$ für alle natürlichen Zahlen n gilt, wie behauptet.   ▢

Zumeist formuliert man einen solchen Induktionsbeweis etwas knapper:

Lösung. Wir beweisen die Behauptung durch vollständige Induktion.

Induktionsanfang. Die Behauptung gilt für die natürliche Zahl 0, denn

$$0 = \frac{0 \cdot (0 + 1)}{2}.$$

Induktionsvoraussetzung. Sei n eine natürliche Zahl, die die Behauptung erfüllt.

Induktionsschritt. Dann gilt die Behauptung auch für $n + 1$, denn: Es gilt

$$0 + 1 + 2 + \cdots + (n + 1) = (0 + 1 + 2 + \cdots + n) + (n + 1).$$

Nach Induktionsvoraussetzung können wir den Term in der ersten Klammer auf der rechten Seite durch $n \cdot (n + 1)/2$ ersetzen. Insgesamt erhalten wir somit

$$
\begin{aligned}
0 + 1 + 2 + \cdots + (n + 1) &= (0 + 1 + 2 + \cdots + n) + (n + 1) \\
&= \frac{n \cdot (n + 1)}{2} + (n + 1) \\
&= \frac{n \cdot (n + 1) + 2 \cdot (n + 1)}{2} \\
&= \frac{(n + 2) \cdot (n + 1)}{2} \\
&= \frac{(n + 1) \cdot ((n + 1) + 1)}{2}.
\end{aligned}
$$

Also ist die Behauptung auch für $n + 1$ erfüllt, was den Induktionsbeweis abschließt.   ▢

In diesem einfachen Beispiel gibt es auch ein schönes graphisches Argument:

Lösung. Sei n eine natürliche Zahl. Wir betrachten dann die Situation in Abbildung 4.2. Stellen wir uns den gefärbten Bereich in vertikale Balken der Breite 1 aufgeteilt vor, so sehen wir, dass der Flächeninhalt des gefärbten Bereichs die Summe $0 + 1 + \cdots + n$ ist. Andererseits sieht man, indem man das Rechteck um 180° um seinen Mittelpunkt dreht, dass der weiße und der gefärbte Bereich denselben Flächeninhalt besitzen. Also ist der Flächeninhalt des gefärbten Bereichs halb so groß wie der Flächeninhalt $(n + 1) \cdot n$ des gesamten Rechtecks. Somit folgt insgesamt

$$0 + 1 + 2 + \cdots + n = \frac{n \cdot (n + 1)}{2}.$$ ▢

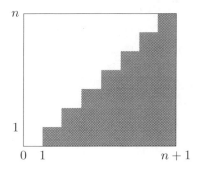

Abbildung 4.2: Ein graphisches Argument für Beispiel 4.2

Der Vorteil des Induktionsbeweises ist jedoch, dass sich mit dieser Methode ohne weiteres viele ähnliche Darstellungen von Summen etc. beweisen lassen (Aufgabe 4.1 und Aufgabe 4.3). Außerdem können wir mit dem Induktionsprinzip auch das zu Beginn gestellte Problem lösen:

Lösung. (von Knobelaufgabe 4.1) Wir beweisen durch vollständige Induktion, dass folgende Aussage für alle natürlichen Zahlen n gilt: Ist ein Feld eines $2^n \times 2^n$-Frachtraums mit einem Container belegt, so lassen sich die restlichen Felder mit L-Trominos füllen.

Induktionsanfang. Entfernt man ein Feld aus einem $2^0 \times 2^0$-Frachtraum, so bleibt nichts übrig; dies kann man natürlich mit (null) L-Trominos füllen.

Induktionsvoraussetzung. Sei n eine natürliche Zahl, für die die Behauptung gilt, d. h., dass wann immer ein Quadrat eines $2^n \times 2^n$-Frachtraums mit einem Container belegt ist, sich die restlichen Felder mit L-Trominos füllen lassen.

Induktionsschritt. Wir zeigen nun, dass die Behauptung dann auch für $n + 1$ gilt: Sei also ein Feld eines $2^{n+1} \times 2^{n+1}$-Frachtraums mit einem Container belegt. Wir teilen den $2^{n+1} \times 2^{n+1}$-Frachtraum wie in Abbildung 4.3 in vier $2^n \times 2^n$-Bereiche auf. Ohne Einschränkung sei das von einem Container belegte Feld im oberen rechten Bereich (sonst drehen wir die ganze Situation entsprechend). Aus den verbleibenden drei Bereichen entfernen wir nun die drei inneren Felder wie in Abbildung 4.3.

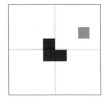

Abbildung 4.3: Der Induktionsschritt im Parkplatzpuzzle

Nach Induktionsvoraussetzung können wir jeden der vier Bereiche ohne die angegebenen Felder mit L-Trominos füllen. Die verbleibende Lücke (in der Abbildung schwarz) füllen wir mit einem weiteren L-Tromino, was die Induktion abschließt.

Insbesondere gilt die Behauptung auch für den Parameter 2013, was einer positiven Antwort aus dem ursprünglichen Parkplatzpuzzle entspricht.   ◻

4.2   Aufgaben

Aufwärmaufgabe 4.A.

1. Zeige durch vollständige Induktion, dass

$$2 + 4 + 6 + \cdots + 2 \cdot n = n \cdot (n + 1)$$

   für alle natürlichen Zahlen n gilt.

2. Zeige diese Aussage auch, indem du das Ergebnis aus Beispiel 4.2 verwendest.

Aufwärmaufgabe 4.B. Sei $x \neq 1$ eine reelle Zahl. Zeige durch vollständige Induktion, dass

$$1 + x + x^2 + \cdots + x^n = \frac{x^{n+1} - 1}{x - 1}$$

für alle natürlichen Zahlen n gilt.

Aufwärmaufgabe 4.C. Zeige durch vollständige Induktion: Ist n eine natürliche Zahl, so gibt es genau $n! = n \cdot (n - 1) \cdot \cdots \cdot 2 \cdot 1$ Möglichkeiten, n verschiedene Perlen auf einen Faden aufzufädeln.

Hinweis. Man definiert $0! := 1$ und nach Konvention gibt es genau eine Möglichkeit, keine Perlen auf einen Faden aufzufädeln.

Aufgabe 4.1 (Summen von ungeraden Zahlen*).

1. Zeige durch vollständige Induktion, dass

$$1 + 3 + 5 + \cdots + (2 \cdot n + 1) = (n + 1)^2$$

   für alle natürlichen Zahlen n gilt.

2. Kannst du auch einen Beweis angeben, der auf dem Ergebnis aus Beispiel 4.2 beruht und keine weitere Induktion benötigt?

haben dieselbe Anzahl an Beinen

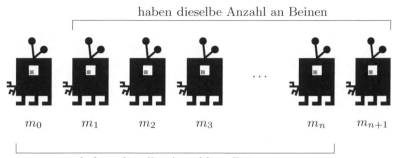

m_0 $\quad$ m_1 $\quad$ m_2 $\quad$ m_3 $\quad$ $\cdots$ $\quad$ m_n $\quad$ m_{n+1}

haben dieselbe Anzahl an Beinen

Abbildung 4.4: Alle Marsmännchen haben dieselbe Anzahl an Beinen

Aufgabe 4.2 (Überzeugende Induktion?*). Auf dem ICM (International Congress on Martians) trägt Professor Pirkheimer über seine neueste Entdeckung vor:

Behauptung: Alle Marsmännchen haben dieselbe Anzahl an Beinen.

„Beweis". Wir beweisen die Behauptung, indem wir folgende Aussage durch vollständige Induktion zeigen: Ist n eine natürliche Zahl und A eine Menge von $n + 1$ Marsmännchen, so haben alle Marsmännchen in A dieselbe Anzahl an Beinen.

Induktionsanfang. Ist A eine Menge, die nur ein Marsmännchen enthält, so haben alle Marsmännchen in A (also, nur dieses eine) natürlich alle dieselbe Anzahl an Beinen.

Induktionsvoraussetzung. Sei n eine natürliche Zahl, für die die Behauptung gilt.

Induktionsschritt. Wir zeigen nun, dass die Behauptung dann auch für $n+1$ gilt: Sei nun A eine Menge von $n + 2$ Marsmännchen, etwa $m_0, \ldots, m_{n+1}$. Dann enthalten die Mengen

$$A_1 := \{m_0, \ldots, m_n\} \qquad \text{und} \qquad A_2 := \{m_1, \ldots, m_{n+1}\}$$

jeweils genau $n+1$ Marsmännchen. Nach der Induktionsvoraussetzung (angewendet auf A_1) haben also die Marsmännchen $m_0, \ldots, m_n$ dieselbe Anzahl von Beinen; ebenso haben auch die Marsmännchen $m_1, \ldots, m_{n+1}$ dieselbe Anzahl von Beinen (Induktionsvoraussetzung angewendet auf A_2). Da m_n sowohl in A_1 als auch in A_2 liegt, haben also $m_0, \ldots, m_{n+1}$ alle dieselbe Anzahl von Beinen (Abbildung 4.4).

Damit ist der Beweis abgeschlossen. „"

Mache dir zunächst plausibel, warum Pirkheimers „Beweis" nicht korrekt sein kann, indem du nach dem selben Schema andere, offensichtlich falsche, Aussagen beweist (z. B., dass alle Autos dieselbe Farbe haben). Was ist falsch an Pirkheimers Argument?

Aufgabe 4.3 (Summen von Quadraten**). Zu einer natürlichen Zahl n schreiben wir

$$Q_n := 6 \cdot (0^2 + 1^2 + \cdots + n^2).$$

Bestimme die Werte $Q_0, \ldots, Q_{10}$. Was fällt auf? Formuliere eine Vermutung für eine geschlossene Formel (wie in Beispiel 4.2) für die Werte Q_n und beweise sie durch vollständige Induktion.

Hinweis. Für alle natürlichen Zahlen n ist Q_n durch n teilbar. Welche weiteren Faktoren kannst du entdecken?

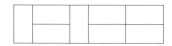

Abbildung 4.5: Ein Fabionicc-Chip der Größe 8

Aufgabe 4.4 (Chips zählen**). Die Fabionicc-Chips der Größe n bestehen aus einer $n \times 2$-Platine, auf der n Bauteile vom Typ Domino angeordnet sind, wobei sich diese Dominos nicht überlappen (eine solche Konfiguration der Größe 8 ist in Abbildung 4.5 zu sehen). Sei C_n die Anzahl solcher Konfigurationen für Fabionicc-Chips der Größe n.

1. Wie lässt sich für $n > 1$ die Anzahl C_{n+1} aus C_n und C_{n-1} bestimmen?

2. Bestimme $C_0, \ldots, C_{10}$.

3. Fabionicc, der Erfinder dieser Chips, behauptet, dass man die Anzahl der möglichen Konfigurationen ganz einfach an seinen Wurzel fünf Fingern abzählen könne, dass nämlich

$$C_n = \frac{\left(\frac{1+\sqrt{5}}{2}\right)^{n+1} - \left(\frac{1-\sqrt{5}}{2}\right)^{n+1}}{\sqrt{5}}$$

für alle natürlichen Zahlen n gelte. Stimmt das? Begründe deine Antwort!

Aufgabe 4.5 (Verallgemeinertes Induktionsprinzip***). Zeige, dass man das verallgemeinerte Induktionsprinzip aus dem Induktionsprinzip ableiten kann:

Verallgemeinertes Induktionsprinzip. Sei M eine Menge natürlicher Zahlen, die folgende Bedingung erfüllt:

(0) **Induktionsanfang.** Es ist $0 \in M$.

(+1) **Induktionsschritt.** Für alle natürlichen Zahlen n gilt: Sind $0, 1, \ldots, n$ in M, so ist auch $n + 1$ in M.

Dann ist $M = \mathbb{N}$, d. h. M enthält alle natürlichen Zahlen.

Aufgabe 4.6 (Last moon standing***). Zu jeder natürlichen Zahl $n > 0$ gibt es einen Planeten Sphejous$_n$. Um den Planeten Sphejous$_n$ kreisen auf einer gemeinsamen Kreisbahn n unbesiedelte Monde, die der Reihe nach $M_1, \ldots, M_n$ heißen; insbesondere ist der nächste Mond nach M_n wieder M_1. Im ersten Jahr wird der Mond M_1 von Robotern besiedelt. Im nächsten Jahr wird der in der Kreisbahn übernächste noch verbliebene Mond von Robotern besiedelt. Im übernächsten Jahr ... Ist nur noch ein unbesiedelter Mond übrig, so zählt dieser auch als der übernächste unbesiedelte Mond. Auf diese Weise werden also nach und nach alle Monde um Sphejous$_n$ besiedelt.

Zur natürlichen Zahl n sei L_n die Nummer des Mondes von Sphejous$_n$, der als letztes von Robotern besiedelt wird.

1. Skizziere, was in den ersten fünf Jahren um den Planeten Sphejous$_6$ passiert. Welcher Mond wird als letztes besiedelt?

2. Wie hängen $L_{2 \cdot n}$ und L_n zusammen?

3. Wie hängen $L_{2 \cdot n + 1}$ und L_n zusammen?

4. Kannst du die Werte $L_1, L_2, \ldots$ durch eine geschlossene Formel darstellen?

Weiterführende Links

http://en.wikipedia.org/wiki/Nim
http://de.wikipedia.org/wiki/Peano-Axiome

Literatur

[1] J. H. Conway, R. K. Guy. *The book of numbers*, Copernicus, 1996.
[2] H.-D. Ebbinghaus et. al.. *Zahlen*, Springer, 1983.
[3] A. Engel. *Problem-Solving Strategies*, Problem Books in Mathematics, Springer, 1998.
[4] U. Friedrichsdorf, A. Prestel. *Mengenlehre für den Mathematiker*, Vieweg, 1985.
[5] D. E. Knuth. *Surreal numbers*, Addison-Wesley, 1974.

Epilog: Verwandte Konzepte: Rekursion und Wohlordnung

Eine wichtige Konsequenz des Induktionsprinzips ist, dass es erlaubt, auf $\mathbb{N}$ Funktionen rekursiv zu definieren (was z. B. beim Programmieren eine zentrale Rolle spielt): Die 0 wird auf den gegebenen Startwert abgebildet und zusätzlich wird erklärt wie man für jede natürliche Zahl n den Funktionswert bei $n+1$ durch den Funktionswert an der Stelle n (und n selbst) berechnet. Mathematisch exakt lässt sich dies wie folgt formulieren:

Rekursionsprinzip. Sei X eine Menge, sei $s \in X$ und sei $N \colon \mathbb{N} \times X \longrightarrow X$ eine Abbildung (dabei besteht die Menge $\mathbb{N} \times X$ aus allen Paaren (n, x), wobei n eine natürliche Zahl und x aus X ist). Dann gibt es genau eine Abbildung $f \colon \mathbb{N} \longrightarrow X$ mit folgenden Eigenschaften:

0. Es ist $f(0) = s$.

1. Für alle $n \in \mathbb{N}$ ist $f(n+1) = N\big(n, f(n)\big)$.

Wir zeigen nun an einem Beispiel wie das Rekursionsprinzip angewendet werden kann, um rekursiv Folgen zu definieren:

Beispiel 4.3. Wir betrachten die Menge $X := \mathbb{N}$ (also die natürlichen Zahlen selbst), als Startwert wählen wir $s := 0$ und für den Rekursionsschritt wählen wir die Funktion $N \colon \mathbb{N} \times X \longrightarrow X, (n, x) \longmapsto x + n + 1$. Dann erhalten wir mit dem Rekursionsprinzip die rekursiv definierte Funktion $f \colon \mathbb{N} \longrightarrow \mathbb{N}$ mit $f(0) = s = 0$ und
$$f(n+1) = N\big(n, f(n)\big) = f(n) + n + 1$$
für alle $n \in \mathbb{N}$. Wenn wir uns nun Schritt für Schritt durch die Rekursion hangeln, sehen wir, dass
$$\begin{aligned} f(n) &= f(n-1) + n \\ &= f(n-2) + n - 1 + n \\ &\ \ \vdots \\ &= f(0) + 0 + 1 + \cdots + n \\ &= 0 + 1 + \cdots + n \end{aligned}$$
für alle natürlichen Zahlen n gilt. Das Rekursionsprinzip erlaubt es also, eine mathematisch exakte Definition von „$+\cdots+$" in der Schreibweise „$0+1+\cdots+n$" zu geben.

Dieses rekursive Vorgehen bei der Definition von Folgen wird auch in den Themen II.13 und II.15 verwendet.

Analog zum verallgemeinerten Induktionsprinzip gibt es auch ein verallgemeinertes Rekursionsprinzip, das es erlaubt, nicht nur auf den Funktionswert des
direkten Vorgängers, sondern auf die Funktionswerte aller Vorgänger zuzugrei-
fen.

Ein weiteres Konzept, das untrennbar mit dem Induktionsprinzip verbunden
ist, ist das Wohlordnungsprinzip:

Wohlordnungsprinzip. Jede nicht-leere Menge von natürlichen Zahlen enthält
ein kleinstes Element.

Man kann zeigen, dass das Wohlordnungsprinzip zum Induktionsprinzip äquivalent ist, d. h., dass man das Wohlordnungsprinzip aus dem Induktionsprinzip
ableiten kann und umgekehrt.

Das Wohlordnungsprinzip gilt z. B. nicht für die ganzen Zahlen (die Menge
aller ganzen Zahlen enthält *kein* minimales Element) und auch nicht für die
Menge aller nicht-negativen rationalen Zahlen (die Menge aller positiven rationalen Zahlen enthält *kein* minimales Element, denn für alle $x \in \mathbb{Q}$ mit $x > 0$ ist
die rationale Zahl $1/2 \cdot x$ positiv, aber $1/2 \cdot x < x$).

Eine genauere Betrachtung unendlicher Mengen und ihrer Ordnungseigen-
schaften erfolgt in Thema II.8.

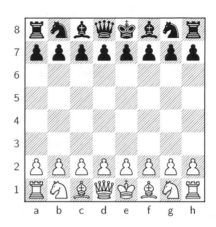

5
Spiele

Mit Strategie gewinnen

Christian Nerf, Niki Kilbertus

5.1   Symmetrien nutzen   70
5.2   Strategien stehlen   72
5.3   Aufgaben   74
Literaturverzeichnis   78
Lösungen zu den Aufgaben   229

Spiele begleiten uns durch unser ganzes Leben. Bei vielen Gesellschaftsspielen, wie zum Beispiel den meisten Brett- und Kartenspielen, gibt es Gewinner und Verlierer. Häufig ist das ein essentieller Bestandteil des Spielens. Wenn wir uns ein Spiel kaufen, gehen wir davon aus, dass jeder Mitspieler prinzipiell die gleichen Gewinnchancen hat. Bei Spielen wie „Tic-Tac-Toe" oder „Vier gewinnt" haben jedoch viele das Gefühl, dass derjenige einen Vorteil hat, der den ersten Zug machen darf. Manche behaupten sogar, immer zu gewinnen oder zumindest nie zu verlieren.

In diesem Kapitel untersuchen wir, wann man ein Spiel immer gezielt gewinnen kann und wie **Gewinnstrategien** für solche Spiele aussehen.

Versuche zum Einstieg folgende Knobelaufgabe [3, Problem 13.7] zu lösen.

Knobelaufgabe 5.1. Alice und Bob spielen ein Spiel mit den folgenden Regeln:

© Springer-Verlag GmbH Deutschland, ein Teil von Springer Nature 2019
C. Löh et al. (Hrsg.), *Quod erat knobelandum*,
https://doi.org/10.1007/978-3-662-58725-6_8

- Am Anfang wird auf ein Spielfeld ein regelmäßiges 2012-Eck gezeichnet.

- Ein Zug besteht darin, in das 2012-Eck eine Diagonale einzuzeichnen. (Eine Diagonale ist eine Verbindungslinie zwischen zwei nicht benachbarten Ecken.)

- Alice und Bob ziehen abwechselnd.

- Je zwei Diagonalen dürfen sich nicht schneiden.

- Derjenige, der die letzte Diagonale einzeichnet, gewinnt.

- Alice hat den ersten Zug.

Kann einer der beiden Spieler das Spiel gezielt gewinnen? Das bedeutet, kann sich einer der beiden so verhalten, dass er immer gewinnt, unabhängig davon, was sein Gegenspieler macht und wie schlau dieser ist? Wenn ja, welcher Spieler und mit welcher Strategie?

Ohne systematisches Vorgehen ist diese Aufgabe offenbar gar nicht so einfach. Im Folgenden werden wir einige mögliche Strategien näher beleuchten. Natürlich hängen diese immer stark von dem konkreten Problem ab, es gibt daher kein allgemeingültiges Kochrezept zum Finden einer solchen Strategie.

5.1 Symmetrien nutzen

Wir wollen uns mit einer speziellen Klasse von Zwei-Personen-Spielen beschäftigen. Dabei führen zwei Spieler – wir nennen sie im Folgenden Alice und Bob – abwechselnd auf einem Spielfeld Züge nach vorher festgelegten Regeln durch. Es gewinnt derjenige, dem es gelingt, den letzten regulären Zug zu machen. Ein populäres Spiel dieser Sorte ist zum Beispiel Schach.

Die zu beantwortende Frage lautet jeweils:

> Kann einer der beiden Spieler gezielt gewinnen, das heißt kann er sich unabhängig von der Spielweise des Gegners den Gewinn sichern? Wenn ja, welcher der beiden Spieler und mit welcher Spielstrategie?

Bei Schach hat diese Frage leider einen deutlich zu hohen Schwierigkeitsgrad. Zum Einstieg wählen wir ein weniger komplexes Spiel.

Problem 5.2. Das Spielfeld sei ein runder Tisch in dessen Mitte eine 1-Euro-Münze gelegt wird wie in Abbildung 5.1. Bob und Alice legen nun abwechselnd weitere 1-Euro-Münzen flach auf den Tisch, sodass sich die Münzen zwar berühren dürfen, aber nicht müssen. Man darf die Münzen nicht stapeln und sie dürfen nicht überlappen. Wer die letzte Münze auf den Tisch legen kann, gewinnt das Spiel. Alice hat den ersten Zug.

Abbildung 5.1: Der runde Spieltisch mit einer Münze in der Mitte

Kann einer der beiden Spieler das Spiel gezielt gewinnen? Wenn ja, mit welcher Strategie?

Lösung. Die Strategie besteht darin, Symmetrien und Muster im Spielfeld zu erkennen und diese zu nutzen um den Zug des Gegenspielers immer mit einem passenden Gegenzug zu beantworten – auf jedes „Ping!" folgt ein „Pong!". Mit der richtigen Strategie kann Bob in diesem Fall das Spiel tatsächlich immer gewinnen, unabhängig davon, wie gut Alice spielt.

Bob kann sich die Symmetrie des Spieltisches wie folgt zunutze machen. Wann immer Alice eine Münze auf den Tisch legt (Ping!), so spiegelt Bob die Position der Münze gedanklich am Mittelpunkt des Tisches und legt seine Münze genau an diese Stelle (Pong!), siehe Abbildung 5.2.

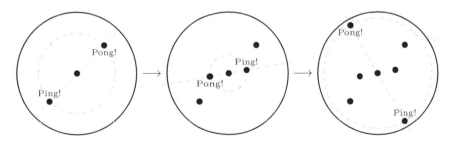

Abbildung 5.2: Ein möglicher Anfang des Spielverlaufs

Die so ausgewählte Stelle ist immer frei für Bobs „Pong!"-Zug. Wäre die Stelle belegt, so hätte Alice die Münze auf der gespiegelten Position gar nicht im vorherigen Zug legen können, da diese auch schon belegt wäre.

Irgendwann ist der Tisch so voll, dass keine weitere Münze mehr untergebracht werden kann. Da Bob auf jeden Zug von Alice mit einem gültigen Gegenzug antworten konnte, legt er die letzte Münze auf den Tisch und gewinnt somit das Spiel. ◻

Die Grundidee dieser „Ping-Pong-Strategie" lässt sich verallgemeinern und dadurch auf viele andere Probleme anwenden. In Problem 5.2 gibt es zu jeder

Stelle auf dem Tisch eine zugehörige zweite Position, wir können also mithilfe der Symmetrie immer Paare bilden. Bobs Strategie besteht darin, die belegten Paare zu vervollständigen. Jeder seiner Züge stellt sicher, dass in keinem Paar nur eine der beiden Positionen besetzt ist. Dies gleicht in gewisser Weise dem Invariantenprinzip aus Thema II.1.

Allgemein sucht man also mithilfe der Symmetrie nach geeigneten Invarianten und wählt die Strategie so, dass die Invariante durch jeden „Pong!"-Zug erhalten bleibt.

5.2   Strategien stehlen

Wir stellen uns nun die Frage, ob man vielleicht allgemein für eine ganze Klasse von Zwei-Personen-Spielen entscheiden kann, ob es für einen der beiden Spieler eine Gewinnstrategie geben – oder auch nicht geben – kann. Dazu betrachten wir **symmetrische** Zwei-Personen-Spiele. Das bedeutet, dass die Gewinnchance mit einer bestimmten Strategie nur davon abhängt, welche Strategie der Gegner spielt, nicht aber davon, welche Person diese Strategie spielt. Strategie A hat gegen Strategie B also die gleiche Gewinnchance, egal ob Alice A und Bob B spielt oder umgekehrt.

Für Zwei-Personen-Spiele können wir auch sagen, ein Spiel ist symmetrisch, wenn beiden Spielern die gleichen Züge zur Verfügung stehen, diese den gleichen Effekt haben und ein zusätzlicher Zug keinen Nachteil darstellt.

Wir zeigen nun, dass der zweite Spieler, in unserem Fall Bob, für symmetrische Zwei-Personen-Spiele keine Gewinnstrategie haben kann. Dazu verwenden wir einen Widerspruchsbeweis, siehe Kapitel I.2. Angenommen Bob hätte eine Gewinnstrategie, nennen wir sie S. Dann könnte Alice diese Gewinnstrategie wie folgt stehlen:

Alice führt zu Beginn irgendeinen zufällig gewählten ersten Zug aus. Nach Bobs Antwort verhält sich Alice nun so, als hätte es ihren ersten Zug nie gegeben. Sie tut also so, als wäre Bobs Gegenzug der insgesamt erste Zug des Spiels. Damit findet sie sich in der Situation, dass sie auf den ersten Zug des Spiels antworten muss. Damit hat sie also mit Bob die Rollen getauscht und kann nun ebenfalls die Gewinnstrategie S spielen, stiehlt also Bobs Strategie.

Sollte es nun dazu kommen, dass sie laut Strategie S den Zug machen müsste, den sie ganz am Anfang schon ausgeführt und von da an ignoriert hat, so macht sie einfach erneut einen zufälligen Zug. Nach Voraussetzung kann so ein extra Zug bei symmetrischen Spielen kein Nachteil sein. Nun hat also auch Alice eine Gewinnstrategie. Dass sowohl Alice als auch Bob das Spiel gezielt gewinnen können, ist ein Widerspruch. Also war die Annahme, dass Bob eine Gewinnstrategie hat, falsch und er kann das Spiel nicht gezielt gewinnen.

Dieses Argument wurde von John Forbes Nash Jr. entdeckt, einem berühmten US-amerikanischen Mathematiker, der vor allem durch den Film *A Beau-*

tiful Mind und den Wirtschaftsnobelpreis für seine Beiträge zur Spieltheorie auch unter Nicht-Mathematikern zu großer Bekanntheit gelangte. Er nannte es **Strategy-stealing Argument**.

Wir wollen das Strategy-stealing Argument anhand eines Beispiels veranschaulichen.

Problem 5.3. Alice und Bob spielen ein Spiel namens „Fünf gewinnt!". Das Spielfeld ist ein 10×10-Schachbrett. Die Spieler setzen abwechselnd weiße und schwarze Spielfiguren auf das Schachbrett, Alice hat weiße und Bob schwarze Figuren. Wer zuerst fünf seiner Figuren direkt nebeneinander in einer Reihe, Spalte oder Diagonalen hat, gewinnt das Spiel. Alice macht den ersten Zug.

Zeige, dass Bob das Spiel nicht gezielt gewinnen kann.

Lösung. Wir bemerken zuerst, dass es sich hierbei um ein symmetrisches Spiel handelt. Alice und Bob können immer die gleichen Züge ausführen: Beiden stehen die gleichen Felder zur Verfügung, die sie mit ihren Figuren belegen können. Außerdem kann eine zusätzliche eigene Figur – egal wo auf dem Spielbrett – nur helfen zu gewinnen und niemals ein Nachteil sein. Damit funktioniert das Strategy-stealing Argument:

Angenommen Bob könnte das Spiel mit einer Strategie S gezielt gewinnen, er hat also auf jeden Zug von Alice (Ping!) eine geeignete Antwort (Pong!), die ihm schlussendlich den Sieg bringt. Dann beginnt Alice mit einem zufälligen Zug, zum Beispiel wie links in Abbildung 5.3.

Bob antwortet entsprechend seiner Gewinnstrategie S. Danach ist Alice mit ihrem zweiten Zug dran. Sie vergisst nun einfach, dass sie schon einen ersten Zug gemacht hat und tut so, als hätte Bob das Spiel mit seinem Zug begonnen (Ping!), wie rechts in Abbildung 5.3 angedeutet. Damit hat sie gedanklich mit Bob die Rollen getauscht. Da wir angenommen haben, dass Bob eine Gewinnstrategie S hat, kann nun auch Alice diese Gewinnstrategie spielen und antwortet entsprechend auf Bobs Zug (Pong!). Für Bob spielt Alice „Ping!" und er antwortet mit „Pong!", und für Alice spielt Bob „Ping!" und sie antwortet mit „Pong!".

Angenommen nach einigen Zügen, in denen sowohl Alice als auch Bob Strategie S spielen, müsste Alice eine Figur auf das Feld d5 setzen, wo bereits ihre erste Figur steht. In diesem Fall macht Alice einfach erneut einen zufälligen Zug, welchen sie dann wiederum im weiteren Spielverlauf ignoriert. Wie eingangs erwähnt, ist diese zusätzliche weiße Figur sicherlich kein Nachteil für Alice.

Insgesamt spielen nun beide eine Gewinnstrategie, mit der sie das Spiel gezielt gewinnen. Das ist ein Widerspruch. Somit kann es für Bob keine Gewinnstrategie geben.   ▢

Denken wir zurück an das Spiel von Problem 5.2. Dort stehen den Spielern zwar die gleichen Münzen und jeweils die gesamte Tischplatte als Spielfeld zur

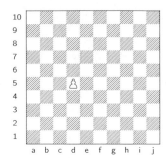 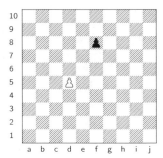

Abbildung 5.3: Der erste zufällige Zug von Alice und ein möglicher Gegenzug von Bob

Verfügung, ein zusätzlicher Zug kann jedoch ein Nachteil sein. Daher ist das Spiel nicht symmetrisch und wir konnten eine Gewinnstrategie für Bob finden.

Weitere klassische Argumente zu Gewinnstrategien und interessante mathematische Spiele finden sich in der Literatur [2, 1].

5.3   Aufgaben

Hinweis. Hier noch ein paar allgemeine Tipps für die Aufgaben dieses Themas.

* Vielleicht ist es hilfreich, sich vorher die Themen II.1 und II.4 sowie die zugehörigen Lösungen anzusehen.

* Wenn in einer Aufgabe das Spielfeld zu groß ist, um es zeichnen zu können, ist es eine gute Idee, die Aufgabe zuerst für ein sehr kleines Spielfeld zu lösen und diese Lösung dann auf das große Feld zu verallgemeinern.

Aufwärmaufgabe 5.A. Alice und Bob spielen folgende vereinfachte Variante des Spiels **Nim**.

* Am Anfang werden fünf Streichhölzer in einer Reihe auf den Tisch gelegt.

* Ein Zug besteht darin, eines oder zwei Streichhölzer vom Tisch zu nehmen.

* Wer das letzte Streichholz vom Tisch nimmt, gewinnt.

* Alice hat den ersten Zug.

Gibt es eine Gewinnstrategie für Alice und wenn ja, wie lautet diese? In den Links am Ende des Kapitels findest du genauere Informationen zu Gewinnstrategien für das Spiel Nim.

Aufwärmaufgabe 5.B. Alice und Bob spielen folgendes Spiel.

- Jeder der beiden Spieler hat einen normalen Würfel.

- Die Spieler würfeln abwechselnd und zählen jeweils alle ihre bisher selbst gewürfelten Zahlen zusammen.

- Der Spieler, dessen Summe zuerst größer als 21 ist, verliert.

- Alice beginnt mit dem ersten Wurf.

Gibt es eine Gewinnstrategie für Bob und wenn ja, wie lautet diese?

Aufwärmaufgabe 5.C. Das Spiel **Tic-Tac-Toe** ist ein beliebtes und einfaches Spiel für zwei Personen. Falls du Tic-Tac-Toe nicht kennst, lies dir im Internet die Spielregeln durch. Einen entsprechenden Link findest du zum Beispiel am Ende des Kapitels. Ausgehend von deinen bisherigen Erfahrungen bzw. von deinem Bauchgefühl, wie beurteilst du die folgenden Aussagen?

- Der Spieler, der beginnen darf, hat bessere Gewinnchancen.

- Wenn ich mir aussuchen kann, ob ich beginne oder nicht, gibt es eine Gewinnstrategie, das heißt ich kann unabhängig von der Spielweise des Gegners immer gewinnen.

- Es existiert für keinen der beiden Spieler eine Gewinnstrategie, das heißt wenn beide optimal spielen, geht es immer unentschieden aus.

Du musst deine Antworten auf die obigen Fragen nicht beweisen, kannst es aber natürlich gerne versuchen. In den Links findest du weitere Informationen, unter anderem auch die Antworten auf diese Fragen.

Wie würdest du die Fragen beantworten, wenn es um Schach geht?

Aufgabe 5.1 (Diagonalisieren*). Löse Knobelaufgabe 5.1 vom Anfang.

Aufgabe 5.2 (Turmbau*). Alice und Bob ist mit ihren bisherigen Spielen lang-weilig geworden und Bob beginnt, seine Münzen auf dem Tisch zu stapeln. Da fällt Alice, die erst kürzlich das Spiel Nim kennengelernt hat, ein neues Spiel ein: „Wir könnten Türme bauen!" Sie schlägt folgende Regeln für das Spiel vor:

- Alice und Bob legen abwechselnd Münzen auf denselben Stapel, sie bauen also beide am selben Turm.

- Pro Zug darf man bis zu fünf Münzen auf einmal aufstapeln, es muss aber immer mindestens eine sein.

- Wer den Turm erstmals auf eine Höhe von 30 Münzen bringt, gewinnt das Spiel.

- Alice beginnt mit dem ersten Zug. (Der Tisch ist zu Beginn leer.)

Hätte Alice ihre Regeln noch einmal überdenken sollen? Begründe deine Antwort!

Gibt es für einen der beiden Spieler eine Gewinnstrategie, wenn derjenige verliert, der den Turm vervollständigt? Kann man das ändern, indem man die angepeilte Turmhöhe anpasst?

Aufgabe 5.3 (Godzilla vs. King Kong**). Godzilla und King Kong treffen sich in Downtown Manhattan um folgendes Spiel zu spielen:

- Am Anfang stecken sie einen rechteckigen 2013×4444 Häuserblocks großen Bereich der Stadt ab. Wir gehen davon aus, dass alle Blocks gleich große Quadrate sind.

- Ein Zug besteht darin, einen zusammenhängenden Bereich an Blocks dem Erdboden gleichzumachen, der zwischen einem und 4026 Blocks groß ist.

- Derjenige, der den letzten Häuserblock ausradiert, gewinnt.

- Godzilla beginnt die Verwüstung mit dem ersten Zug.

Gib eine Strategie an, mit der Godzilla das Spiel gezielt gewinnen kann.

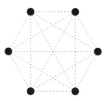

Abbildung 5.4: Die sechs Punkte und alle möglichen Verbindungslinien

Aufgabe 5.4 (Dreieckssuche**). Alice zeichnet mit einem Bleistift sechs Punkte auf ein Blatt Papier wie in Abbildung 5.4. Sie schlägt Bob folgendes Spiel vor:

- Die beiden verbinden nacheinander jeweils zwei der Punkte durch eine gerade Linie. Bob zeichnet gestrichelte Linien und Alice zeichnet durchgehende Linien. (Eine bereits gezeichnete Verbindung nachzuzeichnen ist nicht erlaubt.)

- Wer zuerst ein Dreieck mit seinen eigenen Linien gezeichnet hat, gewinnt das Spiel. (Unter einem Dreieck verstehen wir, dass zwischen drei der sechs Punkte alle drei möglichen Verbindungslinien vom selben Spieler gezeichnet wurden.)

• Alice beginnt mit dem ersten Zug.

Zeige, dass das Spiel nicht unentschieden ausgehen kann.

Aufgabe 5.5 (Burgherrenschach***). Da Alice und Bob eine echte Schachpartie zu lange dauert, erfindet Bob eine neue Figur, den Burgherren. Der Burgherr darf zwei Felder entlang einer beliebigen Diagonale ziehen. Ein Beispiel für die möglichen Züge des Burgherren siehst du in Abbildung 5.5.

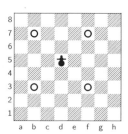

Abbildung 5.5: Die möglichen Züge des Burgherren auf d5 sind mit einem Kreis markiert

Die beiden spielen dann das folgende Spiel:

• Das Spielfeld ist ein reguläres Schachbrett.

• Der erste Zug besteht darin, einen Burgherren auf ein beliebiges Feld des Schachbretts zu setzen.

• Alle nachfolgenden Züge bestehen darin, den Burgherren gemäß den erlaubten Zügen zu ziehen.

• Der Burgherr darf nicht auf ein Feld ziehen, auf dem er zuvor bereits einmal gestanden ist.

• Derjenige, der den Burgherren letztmalig regulär bewegt, gewinnt.

• Alice hat den ersten Zug.

Gib eine Strategie an, mit der Bob das Spiel gezielt gewinnen kann.

Aufgabe 5.6 (Doppel-Schach***, nach Engel [3, Problem 13.18]). Zwei Spieler spielen Schach mit einer zusätzlichen Regel. Anstatt nut einmal darf jeder Spieler zweimal hintereinander ziehen. Begründe, dass der Spieler mit den schwarzen Figuren das Spiel nicht gezielt gewinnen kann, wenn Spieler Weiß beginnt.

Hinweis. Du musst hier nicht die Existenz einer Gewinnstrategie für den Spieler mit den weißen Figuren nachweisen.

Weiterführende Links

http://de.wikipedia.org/wiki/Nim-Spiel

http://de.wikipedia.org/wiki/Tic-Tac-Toe

http://de.wikipedia.org/wiki/Strategie_(Spieltheorie)

http://de.wikipedia.org/wiki/Zwei-Personen-Nullsummenspiel

https://www.fide.com/fide/handbook.html?id=171&view=article

Literatur

[1] J. Beck. *Combinatorial Games: Tic-Tac-Toe Theory, Encyclopedia of Mathematics and its Applications*, Cambridge University Press, 2011.
[2] E. Berlekamp, J. H. Conway, R. K. Guy. *Winning Ways for Your Mathematical Plays*, Volume 1–4, A K Peters, 2001–2004.
[3] A. Engel. *Problem-Solving Strategies, Problem Books in Mathematics*, Springer, 1998.

6
Die verflixte 7

Welche Zahlen sind durch 7 teilbar?

Stefan Krauss

6.1 Teilbarkeit durch Sieben 80
6.2 Aufgaben 82
Literaturverzeichnis 84
Lösungen zu den Aufgaben 237

In der Natur ist die Zahl 7 nur selten zu finden, aber im Volkstum begegnet sie uns häufig: Die sieben Weisen, die sieben Weltwunder, die sieben Zwerge, die sieben Todsünden, die sieben Tage der Schöpfung und danach die sieben Wochentage.

Experimente der Verhaltensforschung zeigen die Bevorzugung der 7: Die häufigste Antwort auf die Frage nach der Lieblingszahl oder bei der Frage nach einer beliebigen Zahl zwischen 1 und 9 ist die Zahl 7.

In einer Bibliothek erscheint die 7 deutlich häufiger in Buchtiteln als die benachbarten Zahlen 6 und 8. Das Gleiche gilt in Lexika für Begriffe, die mit Zahlen beginnen. Weitere Besonderheiten über die Zahl 7 findest du zum Beispiel in der Linksammlung am Ende des Kapitels.

© Springer-Verlag GmbH Deutschland, ein Teil von Springer Nature 2019
C. Löh et al. (Hrsg.), *Quod erat knobelandum*,
https://doi.org/10.1007/978-3-662-58725-6_9

Teilbarkeit

In der Schule lernt man Teilbarkeitsregeln für 1, 2, 3, 4, 5, 6, 8, 9, 10, 11 und 12. Welche Zahlen sind aber ohne Rest durch 7 teilbar? Um uns dieser Frage anzunähern, betrachten wir in der folgenden Knobelaufgabe zwei interessante Tatsachen zur Teilbarkeit durch 7.

Knobelaufgabe 6.1.

1. Wenn man zwischen eine zweiziffrige Zahl und ihre Wiederholung eine 0 einfügt, so ist die entstehende Zahl durch 7 teilbar. Prüfe das zum Beispiel für 23023. Warum ist das immer so?

2. An die Stelle der eingefügten 0 kann auch eine 7 treten und die Zahl bleibt durch 7 teilbar. Warum?

6.1   Teilbarkeit durch Sieben

Im Gegensatz zu den relativ einfachen Teilbarkeitsregeln für die anderen Zahlen von 1 bis 12, die in der Schule behandelt werden, gibt es für 7 keine einfache Teilbarkeitsregel, sondern leider nur etwas komplexere Regeln. Mehr dazu findest du auch im Wikipedia Eintrag zur *Teilbarkeit durch 7*, siehe Linksammlung am Ende des Kapitels.

Eine Teilbarkeitsregel für die 7 erhält man zum Beispiel folgendermaßen: Man spaltet die zu prüfende Zahl n in ihre letzte Ziffer b und den Rest a auf ($n = 10 \cdot a + b$). Zum Beispiel haben wir für 3815 die Zahlen $a = 381$ und $b = 5$. Dann gilt:

Satz 6.2. Eine Zahl $n = 10 \cdot a + b$ ist genau dann durch 7 teilbar, wenn $a - 2 \cdot b$ durch 7 teilbar ist.

Beweis. Die Zahl n ist genau dann durch 7 teilbar, wenn ihr Doppeltes $2 \cdot n$ durch 7 teilbar ist. Wegen $2 \cdot n = 20 \cdot a + 2 \cdot b = 21 \cdot a - (a - 2 \cdot b)$ muss man lediglich die Teilbarkeit von $a - 2 \cdot b$ durch 7 prüfen.   ⬚

Beispiel 6.3. Für 3815 muss man also überprüfen, ob $381 - 2 \cdot 5 = 371$ durch 7 teilbar ist. Dazu kann man 371 wieder in 37 und 1 zerlegen. Da $37 - 2 \cdot 1 = 35 = 5 \cdot 7$ durch 7 teilbar ist, sind auch 371 und 3815 durch 7 teilbar.

Diese Regel für die Teilbarkeit durch 7 führt zu folgendem einfachen Algorithmus, um die restlose Teilbarkeit einer natürlichen Zahl durch 7 zu testen:

1. Man entferne die letzte Ziffer und

2. verdopple diese letzte Ziffer und

3. subtrahiere sie von der Zahl, die aus den übrig gebliebenen Ziffern besteht.

4. Ist die Differenz negativ, so lässt man das Minuszeichen weg.

5. Hat das Ergebnis mehr als eine Ziffer, so wiederholt man die Schritte 1 bis 4.

6. Ergibt sich schließlich 7 oder 0, dann ist die Zahl durch 7 teilbar – und sonst nicht.

In Beispiel 6.3 könnte man also auch die 35 noch einmal zerlegen in $3 - 2 \cdot 5 = -7$. Ein weiteres Beispiel zeigt, dass 1547 restlos durch 7 teilbar ist:

$$154 - 2 \cdot 7 = 140, \qquad 14 - 2 \cdot 0 = 14, \qquad 1 - 2 \cdot 4 = -7.$$

In obigem Satz wurden unter anderem folgende allgemeingültige Beziehungen verwendet:

B 1 Das Produkt zweier Zahlen m und n ist durch k teilbar, wenn m *oder* n durch k teilbar sind.

Beispiel: $60 = 5 \cdot 12$ ist durch 4 teilbar, da 12 durch 4 teilbar ist.

B 2 Die Summe zweier Zahlen $m + n$ (bzw. die Differenz $m - n$) ist durch k teilbar, wenn m *und* n durch k teilbar sind.

Beispiel: $21 = 15 + 6$ ist durch 3 teilbar, da 15 und 6 beide durch 3 teilbar sind.

Mithilfe dieser zwei Beziehungen lassen sich oftmals allgemeine Aussagen zur Teilbarkeit durch 7 beweisen – auch ohne Zuhilfenahme des obigen Algorithmus, wie folgendes Beispiel zeigt.

Beispiel 6.4. An eine Zahl des Siebenereinmaleins (7, 14, 21, ..., 70) werde die Einerziffer zweimal angehängt und dahinter noch die Zehnerziffer gesetzt. Die neue Zahl ist dann ein Vielfaches von 7 (also durch 7 teilbar). So ist zum Beispiel mit 28 auch 28882, mit 56 auch 56665 ein Vielfaches von 7.

Beweis. Sei a die Zehnerziffer und b die Einerziffer. Da $z = 10a + b = 7n$ (also ein Vielfaches von 7) ist, ergibt sich die Beziehung $b = 7n - 10a$. Aus z wird nun nach der gegebenen Anweisung

$$z_1 = (10a + b) \cdot 1000 + 100b + 10b + a = (10a + b) \cdot 1000 + 110b + a.$$

Der erste der Summanden ist (wegen **B 1**) durch 7 teilbar, für den Rest findet man unter Benutzung der obigen Beziehung für b:

$$110b + a = 110(7n - 10a) + a$$
$$= 770n - 1100a + a$$
$$= 770n - 1099a.$$

Da sowohl 770 als auch 1099 durch 7 teilbar sind, gilt (nach **B 1** und **B 2**), dass auch z_1 durch 7 teilbar ist. ▣

6.2   Aufgaben

Beim Erstellen der folgenden Aufgaben orientierten wir uns am Buch von Lietzmann [1], in dem sich auch noch viele weitere ähnliche Aufgaben finden.

Aufwärmaufgabe 6.A. Prüfe die beiden Zahlen 8151 und 11924913 auf Teilbarkeit durch 7.

Aufwärmaufgabe 6.B. Zeige allgemein, dass eine dreistellige Zahl durch 7 teilbar ist, wenn die Hunderterziffer und die Einerziffer gleich sind und die Summe der Hunderterziffer und der Zehnerziffer durch 7 teilbar ist. Zum Beispiel erfüllen die Zahlen 161 und 595 diese Bedingung.

Aufwärmaufgabe 6.C. Zeige allgemein, dass eine dreistellige Zahl durch 7 teilbar ist, wenn das Fünffache der Hunderterziffer gleich der zweistelligen Zahl aus Zehnerziffer und Einerziffer ist. Zum Beispiel erfüllen die Zahlen 105 oder 420 diese Bedingung.

Aufgabe 6.1 (Doppelzahlen*). Löse beide Teile der Knobelaufgabe 6.1 vom Anfang. Warum ist die Zahl 23023 (sowie alle Zahlen dieser Form) auch durch 11 und durch 13 teilbar?

Aufgabe 6.2 (Dreifachzahlen*). Wiederholt man eine zweiziffrige Zahl dreimal, so ist auch diese Zahl stets durch 7 teilbar, wie zum Beispiel 232323. Beweise, dass dies immer gilt!

Aufgabe 6.3 (Umkehrung von **B 1** und **B 2***). Lassen sich die beiden Beziehungen **B 1** und **B 2** aus Abschnitt 6.1 umkehren? Im Fall des Produkts lautet die Frage also: Wenn ein Produkt $m \cdot n$ durch k teilbar ist, ist dann auch immer einer der Faktoren m oder n durch k teilbar?

1. Untersuche diese Umkehrung und begründe deine Antwort.

2. Formuliere die entsprechende Umkehraussage für eine Summe und begründe auch hier deine Antwort.

Aufgabe 6.4 (Weihnachtstage*). Der 24.12.2013 war ein Dienstag. Begründe, warum 2014 Weihnachten ein Mittwoch war.

Aufgabe 6.5 (Drei Teilbarkeitsregeln**). Es sei eine zweistellige Zahl mit der Quersumme 7 gegeben. Man erhält aus ihr Vielfache von 7, wenn man

1. die Zehnerziffer noch einmal hinter die Einerziffer setzt. So wird beispielsweise aus 52 die durch 7 teilbare Zahl 525.

2. die Einerziffer am Ende zweimal wiederholt. So wird beispielsweise aus 52 die durch 7 teilbare Zahl 5222.

3. die Zehnerziffer am Anfang dreimal wiederholt. So wird beispielsweise aus 52 die durch 7 teilbare Zahl 55552.

Beweise die allgemeine Gültigkeit dieser drei Regeln!

Aufgabe 6.6 (Noch mehr Teilbarkeitsregeln**). In eine zweiziffrige Zahl des kleinen Siebenereinmaleins fügt man beliebig oft die Summe der beiden Ziffern ein und erhält immer eine durch 7 teilbare Zahl. So ist beispielsweise mit 21 auch 231, 2331, 23331, usw. durch 7 teilbar. Tritt eine zweiziffrige Zahl als Summe der beiden Ziffern auf, so ist die Einerziffer einzufügen und die Zehnerziffer als Übertrag zu berücksichtigen. Für 56 finden wir also beispielsweise 616, 6216, 62216 usw. Beweise dies allgemein!

Aufgabe 6.7 (Folgenteilbarkeit***). Beweise die folgenden Aussagen:

1. Bei der Folge 1, 6, 6^2, 6^3, ... ist jeweils die Summe zweier *Nachbarzahlen* durch 7 teilbar.

2. Bei der Folge 1, 8, 8^2, 8^3, ... ist die Differenz von zwei *beliebigen* Zahlen immer durch 7 teilbar.

Bemerkung: Folgen dieser Art nennt man auch **geometrische Folgen**. Mehr zu Folgen findest du in Thema II.13 und Thema II.15.

Aufgabe 6.8 (Konstruktionen mit Sequenzzahlen***). Bilden die Ziffern einer Zahl eine endliche arithmetische Folge, wie 1234 oder 2468 oder auch, wenn die Differenz negativ ist, 852 oder 9630, dann nennen wir diese Zahl eine **Sequenzzahl**. (Die Definition einer arithmetischen Folge findest du in Thema II.13.)

1. Hängt man an eine dreiziffrige Sequenzzahl die letzte Ziffer noch dreimal an, dann ist die neue Zahl durch 7 teilbar. So ist zum Beispiel 123333 durch 7 teilbar. Beweise das allgemein!

2. Hängt man an eine fünfziffrige Sequenzzahl die zweite Ziffer an, dann ist die neue Zahl durch 7 teilbar. Beweise das allgemein!

3. Versuche, wenn du hinter den Kniff gekommen bist, auch für vier- und für sechsstellige Sequenzzahlen entsprechende Regeln zu formulieren, die zu einer Teilbarkeit durch 7 führen.

Weiterführende Links

http://de.wikipedia.org/wiki/Sieben

http://de.wikipedia.org/wiki/Teilbarkeit#Teilbarkeit_durch_7

http://wiki.zum.de/PH_Heidelberg/Zahlentheorie

Literatur

[1] W. Lietzmann. *Sonderlinge im Reich der Zahlen*, Ferd. Dümmlers Verlag, 1954.

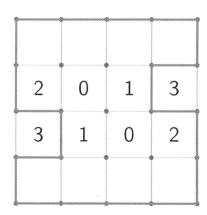

7
Zahlenschleifen

Das Slitherlink-Puzzle von nikoli

Clara Löh

7.1   Die Regeln von Slitherlink   85
7.2   Lösungsstrategien für Slitherlink-Puzzles   86
7.3   Aufgaben   90
Literaturverzeichnis   93
Lösungen zu den Aufgaben   241

7.1   Die Regeln von Slitherlink

Slitherlink ist eines von vielen Puzzles, die von nikoli entwickelt wurden. Ein Slitherlink-Puzzle besteht aus einem rechteckigen Quadratgitter, bei dem in gewissen Feldern Zahlen eingetragen sind (s. Abbildung 7.1).

Das Ziel ist es nun, aus den Gitterkanten einen geschlossenen Weg (man sagt auch: eine geschlossene Schleife) zu formen, der im folgenden Sinn mit den vorgegebenen Zahlen kompatibel ist:

SL 1   Benachbarte Gitterpunkte werden so durch vertikale oder horizontale Kanten verbunden, dass sich insgesamt eine geschlossene Schleife ergibt.

© Springer-Verlag GmbH Deutschland, ein Teil von Springer Nature 2019
C. Löh et al. (Hrsg.), *Quod erat knobelandum*,
https://doi.org/10.1007/978-3-662-58725-6_10

Abbildung 7.1: Ein Beispiel eines Slitherlink-Puzzles

SL 2   Die Zahlen geben an, wieviele der Kanten des Feldes zur Schleife gehören. Bei leeren Feldern ist die Anzahl der Kanten, die zur Schleife gehören, nicht vorgegeben.

SL 3   Die Schleife hat keine Selbstüberkreuzungen und keine Abzweigungen.

(Es gibt Varianten von Slitherlink, die nicht auf Quadratgittern, sondern auf allgemeineren Zellenzerlegungen von Flächen beruhen; der Übersichtlichkeit halber beschränken wir uns im Folgenden aber auf Quadratgitter.)

Knobelaufgabe. Bevor du weiterliest, solltest du dich zuerst selbst davon überzeugen, dass das Slitherlink-Puzzle aus Abbildung 7.1 nur genau eine Lösungsschleife besitzt.

7.2   Lösungsstrategien für Slitherlink-Puzzles

Wie kann man Slitherlink-Puzzles lösen? Grob lassen sich die Lösungsstrategien in zwei Gruppen aufteilen:

- **Lokale Strategien** sind Strategien, die auf Ausschnitte des Puzzles anwendbar sind und nur die Information aus diesem Ausschnitt verwenden. Lokale Strategien beruhen im Wesentlichen auf den Regeln SL 2 und SL 3.

- **Globale Strategien** sind Strategien, die Informationen über das gesamte Puzzle (und nicht nur über einen kleinen Ausschnitt) benötigen. Globale Strategien beruhen im Wesentlichen auf den Regeln SL 1 und SL 3.

Wir stellen nun eine Auswahl an lokalen und globalen Lösungsstrategien vor.

7.2.1   Lokale Strategien

Eine Auswahl lokaler Strategien ist in Abbildung 7.2 angegeben. Haben wir uns bereits überlegt, dass eine Kante nicht Teil einer Lösungsschleife sein kann, so notieren wir dies durch eine durchgestrichene Kante: ⋅─×─⋅. Haben wir uns bereits überlegt, dass eine Kante Teil aller Lösungsschleifen sein muss, so notieren wir dies durch eine farbige Kante: ▬▬▬.

Wenn dieser Teil der Lösung   können wir
bereits bekannt ist,   ...   auf Folgendes schließen:

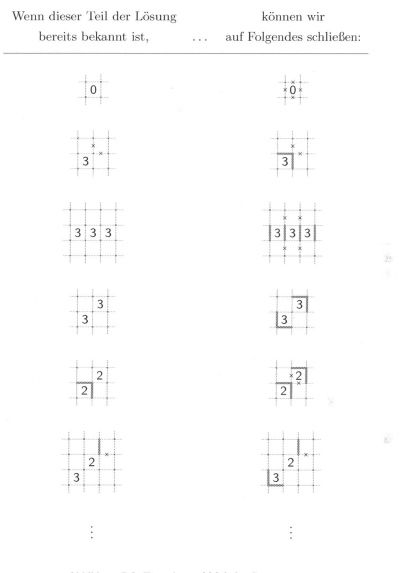

Abbildung 7.2: Eine Auswahl lokaler Strategien

Wir geben exemplarisch eine Begründung für die zweite Strategie: Da genau drei Kanten des linken unteren Feldes zur Lösung gehören müssen, ist es ausgeschlossen, dass weder die obere noch die rechte Kante des linken unteren Feldes zur Lösung gehört. Es kann aber auch nicht nur eine dieser beiden Kanten zur Lösung gehören, da Lösungsschleifen geschlossen sein müssen, und somit eine solche Schleife also nicht enden darf. Also sind die obere und die rechte Kante in jeder Lösungsschleife enthalten. Analog kann man auch die anderen angegebenen lokalen Strategien begründen.

Abbildung 7.3: Kurven in der Ebene. Die linken beiden Kurven sind einfach geschlossene Kurven, die rechten beiden nicht (da sie im Gegensatz zur Kreislinie Selbstüberkreuzungen haben bzw. nicht geschlossen sind).

7.2.2   Globale Strategien

Globale Lösungsstrategien für Slitherlink-Puzzles beruhen darauf, dass Lösungen geschlossene Schleifen bilden müssen. Ein schönes Beispiel für eine globale Strategie erhält man mit dem folgenden Resultat aus der **Topologie** – einem Teilgebiet der Mathematik, das sich mit der Geometrie deformierbarer Objekte beschäftigt [1, 2].

Satz (Jordanscher Kurvensatz). Jede einfach geschlossene Kurve in der Ebene zerlegt die Ebene in genau zwei Gebiete. Der Rand dieser beiden Gebiete ist die gegebene geschlossene Kurve.

Eine einfach geschlossene Kurve in der Ebene ist dabei eine Teilmenge der Ebene, die topologisch äquivalent („homöomorph") zu einer Kreislinie ist, d. h. eine Teilmenge, die nur durch Knautschen, Dehnen, Ziehen, Herumdrücken, aber ohne zu zerschneiden oder zu verkleben in die Kreislinie überführt werden kann. (Nicht-)Beispiele für einfach geschlossene Kurven finden sich in Abbildung 7.3. Dieser Satz mag zunächst sehr plausibel erscheinen, es ist jedoch nicht ganz einfach, einen rigorosen Beweis [2] dafür zu geben – bereits das zweite Beispiel in Abbildung 7.3 zeigt, dass Kurven in der Ebene sehr „unübersichtlich" sein können.

Wie kann der Jordansche Kurvensatz beim Lösen von Slitherlink-Puzzles behilflich sein? Nach dem Jordanschen Kurvensatz zerlegt jede Lösungsschleife das Puzzle in genau zwei Gebiete: das von der Kurve umschlossene „innere" Gebiet, und das „äußere" Gebiet.

In manchen Fällen kann dies helfen, zu bestimmen, ob eine gewisse Kante zu einer Lösungsschleife gehört oder nicht. Zum Beispiel folgt aus dem Jordanschen Kurvensatz (da sich an jeder Kante die Gebiete „abwechseln" und das gesamte Puzzle vom äußeren Gebiet umgeben ist), dass jede Lösungsschleife

- in jeder Zeile des Puzzles eine gerade Anzahl von vertikalen Kanten besitzt

- und analog in jeder Spalte eine gerade Anzahl von horizontalen Kanten besitzt.

7.2.3 Lösung des Beispiel-Puzzles

Wir lösen nun das Beispiel-Puzzle aus Abbildung 7.1. Mit den ersten beiden lokalen Strategien aus Abbildung 7.2 erhalten wir die Situation in Abbildung 7.4.

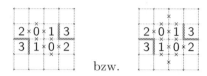

bzw.

Abbildung 7.4: Lösung des Beispiel-Puzzles, erster Schritt

Angenommen, die linke Kante des unteren mit 3 gefüllten Feldes wäre Teil einer Lösung. Da Lösungsschleifen nicht enden dürfen, erhalten wir daraus das Fragment in Abbildung 7.5.

Abbildung 7.5: Lösung des Beispiel-Puzzles, zweiter Schritt

Da es jetzt aber keine Möglichkeit gibt, die bereits bekannten Schleifenstücke zu einer einzigen geschlossenen Schleife zusammenzusetzen (dies ist ein globales Argument!), kann also die linke Kante des unteren mit 3 gefüllten Feldes nicht Teil einer Lösung sein. Somit erhalten wir (indem wir das Argument auch auf das obere mit 3 gefüllte Feld anwenden) die Kurvenstücke links und in der Mitte von Abbildung 7.6.

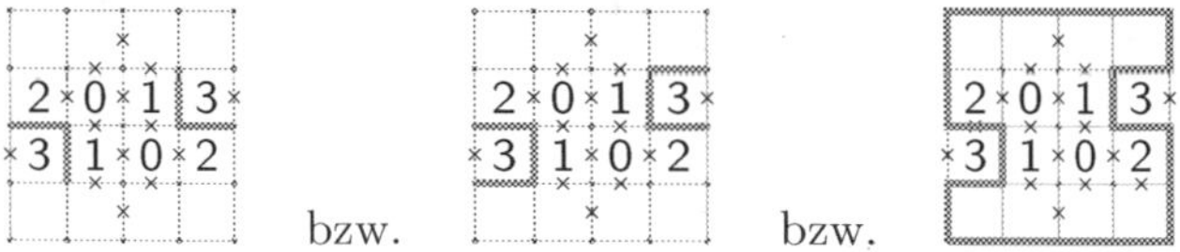

bzw.   bzw.

Abbildung 7.6: Lösung des Beispiel-Puzzles, dritter Schritt

Indem wir nun berücksichtigen, dass Lösungsschleifen nicht enden dürfen und dass jeweils genau zwei der Kanten der mit 2 beschrifteten Felder Teil von Lösungsschleifen sind, erhalten wir als einzige Lösung des Beispiel-Puzzles die rechts in Abbildung 7.6 dargestellte Kurve.

7.3   Aufgaben

Aufwärmaufgabe 7.A. Löse die Slitherlink-Puzzles aus Abbildung 7.7.

$$
\begin{array}{cc}
\begin{array}{c}
 \\
 \\
\begin{array}{|cc|}
2 & 2 \\
2 & 2 \\
\end{array}
\end{array}
&
\begin{array}{c}
\begin{array}{cc}
2 & 0 \\
0 & \\
\end{array} \\
\begin{array}{cc}
& 0 \\
0 & 2 \\
\end{array}
\end{array}
\end{array}
$$

Abbildung 7.7: Zwei einfache Slitherlink-Puzzles

Aufwärmaufgabe 7.B. Beweise alle lokalen Strategien aus Abbildung 7.2!

Aufwärmaufgabe 7.C. Können in einem Slitherlink-Puzzle zwei Felder mit 4 beschriftet sein? Begründe deine Antwort!

Aufgabe 7.1 (Slitherlink-Puzzle*). Löse das Slitherlink-Puzzle aus Abbildung 7.8.

			3							2
1										
	1			3	3	3	3		3	
3	3	3	3	1				1		
		1			1		1			
	3				3			3	2	
2				2	3			3	1	

Abbildung 7.8: Das Slitherlink-Puzzle aus Aufgabe 7.1

Aufgabe 7.2 (Slitherlink-Puzzle, rückwärts*). Gib ein Slitherlink-Puzzle an, das eindeutig lösbar ist und dessen Lösungskurve wie in Abbildung 7.9 aussieht (und begründe deine Antwort).

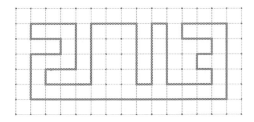

Abbildung 7.9: Ein „umgekehrtes" Slitherlink-Puzzle

Aufgabe 7.3 (lokale Bedingungen*). Welche der vier Konfigurationen aus Abbildung 7.10 können als Teil in einem (evtl. größeren) Slitherlink-Puzzle, das mindestens eine Lösung besitzt, auftreten? Begründe deine Antwort!

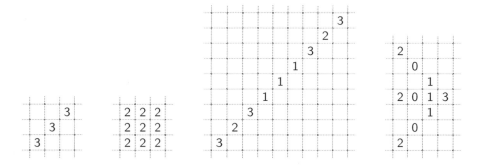

Abbildung 7.10: (Un)mögliche Konfigurationen?

Aufgabe 7.4 (Länge von Lösungskurven*). Sei ein Slitherlink-Puzzle gegeben, bei dem in jedem Feld eine Zahl steht. Außerdem sei vorausgesetzt, dass in allen Randfeldern 0 steht. Ein Beispiel findet sich in Abbildung 7.11.

0	0	0	0	0	0
0	0	1	0	0	0
0	1	3	2	0	0
0	1	2	3	1	0
0	0	1	1	0	0
0	0	0	0	0	0

Abbildung 7.11: Beispiel eines aufgefüllten Slitherlink-Puzzles

1. Wie kann man in einem solchen Fall – ohne das Puzzle zu lösen – die Länge der Lösungskurve bestimmen? Begründe deine Antwort!

2. Funktioniert dein Verfahren auch dann noch, wenn man nicht voraussetzt, dass die Randfelder mit 0 gefüllt sind? Begründe deine Antwort!

Aufgabe 7.5 (Slitherlink-Puzzles mit eingeschränkten Zahlen**).

1. Gibt es ein lösbares Slitherlink-Puzzle, bei dem in jedem Feld eine Zahl steht, aber nur die Zahlen 0 und 1 verwendet werden? Begründe deine Antwort!

2. Für welche natürlichen Zahlen n und m gibt es ein $n \times m$-Slitherlink-Puzzle, das mindestens eine Lösung besitzt, und bei dem jedes Feld mit der Zahl 2 beschriftet ist? Begründe deine Antwort!

Aufgabe 7.6 (Verklebte Puzzles***). Wir betrachten folgende Puzzle-Varianten: Statt der gewöhnlichen ebenen Slitherlink-Puzzles verkleben wir die Ränder der Puzzles wie in den Skizzen angegeben. Beim Typ T werden also die linke und die rechte vertikale Seite entlang der Pfeile miteinander verklebt und die untere mit der oberen horizontalen Seite (Abbildung 7.12); beim Typ S werden die linke und die untere Seite miteinander verklebt und die obere mit der rechten Seite. Ein Beispiel für ein korrekt gelöstes (kleines) Puzzle vom Typ T is in Abbildung 7.13 gegeben.

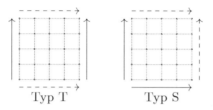

Typ T   Typ S

Abbildung 7.12: Slitherlink-Puzzles vom Typ T bzw. S

Abbildung 7.13: Ein korrekt gelöstes Puzzle vom Typ T

1. Was für ein Gebilde ergibt sich bei der Verklebung vom Typ T? Was für eines beim Typ S? Skizziere die Gebilde! Stelle dir dazu am besten vor, dass die Puzzles auf einer flexiblen gummiartigen Oberfläche aufgedruckt sind.

2. Gilt auch im Typ T der Jordansche Kurvensatz? D. h. zerlegt jede einfach geschlossene Kurve in einem Puzzle vom Typ T das Gebilde vom Typ T in genau zwei Gebiete? Begründe deine Antwort!

3. Gilt auch im Typ S der Jordansche Kurvensatz? D. h. zerlegt jede einfach geschlossene Kurve in einem Puzzle vom Typ S das Gebilde vom Typ S in genau zwei Gebiete? Begründe deine Antwort!

Weiterführende Links

http://www.nikoli.co.jp/en/puzzles/slitherlink.html

Literatur

[1] K. Jänich. *Topologie*, achte Auflage, Springer, 2005.
[2] T. tom Dieck. *Topologie*, zweite Auflage, de Gruyter, 2000.

8

Unendliche Mengen

... und unendlichere Mengen

Alexander Voitovitch, Clara Löh

8.1   Was ist unendlich?   95
8.2   Beschränkte Mengen   97
8.3   Größte Elemente unendlicher Mengen   98
8.4   Hilberts Hotel   99
8.5   Aufgaben   104
Literaturverzeichnis   105
Lösungen zu den Aufgaben   249

8.1   Was ist unendlich?

Michi sagt zu Anna: „Wenn ich pro Sekunde eine natürliche Zahl aufzählen kann, kann ich in 2000 Sekunden alle natürlichen Zahlen aufsagen." „Das geht doch gar nicht," entgegnet Anna, „wenn du bei 0 anfängst, bist du bei der 2000sten Sekunde genau bei der Zahl 1999, also lässt du alle Zahlen ab 2000 weg." „Doch, es geht," gibt Michi an, „du musst halt in einer anderen Reihenfolge zählen."

Knobelaufgabe 8.1. Kann es eine solche Reihenfolge tatsächlich geben?

© Springer-Verlag GmbH Deutschland, ein Teil von Springer Nature 2019
C. Löh et al. (Hrsg.), *Quod erat knobelandum*,
https://doi.org/10.1007/978-3-662-58725-6_11

Wir wollen uns im Folgenden mit dem Thema *Unendlichkeit* befassen. Im Alltag bezeichnen wir Dinge oft vage als „unendlich," wenn sie für uns nicht greifbar sind. Im Kindergarten sagten wir „unendlich," wenn es darum ging, sich die größte Zahl auszudenken. „Unendlich" tritt auch in anderen Kontexten auf, zum Beispiel wenn es heißt, das Universum sei „unendlich" ausgedehnt.

Wir wollen uns mit dem mathematischen Begriff der Unendlichkeit als Eigenschaft von Mengen auseinandersetzen. Dabei werden wir Mengen als unendlich bezeichnen, wenn sie nicht aus endlich vielen Elementen bestehen. Obwohl diese Definition zunächst einfach zu sein scheint, werden wir sehen, dass der Begriff einige Überraschungen bereit hält und wir unserer Intuition im Umgang mit diesem Begriff nicht immer vertrauen sollten.

Es soll hier nicht vorausgesetzt sein, dass jeder mit dem abstrakten Begriff *Menge* vertraut ist. Da es außerdem nicht unser Ziel ist, abstrakte Mengenlehre [2, 1] zu betreiben, beschränken wir uns ab jetzt auf die Betrachtung von Teilmengen der Menge $\mathbb{Q}$ der rationalen Zahlen (Ausnahmen: Aufwärmaufgabe 8.A, Aufgabe 8.6 und der letzte Bus bei Hilberts Hotel). Beispiele solcher Teilmengen sind:

- die Menge $\{0, -\frac{1}{2}, 29991\}$, die aus den Zahlen $0, -\frac{1}{2}, 29991$ besteht,

- die Menge aller negativen rationalen Zahlen,

- die Menge $\{2, 4, 6, 8, \dots\}$ aller positiven geraden ganzen Zahlen.

Man beachte bei der Mengenschreibweise, dass es nicht auf die Reihenfolge der Elemente ankommt und dass die Häufigkeiten der Elemente keine Rolle spielen. Zum Beispiel ist $\{1, 2\} = \{2, 1\} = \{1, 2, 1\} = \dots$.

Definition 8.2 (endliche Menge). Eine Menge heißt **endlich**, wenn es eine natürliche Zahl n gibt, sodass wir die Elemente dieser Menge mit den Zahlen $1, 2, 3, \dots, n$ durchnummerieren können.

Beispielsweise ist die Menge $\{0, -\frac{1}{2}, 29991\}$ endlich, denn wir geben z. B. 29991 die Nummer 1, wir geben $-\frac{1}{2}$ die Nummer 2, und der 0 die Nummer 3 (in diesem Fall ist $n = 3$). Beachte, dass wir die Elemente auch in einer anderen Reihenfolge aufzählen könnten. Auch die Menge $\{3, 4, 5, \dots, 77, 78\}$ aller natürlichen Zahlen von 3 bis 78 ist endlich; eine mögliche Nummerierung wäre zum Beispiel: Die Zahl 3 erhält die Nummer 1, die Zahl 4 erhält die Nummer 2, $\dots$, die Zahl 78 erhält die Nummer 76.

Der Vollständigkeit halber erwähnen wir auch einen pathologischen, aber nützlichen Fall: Man beachte, dass auch 0 eine natürliche Zahl ist, und somit auch die leere Menge $\{\}$ (d. h. die Menge, die kein einziges Element enthält) endlich ist, da wir sie mit der Liste der Zahlen $1, 2, 3, \dots, 0$ (die aber wegen $0 < 1$ keine einzige Zahl enthält) durchnummerieren können.

Definition 8.3 (unendliche Menge). Wir nennen eine Menge **unendlich**, wenn sie nicht endlich ist.

Wir testen nun in zwei Situationen, ob die Definition mit unserer Intuition zusammenpasst:

Satz 8.4. Die Menge $\mathbb{N} = \{0, 1, 2, 3, 4, 5, \ldots\}$ der natürlichen Zahlen ist unendlich.

Beweis. Wir zeigen dies mit einem indirekten Beweis. *Angenommen,* die natürlichen Zahlen wären nicht unendlich, also endlich. Dann gäbe es eine natürliche Zahl n, sodass wir alle natürlichen Zahlen als $x_1, x_2, \ldots, x_n$ aufzählen könnten. Wie können wir nun nachweisen, dass wir damit nicht alle natürlichen Zahlen erreichen können? Jede dieser Zahlen echt kleiner als die natürliche Zahl

$$(x_1 + x_2 + \ldots + x_n) + 1.$$

Also ist diese natürliche Zahl nicht in unserer Liste enthalten, was der Annahme widerspricht. Deswegen ist $\mathbb{N}$ nicht endlich. ▢

Satz 8.5. Jede Menge, die eine unendliche Teilmenge besitzt, ist bereits selbst unendlich.

Beweis. Die Menge M habe die unendliche Teilmenge T. Zu zeigen ist, dass auch M unendlich ist. *Angenommen,* M wäre endlich. Dann kann man sich leicht überlegen, dass auch die Teilmenge T als Teilmenge einer endlichen Menge M ebenfalls endlich wäre. Dies steht im Widerspruch dazu, dass T unendlich ist. Also ist M nicht endlich. ▢

Mit diesen beiden Sätzen können wir nun viele andere unendliche Mengen finden. Zum Beispiel ist die Menge aller nicht-negativen rationalen Zahlen unendlich, weil sie die unendliche Menge der natürlichen Zahlen als Teilmenge enthält. Wenn du willst, kannst du nun schon versuchen, die Aufgaben 8.1 und 8.3 zu lösen.

Im Folgenden werden wir ausgewählte Aspekte unendlicher Mengen kennenlernen. Eine umfassendere Behandlung des Unendlichkeitsbegriffs ist Gegenstand der sogenannten Mengenlehre [2, 1].

8.2   Beschränkte Mengen

Man könnte glauben, dass „unendlich" mit „nicht beschränkt" gleichbedeutend ist. Wir werden zunächst Beschränktheit exakt definieren und dann er-

klären, dass man dem intuitiven Zusammenhang zwischen Unendlichkeit und
Beschränktheit nicht trauen sollte.

Definition 8.6 (beschränkte Menge). Eine Teilmenge M der Menge $\mathbb{Q}$ der rationa-
len Zahlen heißt *beschränkt*, wenn es eine positive rationale Zahl m gibt, sodass
Folgendes gilt: Alle Zahlen der Teilmenge M liegen im Bereich von $-m$ bis m.
In anderen Worten: Für jedes Element t der Teilmenge M gilt $-m \leq t \leq m$.

Wir betrachten zum Beispiel die Menge

$$\left\{ \frac{1}{1}, \frac{1}{2}, \frac{1}{3}, \frac{1}{4}, \dots \right\},$$

also die Menge aller Stammbrüche. Diese Menge ist beschränkt: Schon für die
natürliche Zahl $m = 1$ ist jeder Bruch dieser Menge größer als $-m$ und kleiner
als oder gleich m. Obwohl diese Menge beschränkt ist, ist sie aber unendlich
(siehe Aufgabe 8.3).

Für Teilmengen der Menge $\mathbb{N}$ der natürlichen Zahlen ist der intuitive Zu-
sammenhang zwischen Unendlichkeit und Unbeschränktheit aber richtig, d. h.
Teilmengen von $\mathbb{N}$ sind genau dann endlich, wenn sie beschränkt sind (siehe
Aufgabe 8.4).

8.3   Größte Elemente unendlicher Mengen

Eine besonders starke Form der Beschränktheit einer Menge von oben liegt vor,
wenn es sogar ein größtes Element gibt:

Definition 8.7 (größtes Element). Sei M eine Teilmenge der Menge $\mathbb{Q}$ der rationalen Zahlen. Ein Element m in M heißt **größtes Element** von M, wenn
Folgendes gilt: Für alle Elemente x aus M gilt

$$x \leq m.$$

Zum Beispiel enthält jede (nicht-leere) endliche Teilmenge von $\mathbb{Q}$ ein größtes
Element. Zum Beispiel ist 78 das größte Element der Menge $\{3, -1, \frac{1}{4}, 78, 70, 31\}$
und -2 ist das größte Element der Menge

$$\{-340, -338, -336, \dots, -6, -4, -2\}.$$

Besitzt die Menge $\mathbb{N}$ der natürlichen Zahlen ein größtes Element – also die
Zahl, die wir im Kindergarten gesucht haben? Besitzt die Menge $]-1, 1[$ aller
rationalen Zahlen q mit $-1 < q < 1$ ein größtes Element? In beiden Fällen ist
die Antwort jedoch negativ:

Beispielaufgabe 8.8. Zeige, dass die Mengen $\mathbb{N}$ und $]-1,1[$ jeweils kein größtes Element besitzen.

Lösung.

1. *Angenommen, n wäre das größte Element von $\mathbb{N}$. Dann wäre jede andere Zahl kleiner als n. Dies trifft aber nicht auf $n+1$ zu.*

2. *Angenommen, q wäre das größte Element von $]-1,1[$. Dann gilt $q < 1$. Wir zeigen nun, dass es eine rationale Zahl x mit $q < x < 1$ gibt. Zum Beispiel gilt dies für die rationale Zahl $x = q + (1-q)/2$, die genau mittig zwischen q und 1 liegt, denn man hat*

$$q < q + \frac{1-q}{2} < q + (1-q) = 1.$$

   Also haben wir mit x ein Element von $]-1,1[$ gefunden, das echt größer als q ist. Dies ist ein Widerspruch zu unserer Annahme, dass q das größte Element ist.   ⬚

Man beachte dabei, dass die Menge $]-1,1[$ beschränkt ist, obwohl sie kein größtes Element enthält.

8.4 Hilberts Hotel

Wir wollen nun weitere gewöhnungsbedürftige Phänomene unendlicher Mengen an einem Klassiker mathematischer Gedankenexperimente (hier in Dialogform) illustrieren: **Hilberts Hotel** ist ein Hotel, das unendlich viele Zimmer besitzt, nämlich für jede positive natürliche Zahl eines. Die Zimmer sind mit 1, 2, 3, ... durchnummeriert.

⬚ Ein Reiseleiter (R) erreicht mit seiner Reisegruppe Hilberts Hotel. Leider sind alle Zimmer belegt (Abbildung 8.1). Der Reiseleiter betritt Hilberts Hotel und geht zur Rezeption (H).

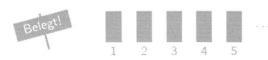

Abbildung 8.1: Hilberts Hotel, voll belegt

H Guten Tag. Suchen Sie ein Zimmer?

R Ja, eigentlich schon, aber Ihr Schild sagt, Sie seien bereits voll belegt ...

H Ach so, ja, aber das macht doch nichts. Hier ist der Kunde König! Was brauchen Sie denn?

◎ **Ein weiterer Gast**

R Naja, ich habe völlig übersehen, dass ich noch einen Gast in meiner Reisegruppe habe, der auch noch ein Zimmer benötigt.

H Kein Problem! Ist doch gar kein Ding: Ich sage einfach allen Hotelgästen, dass sie in das Zimmer mit der nächsthöheren Nummer umziehen sollen – die Zimmer mit den höheren Nummern haben eh eine schönere Aussicht. Dann ist Zimmer 1 für Ihren Gast frei.

R Aber haben denn dann wirklich alle Ihre bisherigen Gäste noch ein Einzelzimmer?

H Selbstverständlich! Denn wenn die Gäste, die vorher die Zimmernummern z_1 bzw. z_2 hatten, jetzt in Zimmer z umgezogen wären, so gilt $z_1 + 1 = z = z_2 + 1$, und damit $z_1 = z_2$. Also hat weiterhin jeder sein eigenes Zimmer.

◎ Die Gäste werden angewiesen wie besprochen umzuziehen und der zusätzliche Gast zieht in Zimmer 1 (Abbildung 8.2)

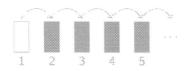

Abbildung 8.2: Hilberts Hotel, Umzug für einen weiteren Gast

H Hach, außerdem ist das Hotel schön ausgebucht; das ist gut für's Geschäft.

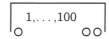

◎ **Hundert weitere Gäste**

R Oha, es ist mir geradezu unangenehm – aber ich hatte vergessen, dass ich noch hundert weitere Gäste in meiner Reisegruppe habe, die auch noch ein Zimmer benötigen.

H Kein Problem! Ist doch gar kein Ding: Ich sage einfach allen Hotelgästen, dass sie 100 zu ihrer Zimmernummer addieren sollen und in das Zimmer mit dieser Nummer umziehen sollen – die Zimmer mit den höheren Nummern haben eh eine schönere Aussicht. Dann sind die Zimmer $1, \ldots, 100$ für Ihre Gäste frei.

R Aber haben denn dann wirklich alle Ihre bisherigen Gäste noch ein Einzelzimmer?

H Selbstverständlich! Denn wenn die Gäste, die vorher die Zimmernummern z_1 bzw. z_2 hatten, jetzt in Zimmer z umgezogen wären, so gilt $z_1 + 100 = z = z_2 + 100$, und damit $z_1 = z_2$. Also hat weiterhin jeder sein eigenes Zimmer.

Ⓓ Die Gäste werden angewiesen wie besprochen umzuziehen, die zusätzlichen Gäste ziehen in die Zimmer 1, ..., 100 (Abbildung 8.3).

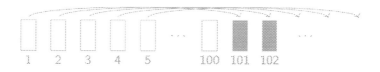

Abbildung 8.3: Hilberts Hotel, Umzug für hundert weitere Gäste

H Hach, außerdem ist das Hotel schön ausgebucht; das ist gut für's Geschäft.

Ⓓ **Viele weitere Gäste**

R Weia, mir ist doch glatt entfallen, dass ich noch einen weiteren Bus mit Gästen 1, 2, 3, ... in meiner Reisegruppe habe, die auch noch ein Zimmer benötigen.

H Kein Problem! Ist doch gar kein Ding: Ich sage einfach allen Hotelgästen, dass sie in das Zimmer mit der doppelten Nummer umziehen sollen – die Zimmer mit den höheren Nummern haben eh eine schönere Aussicht. Dann sind die Zimmer mit den ungeraden Nummern für Ihre Gäste frei.

R Aber haben denn dann wirklich alle Ihre bisherigen Gäste noch ein Einzelzimmer?

H Selbstverständlich! Denn wenn die Gäste, die vorher die Zimmernummern z_1 bzw. z_2 hatten, jetzt in Zimmer z umgezogen wären, so gilt $2 \cdot z_1 = z = 2 \cdot z_2$, und damit $z_1 = z_2$. Also hat weiterhin jeder sein eigenes Zimmer.

Ⓓ Die Gäste werden angewiesen wie besprochen umzuziehen, die zusätzlichen Gäste ziehen in die Zimmer mit ungeraden Nummern (Abbildung 8.4).

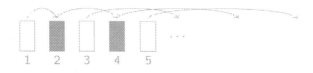

Abbildung 8.4: Hilberts Hotel, Umzug für viele weitere Gäste

H Hach, außerdem ist das Hotel schön ausgebucht; das ist gut für's Geschäft.

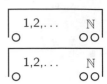

🖳 **Mehr weitere Gäste?**

R Potzblitz, ich habe ja noch mehr Busse mit Gästen – nämlich Busse mit den Nummern $1, 2, 3, \ldots$, die jeweils Gäste mit den Nummern $1, 2, 3, \ldots$ enthalten. Naja, und die hätten eigentlich auch gerne alle noch ein Zimmer.

H Kein Problem! Ist doch gar kein Ding: Wir packen all diese Gäste einfach in einen Bus mit Plätzen $1, 2, 3, \ldots$, indem wir sie wie folgt durchnummerieren und dann verfahren wir einfach wie mit Ihrem vorherigen Bus.

$$
\begin{array}{lllllll}
\text{Bus 1} & 1 & 2 & 3 & 4 & & \cdots \\
\text{Bus 2} & 1 & 2 & 3 & 4 & \cdots \\
\text{Bus 3} & 1 & 2 & 3 & \cdots \\
\text{Bus 4} & 1 & 2 & \cdots \\
\text{Bus 5} & 1 & \cdots
\end{array}
$$

🖳 Die Gäste werden angewiesen wie besprochen umzuziehen.

H Und dann ist das Hotel erst richtig schön ausgebucht; das ist gut für's Geschäft.

🖳 **Noch mehr weitere Gäste?**

R Herrje – ich habe ja noch den etwas chaotischen Bus, der für jede rationale Zahl einen Gast enthält. Und, tja, die bräuchten natürlich auch alle noch ein Zimmer.

H Kein Problem! Ist doch gar kein Ding: Wir packen all diese Gäste einfach in Busse $1, 2, 3, \ldots$ jeweils mit Plätzen $1, 2, 3, \ldots$ und verfahren dann einfach wie mit Ihren vorherigen Bussen (analog könnte man mit negativen rationalen Zahlen verfahren); und es bleiben sogar noch Zimmer frei, da ja manche Brüche dieselbe rationale Zahl beschreiben (z. B. $1/2 = 2/4$).

$$
\begin{array}{llllll}
\text{Bus 1} & \frac{1}{1} & \frac{2}{1} & \frac{3}{1} & \frac{4}{1} & \frac{5}{1} \cdots \\
\text{Bus 2} & \frac{1}{2} & \frac{2}{2} & \frac{3}{2} & \frac{4}{2} & \cdots \\
\text{Bus 3} & \frac{1}{3} & \frac{2}{3} & \frac{3}{3} & \cdots \\
\text{Bus 4} & \frac{1}{4} & \frac{2}{4} & \cdots \\
\text{Bus 5} & \frac{1}{5} & \cdots
\end{array}
$$

Ⓜ Die Gäste werden angewiesen wie besprochen umzuziehen.

Ⓜ **Zu viele weitere Gäste?**

$$\begin{array}{|ccc|} \hline & \pi, \sqrt{2}, \ldots & \mathbb{R} \\ \circ & & \circ\circ \\ \hline \end{array}$$

R Sie ahnen es vielleicht bereits – ich habe noch einen Bus. Das ist aber wirklich der letzte. Er enthält allerdings für jede reelle Zahl einen Gast ... Aber ich wäre natürlich kein guter Reiseleiter, wenn ich nicht jedem einzelnen von diesen Gästen auch ein Zimmer in Ihrem Hotel versprochen hätte, nicht wahr?

H Gar nicht „kein Problem"! Wie stellen Sie sich das eigentlich vor?

R Wieso nicht „kein Problem"? Ihr Hotel ist doch unendlich groß. Wir lassen die bisherigen Gäste einfach wieder irgendwie geschickt umziehen oder so und nutzen die freiwerdenden Zimmer für die Gäste aus dem Bus?

H Selbstverständlich nicht! Nehmen wir absurderweise, haha, an, ich könnte die Gäste aus ihrem bizarren Bus mit den Zahlen zwischen 0 und 1 in meinem kleinen, feinen Hotel unterbringen. Dann hätte ich eine Liste der Zimmernummern mit den zugehörigen Gästen in Dezimaldarstellung (Thema II.15), wobei wir immer die Darstellung ohne „Periode 9" wählen:

$$
\begin{array}{ll}
1 & 0.a_{11}a_{12}a_{13}a_{14}\ldots \\
2 & 0.a_{21}a_{22}a_{23}a_{24}\ldots \\
3 & 0.a_{31}a_{32}a_{33}a_{34}\ldots \\
4 & 0.a_{41}a_{42}a_{43}a_{44}\ldots \\
\vdots &
\end{array}
$$

R Na und? Ich hoffe, dass Sie sowieso ordentlich über ihre Zimmer buchführen!

H Aber jetzt gibt es mindestens einen Gast, der doch kein Zimmer hat, nämlich der Gast mit der Nummer

$$0.b_1 b_2 b_3 b_4 \ldots,$$

wobei wir für alle $n \in \mathbb{N}$ die Ziffer b_n durch

$$b_n = \begin{cases} 1 & \text{falls } a_{n,n} \neq 1 \\ 2 & \text{falls } a_{n,n} = 1 \end{cases}$$

definieren.

R Aber dieser Gast ist doch sicher auch in irgendeinem der Zimmer? Wir würden uns ja bei dieser ganzen Umzieherei schließlich nicht blöd anstellen!

H Wo soll er denn sein? In Zimmer 2013? Oder wo? Angenommen, dieser Gast hätte doch bereits ein Zimmer, mit Zimmernummer z. Dann müsste nach obiger Liste $b_z = a_{z,z}$ sein. Aber nach Konstruktion ist $b_z \neq a_{z,z}$. Also hat doch nicht jeder Gast ein Zimmer, im Widerspruch zur Annahme.

R Ts, Frechheit! Sollen sie halt nicht behaupten, dass der Kunde hier angeblich König wäre und wenigstens ein Schild rausstellen, dass ihre Klitsche schon voll belegt ist.

Hilberts Hotel ist nach David Hilbert (1862–1943) benannt. Hilbert war einer der einflussreichsten Mathematiker des letzten und vorletzten Jahrhunderts. Sein Vortrag mit dem Titel „Mathematische Probleme" [3] beim International Congress of Mathematicians im Jahr 1900 hat die Mathematik des zwanzigsten Jahrhunderts maßgeblich geprägt und inspiriert.

Der letzte Bus in Hilberts Hotel zeigt bereits die erstaunliche, von Georg Cantor entdeckte Tatsache, dass unendliche Mengen unterschiedlich groß sein können. Cantor gehört damit zu den Begründern der **Mengenlehre**, die zusammen mit der Logik das Fundament der Mathematik bildet. Eine unendliche Menge (nun nicht mehr unbedingt eine Teilmenge von $\mathbb{Q}$) heißt **abzählbar unendlich**, wenn eine Nummerierung ihrer Elemente mit den natürlichen Zahlen $0, 1, 2, 3, 4, \ldots$ existiert. Ansonsten heißt die Menge **überabzählbar**. Aufgabe 8.6 zeigt, dass die abzählbar unendlichen Mengen in gewisser Weise die „kleinsten" unendlichen Mengen sind.

8.5   Aufgaben

Aufwärmaufgabe 8.A. Ist die Menge aller deutschen Wörter, die aus höchstens 2015 Buchstaben bestehen, endlich?

Aufwärmaufgabe 8.B. Ist die Menge aller natürlichen Zahlen, die durch 2015 aber nicht durch 2016 teilbar sind, beschränkt?

Aufwärmaufgabe 8.C. Was ginge schief, wenn Hilberts Hotel nur endlich viele Zimmer hätte?

Aufgabe 8.1 (*).

1. Löse die Knobelaufgabe 8.1 von der ersten Seite.

2. Zeige, dass die Menge $\mathbb{Q}$ der rationalen Zahlen unendlich ist.

Aufgabe 8.2 (*). Finde eine unendliche Menge, die ein größtes Element besitzt.

Aufgabe 8.3 (**). Zeige, dass die Menge $\left\{ \frac{1}{1}, \frac{1}{2}, \frac{1}{3}, \frac{1}{4}, \ldots \right\}$ unendlich ist.

Aufgabe 8.4 (**). Sei T eine Teilmenge der natürlichen Zahlen $\mathbb{N}$ (zum Beispiel die Menge $T = \{4, 5, 6, \dots, 201\}$ oder die Menge $T = \{2, 4, 6, 8, \dots\}$ der geraden positiven natürlichen Zahlen). Beweise:

1. Ist T unendlich, so ist T nicht beschränkt.

2. Ist T nicht beschränkt, so ist T unendlich.

Aufgabe 8.5 (**). Zwei Busse mit jeweils unendlich vielen Fahrgästen, die auf Sitzen mit den Nummern $1, 2, 3, 4, \dots$ sitzen, machen nach einer langen Fahrt bei Hilberts Hotel halt. Jeder Fahrgast hätte gerne ein Zimmer für die Übernachtung. Leider sind wieder alle Zimmer belegt. Gibt es eine Möglichkeit trotzdem im Hotel genug freie Zimmer zu finden?

Aufgabe 8.6 (***).

1. Zeige, dass jede unendliche Menge eine abzählbar unendliche Teilmenge hat.

2. Beweise, dass es überabzählbare Mengen gibt. Zeige dazu, dass sich die Teilmengen von $\mathbb{N}$ nicht mit $0, 1, 2, 3, 4, \dots$ durchnummerieren lassen.

   Hinweis. Man kann zum Beispiel so ähnlich wie bei der Ankunft des letzten Busses vor Hilberts Hotel argumentieren.

Weiterführende Links

http://de.wikipedia.org/wiki/David_Hilbert

http://de.wikipedia.org/wiki/Georg_Cantor

Literatur

[1] O. Deiser. *Einführung in die Mengenlehre: Die Mengenlehre Georg Cantors und ihre Axiomatisierung durch Ernst Zermelo*, Springer, 2002.

[2] U. Friedrichsdorf, A. Prestel. *Mengenlehre für den Mathematiker*, Vieweg, 1985.

[3] D. Hilbert. *Die Hilbertschen Probleme*, Band 252 von *Ostwalds Klassikern der exakten Wissenschaften*, Verlag Harri Deutsch, 1998.

[4] D. E. Knuth. *Surreal numbers*, Addison-Wesley, 1974.

9

Ist doch logisch!

Eine Einführung in die Aussagenlogik

Theresa Stoiber, Niki Kilbertus

9.1   Was ist überhaupt eine „Aussage"?   108
9.2   Verknüpfung von Aussagen durch Junktoren   108
9.3   Logicals   112
9.4   Aufgaben   115
Literaturverzeichnis   118
Lösungen zu den Aufgaben   253

Die Logik ist ein Grundpfeiler der modernen Mathematik. Sie bildet die Grundlage für alle Bereiche der Mathematik und der Digitalelektronik und damit auch der modernen Computertechnik.

In der mathematischen Logik geht es allerdings weniger darum, ob gewisse Dinge logisch erscheinen – wie der Begriff der Logik häufig im Alltag verwendet wird – sondern um eine Präzisierung der mathematischen Sprache.

Alle verwendeten Ausdrücke bei der Formulierung mathematischer Sachverhalte müssen eine klare, scharf definierte Bedeutung haben. Dies steht klar im Gegensatz zur Alltagssprache, in der es oftmals mehrdeutige Formulierungen gibt, bei denen man sich im Nachhinein oft mit „aber das war doch ganz anders gemeint . . . " herausreden kann.

© Springer-Verlag GmbH Deutschland, ein Teil von Springer Nature 2019
C. Löh et al. (Hrsg.), *Quod erat knobelandum*,
https://doi.org/10.1007/978-3-662-58725-6_12

Die Grundlage mathematischer Formulierungen sind Aussagen, weshalb im Zusammenhang mit mathematischer Logik die sogenannte Aussagenlogik von großer Bedeutung ist.

Knobelaufgabe 9.1. Pinguine sind schwarz-weiß. Alte Filme sind schwarz-weiß. Also sind Pinguine alte Filme. Was ist bei dieser Aussage schiefgelaufen?

9.1   Was ist überhaupt eine „Aussage"?

Eine **Aussage** ist ein feststellender Satz, der entweder wahr oder falsch ist (egal, ob wir dies wissen oder nicht).

Aussagen können also nicht gleichzeitig wahr und falsch sein und es gibt außer wahr und falsch auch keine dritte Möglichkeit.

Beispiel 9.2.

1. Aussagen können beispielsweise den Bereich der Mathematik betreffen:

    „Für alle ganzen Zahlen a, b, c gilt $(a + b) + c = a + (b + c)$."   (w)

2. Ebenso sind aber auch Aussagen in anderen Bereichen möglich:

    „Der 14. März 2014 ist ein Freitag."   (w)
    „Jeder Hund hat ein schwarzes Fell."   (f)

Bei den oben genannten Sätzen kann man eindeutig entscheiden, ob sie wahr (w) oder falsch (f) sind. Es handelt sich also um Aussagen.

Bei vielen alltäglichen Sätzen ist es oft schwer oder gar unmöglich eindeutig zu entscheiden, ob der Satz wahr oder falsch ist, wie beispielsweise bei „Dieses Bild ist schön" oder „Heute ist Dienstag." Ob diese Sätze wahr oder falsch sind, ist subjektiv (Schönheit) bzw. hängt vielmehr vom Kontext ab, in dem sie geäußert werden (an welchem Tag). Hierbei handelt es sich also streng genommen nicht um Aussagen im Sinne der Logik, da sie nicht wahrheitsfähig sind.

Auch Fragen, Befehle und Satzfragmente sind keine Aussagen.

9.2   Verknüpfung von Aussagen durch Junktoren

Oft werden zur Formulierung mathematischer Aussagen Symbole verwendet, um die Formulierungen übersichtlich und knapp darstellen zu können. Einzelne Aussagen werden meist mit großen Buchstaben (A, B, C, ...) bezeichnet.

A	$\neg A$
w	f
f	w

A	B	$A \wedge B$
w	w	w
w	f	f
f	w	f
f	f	f

A	B	$A \vee B$
w	w	w
w	f	w
f	w	w
f	f	f

Abbildung 9.1: Wahrheitstafeln für die Negation (links), die Konjunktion (mittig) und die Disjunktion (rechts)

Neue Aussagen erhält man, wenn man Aussagen durch sogenannte **Junktoren** miteinander verknüpft. Ein sehr wichtiger Junktor ist die *nicht*-Verknüpfung, die jede Aussage in ihr Gegenteil umkehrt. Diese **Negation** (Verneinung) einer Aussage A wird mit dem Symbol $\neg A$ dargestellt.

Beispiel 9.3 (Negation/Verneinung). Bezeichnen wir „Der 14. März 2014 war ein Freitag" als Aussage A, so lautet die negierte Aussage $\neg A$: „Der 14. März 2014 war kein Freitag."

Die Aussage $\neg A$ ist genau dann falsch, wenn A wahr ist.

Ein praktisches Hilfsmittel zur übersichtlichen Darstellung solcher Sachverhalte sind Wahrheitstafeln (w steht für *wahr*, f für *falsch*). Eine Wahrheitstafel für die Negation findest du links in Abbildung 9.1.

Meist sind jedoch nicht nur einzelne Aussagen interessant, sondern besonders deren Verknüpfung oder Zusammenhang. Die Aussagenlogik beschreibt die Verknüpfung gegebener Aussagen durch Begriffe wie *und, oder, wenn ... dann* oder *genau dann, wenn ...* Auch für diese Junktoren gibt es in der Mathematik jeweils Symbole.

Beginnen wir mit der einfachsten Verknüpfung zweier Aussagen, der *und*-Verknüpfung – auch **Konjunktion** genannt – die üblicherweise durch folgendes Zeichen dargestellt wird: $\wedge$. Die Aussage $A \wedge B$ ist nur dann wahr, wenn sowohl A als auch B wahr ist. In allen anderen drei Fällen ist sie falsch, siehe Abbildung 9.1.

Beispiel 9.4 (Konjunktion/*und*-Verknüpfung). Die Aussage „Delfine sind Säugetiere und Haie sind Fische" kann nur stimmen, wenn beide Teilaussagen erfüllt sind. Die Gesamtaussage ist falsch, sobald mindestens eine der Teilaussagen falsch ist.

Eine weitere Möglichkeit zwei Aussagen zu verbinden, ist mit dem Wort *oder*. Das dazu gehörige Symbol ist $\vee$ und wir sagen dazu auch **Disjunktion**. In un-

A	B	$A \Rightarrow B$
w	w	w
w	f	f
f	w	w
f	f	w

A	B	$A \Leftrightarrow B$
w	w	w
w	f	f
f	w	f
f	f	w

Abbildung 9.2: Wahrheitstafeln für die Implikation (links) und die Äquivalenz (rechts)

serem Alltagssprachgebrauch kann *oder* zwei verschiedene Bedeutungen haben: Es wird sowohl ein- als auch ausschließend verwendet.

In der mathematischen Logik wird das Wort *oder* immer *einschließend* verwendet, siehe rechts in Abbildung 9.1.

Beispiel 9.5 (Disjunktion/*oder*-Verknüpfung). „Es werden Bewerber mit Spanisch- oder Französischkenntnissen gesucht." Hier ist das einschließende *oder* gemeint: Es werden also Personen, die entweder Spanisch oder Französisch oder beides sprechen, gesucht.

Im Satz „Anna ist 14 oder 15 Jahre alt" ist das *oder* ausschließend: Nur einer der Fälle kann gelten.

Das mathematische *oder* verhält sich immer einschließend wie im ersten Fall.

Ein weiterer Unterschied zu alltäglichen Aussagen ist, dass in der mathematischen Logik mit den Worten *und* bzw. *oder* keine zeitlichen oder kausalen Zusammenhänge berücksichtigt werden. In der Alltagssprache hingegen unterscheidet man zwischen folgenden Aussagen sehr wohl:

- „Fritz bekam Bauchschmerzen und nahm Medizin."

- „Fritz nahm Medizin und bekam Bauchschmerzen."

In der Aussagenlogik unterscheiden wir nicht zwischen diesen beiden Aussagen. Es gilt genau dann $A \wedge B$, wenn $B \wedge A$ gilt.

Folgerungen sind eine weitere Möglichkeit, zwei Aussagen miteinander zu verknüpfen: *Wenn A* wahr ist, *dann* gilt auch *B*. Eine solche *wenn-dann-*Verknüpfung nennen wir **Implikation** und stellen sie durch einen Pfeil dar: $\Rightarrow$.

Folgendes scheint allerdings auf den ersten Blick ungewohnt und ist zu beachten: Die Aussage $A \Rightarrow B$ ist nur dann falsch, wenn A wahr und B falsch ist. Ist A von Anfang an falsch, dann ist die Aussage $A \Rightarrow B$ immer wahr, wie wir in der linken Tabelle der Abbildung 9.2 ablesen können. Aus falschen Aussagen kann man sowohl falsche als auch richtige Aussagen herleiten: Aus der falschen Aussage $1 = 2$ folgt sowohl die falsche Aussage $2 = 3$ (auf beiden Seiten der Gleichung 1 addieren) als auch die richtige Aussage $0 = 0$ (beide Seiten der Gleichung mit 0 multiplizieren).

nicht (Negation)	$\neg$
und (Konjunktion)	$\wedge$
oder (Disjunktion)	$\vee$
wenn–dann (Implikation)	$\Rightarrow$
genau dann, wenn (Äquivalenz)	$\Leftrightarrow$

Abbildung 9.3: Eine Zusammenstellung aller behandelten Junktoren

Beispiel 9.6 (Implikation/*wenn-dann*-Verknüpfung). Wir untersuchen folgende Aussage: „Für alle natürlichen Zahlen m und n gilt: Wenn m gerade ist, dann ist auch das Produkt $m \cdot n$ gerade."

Wir haben also die Aussagen A: „m ist gerade" und B: „$m \cdot n$ ist gerade" und betrachten die Verknüpfung „Für alle $m, n \in \mathbb{N}$ gilt: $A \Rightarrow B$."Wir können folgende Fälle unterscheiden und haben in jedem Fall zu zeigen, dass die Aussage $A \Rightarrow B$ wahr ist:

1. Es ist m gerade und n kann gerade oder ungerade sein. Jede gerade Zahl kann man in der Form $m = 2p$ schreiben, wobei p eine natürliche Zahlen ist. Wir erhalten: $m \cdot n = 2p \cdot n = 2 \cdot (pn)$. Da pn wieder eine natürliche Zahl ist, ergibt das Doppelte davon sicher eine gerade Zahl. Sowohl Bedingung A als auch Folgerung B sind wahre Aussagen, d. h. die Aussage $A \Rightarrow B$ ist ebenfalls wahr.

2. Es ist m ungerade und n kann gerade oder ungerade sein. Hier ist unsere Annahme „m ist ungerade " schon im Widerspruch zu Aussage A. Es ist also $A \Rightarrow B$ wahr, unabhängig davon, ob B wahr oder falsch ist.

Beachte, dass Implikationen $(A \Rightarrow B)$ nicht umgedreht werden dürfen: Wenn die Aussage $(A \Rightarrow B)$ richtig ist, muss die Aussage $(B \Rightarrow A)$ nicht zwangsläufig auch richtig sein. Dies sieht man an folgendem Beispiel:

Beispiel 9.7. Sei A die Aussage „Es regnet." und B: „Die Straße ist nass." Dann ist $A \Rightarrow B$ *wahr*, aber $B \Rightarrow A$ ist *nicht wahr*, denn wenn die Straße nass ist, muss es nicht unbedingt daran liegen, dass es regnet. Die Straße könnte auch aus anderen Gründen nass sein. Wir gehen hingegen davon aus, dass die Straße nicht vor dem Regen geschützt wird, also trotz Regen trocken bleiben kann. Das zeigt auch, dass es ausgesprochen schwierig ist, Aussagen im alltäglichen Sprachgebrauch in einen strengen logischen Rahmen zu fassen.

Als letzten Junktor sehen wir uns die *genau-dann-wenn*-Verknüpfung oder auch **Äquivalenz** an. Diese wird durch einen Doppelpfeil zwischen zwei Aussagen dargestellt: $\Leftrightarrow$. Die Aussage $A \Leftrightarrow B$ ist nur dann wahr, wenn A und B entweder beide wahr oder beide falsch sind, siehe Abbildung 9.2.

In Abbildung 9.3 sehen wir eine zusammenfassende Übersicht über die bisher genannten Junktoren. Um komplexere Aussagen zu erhalten, können auch mehrere Aussagen und Junktoren miteinander kombiniert werden.

9.3   Logicals

Als **Logicals** werden oft Denkspiele bezeichnet, bei denen es darum geht aus gegebenen Hinweisen durch logische Überlegungen Schlussfolgerungen zu ziehen.

Wir besprechen eine allgemeine Lösungsstrategie für Logicals an folgendem Beispiel: An der Universität in Mathausen gibt es drei Matheclubs mit den Namen Team ϕ, Team χ und Team ψ. (Mathematiker benutzen gerne griechische Buchstaben: ϕ wird *phi* ausgesprochen, χ *chi* und ψ *psi*.) Jedes Team hält seine Treffen in einem anderen Raum der Universität ab. Es stehen der Fréchetraum, der Banachraum und der Hilbertraum für die Matheclubs zur Verfügung. Außerdem hat jedes Team einen Lieblingsjunktor, den sie besonders gerne verwenden. Während die einen gerne negieren ($\neg$) und andere lieber *und* sagen ($\wedge$), hat sich ein Team auf die Disjunktion ($\vee$) spezialisiert. Außerdem haben die Teams unterschiedliche Mitgliederzahlen, nämlich 10, 15 und 20.

Folgende Hinweise sind gegeben:

1. Team ϕ, welches am liebsten negiert ($\neg$), hat weniger Mitglieder als das Team, das sich im Fréchetraum trifft.

2. Team χ hat 15 Mitglieder.

3. Der Lieblingsjunktor von Team ψ ist nicht die Konjunktion ($\wedge$). Ihre Mitgliederzahl und die des Clubs, der im Banachraum tagt, ist nicht 10.

Wir erfahren die Namen von drei Matheclubs, die jeweils unterschiedliche Lieblingsjunktoren, andere Versammlungsräume und unterschiedliche Mitgliederzahlen haben. Es wird eine Reihe von direkten und indirekten Hinweisen gegeben. Die Aufgabe ist nun, dem jeweiligen Matheclub seine Mitgliederzahl, seinen Lieblingsjunktor und seinen Raum zuzuordnen. Am Ende einer solchen Aufgabe steht zur Kontrolle häufig eine Frage wie „Welcher Matheclub trifft sich im Hilbertraum?"

Eine solche Aufgabe stellt sich mathematisch gesehen folgendermaßen dar: Es ist eine bestimmte Anzahl von Mengen mit jeweils n Elementen (hier $n = 3$) vorgegeben und nach bestimmten Bedingungen soll man nun eine Zuordnung dieser Mengen finden. In unserem Beispiel sind die Mengen M_1 bis M_4 die Teamnamen, Junktoren, Versammlungsräume und die Mitgliederzahlen. Bei den Zuordnungen ist natürlich zu berücksichtigen, dass zum Beispiel nicht zwei verschiedenen Clubs derselbe Junktor zugeordnet wird.

Das wichtigste Hilfsmittel zur Lösung eines derartigen Rätsels ist ein tabellenartiges Schema wie in Abbildung 9.4, in das wir die einzelnen Ergebnisse eintragen. Die Raumnamen haben wir abgekürzt: Fré steht für Fréchetraum, Ban für Banachraum und Hil für Hilbertraum. Die Hinweise geben meist eine Beziehung zwischen einem Element einer Menge und einem Element einer anderen Menge an. In unserem Beispiel gibt es vier Gruppen, entsprechend der Mengen M_1 bis M_4.

	Fré	Ban	Hil	¬	∧	∨	10	15	20
Team ϕ									
Team χ									
Team ψ									
10									
15									
20									
¬									
∧									
∨									

Abbildung 9.4: Mithilfe solcher Tabellen lassen sich Logicals systematisch lösen. Wir haben die Raumnamen jeweils durch ihre ersten drei Buchstaben abgekürzt

Die Kästchen werden nun folgendermaßen ausgefüllt: Gilt eine bestimmte Zuordnung, wird ein Pluszeichen eingetragen, gilt die Zuordnung nicht, wird ein Minuszeichen eingetragen. Am Schluss muss in jedem der möglichen 3 × 3-Felder pro Zeile und pro Spalte genau ein Pluszeichen stehen. Das Rätsel ist gelöst, wenn die oberen drei 3 × 3-Felder komplett gefüllt sind.

Beginnen wir nun die Kästchen zu füllen: die Beziehungen in den Hinweisen (Punkte 1.-3. oben) können wir direkt in die Tabelle eintragen. Manche Informationen kann man nur indirekt herauslesen, zum Beispiel besagt Hinweis 1, dass sich das Team ϕ nicht im Fréchetraum trifft, dass es nicht das Team mit 20 Mitgliedern ist und dass jenes Team, das im Fréchetraum tagt, nicht das mit 10 Mitgliedern sein kann. Mit diesen Informationen erhalten wir eine Tabelle wie in Abbildung 9.5.

	Fré	Ban	Hil	¬	∧	∨	10	15	20
Team ϕ	−			+					−
Team χ								+	
Team ψ		−			−		−		
10	−	−							
15									
20									
¬									
∧									
∨									

Abbildung 9.5: Wir tragen die Information aus den Hinweisen direkt in die Tabelle ein

Im nächsten Schritt betrachten wir nur die einzelnen 3×3-Tabellen. Wir füllen in allen 3×3-Tabellen die Zeilen und Spalten, in denen bereits ein Pluszeichen steht, komplett mit Minuszeichen auf. In Zeilen oder Spalten, in denen bereits zwei Minuszeichen stehen, kann das letzte nur ein Pluszeichen sein. Damit erhalten wir die Tabelle aus Abbildung 9.6.

	Fré	Ban	Hil	¬	∧	∨	10	15	20
Team ϕ	−			+	−	−	+	−	−
Team χ				−	+	−	−	+	−
Team ψ			−	−	−	+	−	−	+
10	−	−	+						
15									
20									
¬									
∧									
∨									

Abbildung 9.6: Wo möglich, füllen wir mit „−" und „+" auf

	Fré	Ban	Hil	¬	∧	∨	10	15	20
Team ϕ	−	−	+	+	−	−	+	−	−
Team χ	−	+	−	−	+	−	−	+	−
Team ψ	+	−	−	−	−	+	−	−	+
10	−	−	+						
15									
20									
¬									
∧									
∨									

Abbildung 9.7: Nun haben wir genug Information um die ganze Tabelle auszufüllen

Nun sind schon alle Zuordnungen der Matheclubs zu den jeweiligen Mitgliederzahlen und zu den Lieblingsjunktoren klar. Es fehlen nur noch die Räume. Hierfür sehen wir uns die Kästchen in der Mitte an. Wir kennen bereits die Zuordnung „Hilbertraum" zu „10 Mitglieder". Da wir aus der obersten Zeile wissen, dass Team ϕ 10 Mitglieder hat, können wir folgern, dass Team ϕ dem Hilbertraum zugeordnet werden muss. Mit dieser Information füllt sich nun das ganze Diagramm wie in Abbildung 9.7.

Die in diesem Beispiel verwendete Tabelle ist eine Möglichkeit, an solche Aufgaben heranzugehen. Manchmal bieten sich auch andere Tabellen an, um Logicals mit vielen vorgegebenen Merkmalen zu lösen.

Bei Logicals sind nicht immer nur eindeutige Informationen gegeben, sondern sie stellen oft Beziehungen zwischen den Gruppen auf, die man nicht immer offensichtlich ins Diagramm eintragen kann, sondern im Kopf behalten oder sich separat noch einmal ausdrücklich notieren muss.

Aber genug Theorie – nun bist du an der Reihe!

9.4   Aufgaben

Aufwärmaufgabe 9.A. Seien A und B Aussagen. Zeige mithilfe von Wahrheitstafeln, dass folgende Aussagen wahr sind:

1. $(\neg A) \Leftrightarrow (A \Rightarrow \textit{falsch})$

2. $((A \Rightarrow B) \wedge A) \Rightarrow B$

3. $(A \Leftrightarrow B) \Leftrightarrow ((A \Rightarrow B) \wedge (B \Rightarrow A))$

4. $((\neg A) \Rightarrow (\neg B)) \Leftrightarrow (B \Rightarrow A)$

In Kapitel I.2 erfährst du, wie man sich diese Aussagen in verschiedenen Beweistechniken zunutze machen kann.

Aufgabe 9.1 (Aussagen Fingerübungen*).

1. Welche der folgenden Ausdrücke sind Aussagen im Sinne der Logik?

    (a) Die Zahl 7 ist ungerade.

    (b) Ich bin Lehrer für das Fach Mathematik.

    (c) Die Zahl 29 ist eine Primzahl.

    (d) Die Hauptstadt Deutschlands ist Berlin.

    (e) Das Jahr 2014 ist kein Schaltjahr.

    (f) Für alle ganzen Zahlen a, b, c gilt: $(a \cdot b) \cdot c = ac \cdot bc$.

2. Gib die Negation folgender Aussagen an.

    (a) Drachen sind nicht blau.

    (b) Es gilt $0{,}5 < x < 5$.

3. Löse die Knobelaufgabe 9.1 vom Anfang.

Aufgabe 9.2 (Logikus auf Entdeckungsreise*). Logikus bezeichnete sich selbst als größter Entdecker in der Galaxie Tautologis. Jedoch gehen die historischen Überlieferungen seiner Leistungen auseinander. In den Datenbanken findet man folgende Aussagen:

1. Logikus hat alle Planeten von Tautologis entdeckt.

2. Es gibt einen Planeten von Tautologis, den Logikus entdeckt hat, aber Logikus hat nicht alle Planeten von Tautologis entdeckt.

3. Es gibt einen Planeten in Tautologis, der nicht von Logikus entdeckt wurde.

Welche der obigen Aussagen richtig sind und welche nicht, wissen wir nicht. Unter den obigen Aussagen gibt es jedoch zwei solche, die beide gleichzeitig wahr und beide gleichzeitig auch nicht wahr sein können. Ebenso gibt es unter ihnen auch zwei Aussagen, die gleichzeitig nicht wahr sein können, aber nicht gleichzeitig wahr sein können.

Um welche Aussagen handelt es sich jeweils? Begründe!

Aufgabe 9.3 (Perückenfarbe*).

1. In einem Faschingsumzug stehen drei Personen hintereinander, die von jemand anderem jeweils eine farbige Perücke aufgesetzt bekommen, deren Farbe sie selbst nicht sehen. Alle drei wissen allerdings, dass es eine Auswahl von zwei blauen und drei roten Perücken gibt. Die hinterste Person wird gefragt, ob sie ihre Perückenfarbe kenne. Sie sagt: „Nein." Auch die mittlere Person verneint, als sie die gleiche Frage gestellt bekommt. Als letztes wird die vorderste Person gefragt.

   Was antwortet sie? Warum?

2. „Treten Sie näher", sagt der Faschingsclown zu den drei Personen. „Sehen Sie, ich habe hier wieder die fünf Perücken: drei rote und zwei blaue. Ich werde jedem von Ihnen eine dieser Perücken aufsetzen, während Sie die Augen schließen. Wenn Sie die Augen alle gleichzeitig wieder öffnen, kann jeder die Perückenfarbe der beiden anderen sehen, aber weder seine eigene noch die nicht verwendeten Perücken. Der erste von Ihnen drei, der durch logische Überlegung die Farbe seiner Perücke bestimmen kann, gewinnt einen Preis." Nach einer Weile, ohne ein Wort miteinander gewechselt zu haben, nennen sie alle gleichzeitig ihre Perückenfarbe.

   Wie sind die Perückenfarben verteilt? Erkläre!

Aufgabe 9.4 (Logical**). Fünf Häuser stehen in einer Reihe nebeneinander und haben je eine andere Farbe. In jedem Haus wohnt eine Person einer anderen Nationalität. Jeder Hausbewohner bevorzugt ein bestimmtes Getränk, hat eine bestimmte Lieblingsspeise und hält ein bestimmtes Haustier. Keine der fünf Personen trinkt das gleiche Getränk, hat die gleiche Lieblingsspeise oder hält das gleiche Tier wie einer seiner Nachbarn.

Folgende Hinweise sind gegeben:

1. Der Schwede lebt im roten Haus.

2. Der Pole hält ein Pferd.

3. Der Däne trinkt gern Tee.

4. Das grüne Haus steht links vom weißen Haus.

5. Der Besitzer des grünen Hauses trinkt Bier.

6. Die Person, die gerne Nudeln isst, hält einen Vogel.

7. Der Mann, der im mittleren Haus wohnt, trinkt Milch.

8. Der Besitzer des gelben Hauses isst gerne Fisch.

9. Der Norweger wohnt im ersten Haus.

10. Die Person, die gerne Salat isst, wohnt neben dem, der eine Katze hält.

11. Der Mann, der einen Hund hält, wohnt neben dem, der gerne Fisch isst.

12. Derjenige, der gerne Pizza isst, trinkt gerne Kaffee.

13. Der Norweger wohnt neben dem blauen Haus.

14. Der Brite isst gerne Reis.

15. Die Person, die gerne Salat isst, hat einen Nachbarn, der Wasser trinkt.

Wer besitzt einen Pinguin als Haustier? Zeige mithilfe einer geeigneten Tabelle und den Zwischenschritten, wie du auf deine Lösung gekommen bist!

Von diesem Rätsel gibt es unzählige leicht unterschiedliche Varianten und sie alle sind als „Zebrarätsel" oder auch „Einstein-Rätsel" bekannt. Es ist wohl das bekannteste Logical und verdankt seine Berühmtheit dem Gerücht, dass Einstein es erfunden und dazu angemerkt hat, dass bloß 2 % der Weltbevölkerung in der Lage wären, es zu lösen. Nachweise dafür gibt es jedoch keine.

Aufgabe 9.5 (Mit Logik auf der Spur**). Nach einem Einbruch in eine Bankfiliale wurden die drei Verdächtigen Alex, Bob und Charly einzeln verhört, wobei sie keine Gelegenheit hatten, ihre Aussagen untereinander abzusprechen. Da es keine Zeugen gibt und keine Fingerabdrücke gefunden werden konnten, ist nicht klar, ob die Tat von einer einzelnen Person, von zwei oder sogar von allen drei Personen begangen wurde. Mindestens einer der drei einschlägig vorbestraften Verdächtigen war beim Einbruch dabei. Alle drei wurden einzeln in den Vernehmungsraum gebeten.

Alex wurde als Erster vernommen und sagte aus, dass ein Einbruch für ihn nicht mehr in Frage kommt, Bob und Charly jedoch nicht davor zurückschreckten und in die Bank eingebrochen sind. Bob erwähnte, dass er und Charly nichts damit zu tun hätten, Alex jedoch Einbruchpläne hatte. Und Charly beteuerte wiederum, dass Alex und Bob detaillierte Pläne für den Einbruch hatten, er sich selbst jedoch völlig heraus gehalten hätte. Wie soll Kommissar Fuchs nun aus diesen drei unterschiedlichen Aussagen schlau werden?

1. Kommissar Fuchs sah sich das Vernehmungsprotokoll an, dachte ein wenig nach, kritzelte auf seinem Notizblock herum und sagte schließlich: „Jetzt weiß ich es! Gehen wir einmal davon aus, dass jeder Schuldige lügt und jeder Unschuldige uns die Wahrheit sagt, dann steht Bob auf jeden Fall eine lange Zeit im Gefägnis bevor."

   Zeige mithilfe einer Wahrheitstabelle, wie Bob entlarvt werden konnte.

2. Nun ist aber noch nicht klar, ob Bob den Einbruch alleine beging oder ob er einen Komplizen hatte. Als Bob mit obigen Überlegungen überführt wurde, gibt er seinen Widerstand auf und sagt: „Alleine habe ich den Einbruch nicht begangen. Charly und Alex haben im Verhör beide nicht die Wahrheit gesagt."

   Wer war noch an dem Einbruch beteiligt?

Aufgabe 9.6 (Lügner***). Die Prinzessin von Moneda ist auf der Suche nach ihrem Prinzen. Da sie einen sehr speziellen Geschmack hat, sehen die drei möglichen Kandidaten – die edlen Ritter Schillinger, Pfundmann und Kronberg – völlig identisch aus. Sie lassen sich zwar äußerlich überhaupt nicht unterscheiden, haben aber unterschiedliche Eigenschaften.

Schillinger und Pfundmann lügen immer, wohingegen Kronberg immer die Wahrheit sagt. Bei ihrem Ausritt trifft die Prinzessin einen der Ritter und möchte wissen, ob es sich dabei um Schillinger handelt. Die Prinzessin darf nur eine einzige Frage stellen, die nur mit Ja oder Nein zu beantworten ist. Die Frage darf nicht mehr als drei Wörter haben.

Wie lautet die Frage? Erkläre!

Weiterführende Links

http://de.wikipedia.org/wiki/Zebrarätsel

http://www.mathematik.de/ger/information/landkarte/gebiete/logik/logik.html

http://www.wissenschaft-online.de/sixcms/media.php/370/Leseprobe.1073250.pdf

Literatur

[1] L. Carroll. *Das Spiel der Logik*, frommann-holzboog, 1998.
[2] H.-D. Ebbinghaus, J. Flum, W. Thomas. *Einführung in die mathematische Logik*, fünfte Auflage, Springer Spektrum, 2007.

10
Numerakles

...und seine sechs Aufgaben

Clara Löh, Niki Kilbertus

10.1   Prolog.. 119
10.2   Die sechs Aufgaben... 120
Lösungen zu den Aufgaben... 259

10.1   Prolog

Numerakles studiert an der renommierten Akademie der Helden den Studiengang „klassicher Held" und steht kurz vor dem Abschluss seines von Irrfahrten, Orakeln, eitlen Göttern und sonstigen Unannehmlichkeiten geprägten Studiums. Da es sich um einen wegen Sparmaßnahmen gekürzten Studiengang handelt, besteht die Abschlussprüfung aus nur sechs (statt der sonst für klassische Helden üblichen zwölf) praktischen Aufgaben.

Hilf Numerakles, die sechs Aufgaben zu lösen!

© Springer-Verlag GmbH Deutschland, ein Teil von Springer Nature 2019
C. Löh et al. (Hrsg.), *Quod erat knobelandum*,
https://doi.org/10.1007/978-3-662-58725-6_13

10.2   Die sechs Aufgaben

Die Prüfung beginnt mit einer Aufgabe aus dem Bereich der Schädlingsbekämpfung, nämlich einem Kräftemessen mit garstigen Vogelungeheuern:

Aufgabe 10.1 (Vertreibung der Vögel*). Nach längeren Verhandlungen mit Numerakles willigen die Vögel ein, zu verschwinden, wenn Numerakles zwei aufeinanderfolgende von insgesamt drei Kämpfen gewinnt. Er muss dabei abwechselnd gegen den kleinsten und gegen den größten Vogel antreten, also entweder

Kleinster – Größter – Kleinster

oder

Größter – Kleinster – Größter.

Der größte Vogel ist gefährlicher und kämpft besser als der kleinste. Für welche Reihenfolge sollte sich Numerakles entscheiden, d. h. bei welcher Reihenfolge ist die Wahrscheinlichkeit größer, dass Numerakles gewinnt? Begründe deine Antwort!

Die zweite Aufgabe besteht darin, goldene Äpfel zu stehlen. Numerakles überlegt sich, dass es wohl günstiger ist, jemand anderes dazu anzustiften, diese Aufgabe für ihn zu erledigen. Seine Wahl trifft auf Atlas, den er mit einem Würfelspiel um den Finger wickelt:

Aufgabe 10.2 (alea iacta est*). Numerakles bittet Atlas, drei gewöhnliche Würfel zu werfen, einen schwarzen, einen silbernen und einen goldenen. Das Ergebnis soll er sich (zusammen mit den jeweiligen Farben) merken und Numerakles weder zeigen noch nennen. Danach möge er die vom schwarzen Würfel gezeigte Zahl mit 2 multiplizieren, zum Ergebnis 5 addieren und dann die so erhaltene Zahl mit 5 multiplizieren. Hierzu addiere er weiter die vom silbernen Würfel gezeigte Zahl, multipliziere das Ergebnis mit 10, addiere zur so erhaltenen Zahl die vom goldenen Würfel gezeigte Zahl und nenne das Endergebnis.

1. Atlas nennt als Endergebnis 484. Mit welchen Würfeln hat er welche Augenzahlen geworfen? Begründe deine Antwort!

2. Ist es immer möglich, mit diesem Verfahren, die drei gewürfelten Augenzahlen eindeutig zu ermitteln? Begründe deine Antwort!

Atlas ist von Numerakles hellseherischen Fähigkeiten so beeindruckt, dass er den von Numerakles gewünschten Diebstahl der goldenen Äpfel begeht.

Als nächstes gilt es, einen wahnsinnigen Stier zu bändigen:

Aufgabe 10.3 (Wer kommt zur rechten Zeit ...**). Aus der Ferne beobachtet Numerakles, dass der wahnsinnige Stier jeden Tag zur selben Zeit ein Nickerchen einlegt (und damit zu dieser Zeit zu einer leichten Beute wird) – nämlich genau dann, wenn zwischen 8 und 9 Uhr der Minuten- und der Stundenzeiger seiner Uhr exakt übereinander stehen (die Zeiger bewegen sich gleichmäßig ohne irgendwelche Sprünge). Zu welcher Zeit beginnt also das Nickerchen? Begründe deine Antwort!

Numerakles gelingt es tatsächlich mit dieser Strategie den Stier zu bändigen und fristgerecht im zuständigen Prüfungsamt der Akademie einzureichen.

In einer anständigen Heldenprüfung darf natürlich auch die Erlegung drachenartiger Wesen nicht fehlen:

Aufgabe 10.4 (Hydra**). Die Hydra ist ein Schlangentier mit viel zu vielen Köpfen und Augen. Numerakles stellt schnell fest, dass es sich bei der Anzahl der Köpfe und Augen um sechsstellige Zahlen handelt. Außerdem bemerkt er folgendes:

- Die Anzahl der Augen endet auf 7. Multipliziert man die Anzahl der Augen mit 5, so erhält man dieselbe Ziffernfolge, bis auf den Unterschied, dass die an der letzten Stelle stehende 7 an die erste Stelle wandert.

- Die Anzahl der Köpfe beginnt mit 1. Multipliziert man sie mit 3, so erhält man dieselbe Ziffernfolge, bis auf den Unterschied, dass die an der ersten Stelle stehende 1 an die letzte Stelle wandert.

Wieviele Köpfe bzw. Augen hat die Hydra? Begründe deine Antwort!

Nach dieser Analyse der Hydra ist es Numerakles ein leichtes, das Ungeheuer zu besiegen und sich der nächsten Aufgabe zu widmen.

Diese besteht darin, den Wächter der Unterwelt an die Oberwelt zu locken:

Aufgabe 10.5 (Rolltreppe in die Unterwelt**). Die Unterwelt kann von der Oberwelt durch eine abwärts fahrende Rolltreppe erreicht werden. Geht Numerakles die Rolltreppe hinab, so zählt er 60 Stufen; geht er die Rolltreppe (entgegen der Fahrtrichtung) im selben Tempo hoch, so zählt er 90 Stufen. Der Wächter der Unterwelt ist bereit, Numerakles in die Oberwelt zu begleiten, wenn dieser ihm nennen kann, wieviele Stufen Numerakles steigen müsste, wenn die Rolltreppe stillstehen würde. Was sollte Numerakles antworten? Begründe deine Antwort!

Den Abschluss der Prüfung bildet der Auftrag, einen Riesen um seine Rinderherde zu bringen. Numerakles sucht den Riesen auf und stellt fest, dass der Riese einen hundertstöckigen Turm als Stehtischchen verwendet. Mit seiner Eloquenz überredet Numerakles den Riesen dazu, seine Rinderherde als Preis für die richtige Antwort auf die folgende Frage auszusetzen:

Aufgabe 10.6 (das Ei fällt nicht weit vom Turm***). Der Riese gibt Numerakles zwei identische Eier und Zugang zu dem hunderstöckigen Turm. Das Ziel ist es, das höchste Stockwerk zu finden, von dem aus ein solches Ei den Flug nach unten unbeschadet übersteht.

Falls ein Ei herunterfällt und nicht beschädigt ist, kann es wiederverwendet werden; ist es jedoch beschädigt, so kann es nicht nochmal verwendet werden. Falls ein Ei beim Sturz aus einem Stockwerk beschädigt wird, so gilt dies auch für alle höheren Stockwerke.

Was ist die minimale Anzahl von Würfen, die maximal nötig ist, um das höchste Stockwerk zu finden, von dem aus die gegebenen Eier den Flug nach unten unbeschadet überstehen? Begründe deine Antwort!

Hinweis. Wenn Numerakles zunächst Ohrensausen von der Formulierung „die minimale Anzahl von Würfen, die maximal nötig ist, um das höchste Stockwerk zu finden" hat, so kann er sich wie folgt an das Problem heranpirschen:

1. Mal angenommen, der Riese würde Numerakles 100 bzw. 50 bzw. 25 Würfe erlauben. Wie könnte Numerakles dann das gesuchte Stockwerk finden?

2. Ganz begeistert von seinen Fähigkeiten versucht Numerakles im nächsten Schritt eine Strategie mit nur zehn Würfen zu finden. Wie kann er sich überlegen, dass das nicht funktionieren kann?

3. Zu diesem Zeitpunkt hat Numerakles vermutlich verstanden, was der Riese eigentlich gemeint hat und kann sich an der ursprünglichen Frage versuchen.

Weiterführende Links

http://de.wikipedia.org/wiki/Herakles

11
RSA-Verschlüsselung

Der Satz von Euler-Fermat und die RSA-Verschlüsselung

Timo Keller

11.1 Teilbarkeit und Primzahlen.................................... 124
11.2 Kongruenzen und der Satz von Euler-Fermat..................... 125
11.3 Das RSA-Verfahren... 127
11.4 Aufgaben 130
Literaturverzeichnis 133
Lösungen zu den Aufgaben 263

Die Zahlentheorie, auch Arithmetik genannt, galt lange Zeit als das reinste Gebiet der Mathematik, eine Theorie ohne jegliche außermathematische Anwendungen. Dies änderte sich im Jahr 1977, als die drei Mathematiker Rivest, Shamir und Adleman das **RSA-Kryptosystem** (benannt nach ihren Anfangsbuchstaben) erfanden (oder entdeckten?). Das bahnbrechend Neue dieser Verschlüsselung war, dass es im Gegensatz zu allen bisherigen Verschlüsselungsverfahren nicht *symmetrisch* ist: Ein Verschlüsselungsverfahren heißt symmetrisch, wenn eine Nachricht mit demselben Schlüssel entschlüsselt werden muss, mit dem sie verschlüsselt wurde. Daher ist es notwendig, dass die Teilnehmer an einer Verschlüsselung im Voraus ihren Schlüssel austauschen.

Das RSA-Verfahren dagegen ist *asymmetrisch*: Jeder Teilnehmer hat einen öffentlichen Schlüssel, den jeder kennen muss, der ihm eine verschlüsselte Nach-

richt zukommen lassen will, und einen privaten Schlüssel, den nur er wissen
darf, mit dem man eine so verschlüsselte Nachricht wieder entschlüsseln kann.
Moderne Kommunikation in Zeiten des Internets wäre ohne asymmetrische Verschlüsselungsverfahren nicht denkbar.

Wir entwickeln nun die grundlegenden zahlentheoretischen Begriffe und Sätze,
mit deren Hilfe wir im Anschluss das RSA-Verfahren erklären werden.

11.1   Teilbarkeit und Primzahlen

Definition 11.1. Die Menge der **natürlichen Zahlen** ist $\mathbb{N} = \{0, 1, 2, \dots\}$ und
die Menge der **ganzen Zahlen** ist $\mathbb{Z} = \{\dots, -2, -1, 0, 1, 2, \dots\}$. Eine Zahl heißt
positiv (**negativ**), wenn sie größer als 0 (kleiner als 0) ist.

Definition 11.2. Seien n, m ganze Zahlen. Man sagt, n **teilt** m, in Zeichen $n \mid m$,
falls es eine ganze Zahl k gibt, sodass $m = kn$. Die Negation ist $n \nmid m$.

Beispielsweise gilt $2 \mid 10$, weil $10 = 5 \cdot 2$.

Lemma 11.3. Seien a, b, c, m, n ganze Zahlen. Dann gilt

$$a \mid b \text{ und } a \mid c \implies a \mid (b + c),$$
$$a \mid b \implies a \mid bc,$$
$$a \mid n \text{ und } b \mid m \implies ab \mid nm.$$

Hierbei bedeutet „$A \implies B$": „Aus A folgt B".

Definition 11.4. Seien $n, m \neq 0$ ganze Zahlen. Dann ist der **größte gemeinsame
Teiler** $\mathrm{ggT}(n, m)$ von n und m die größte natürliche Zahl k, sodass $k \mid n$ und $k \mid$
m gilt. Das **kleinste gemeinsame Vielfache** $\mathrm{kgV}(n, m)$ von n und m ist die
kleinste positive natürliche Zahl k, sodass $n \mid k$ und $m \mid k$ gilt. Zwei Zahlen n, m
heißen **teilerfremd**, falls $\mathrm{ggT}(n, m) = 1$ ist.

Beispielsweise ist $\mathrm{ggT}(8, 10) = 2$, $\mathrm{ggT}(21, 50) = 1$, $\mathrm{kgV}(9, 7) = 63$ und
$\mathrm{kgV}(9, 12) = 36$.

Definition 11.5. Eine ganze Zahl $p > 1$ heißt **prim** oder **Primzahl**, falls ihre
einzigen positiven ganzen Teiler 1 und p sind.

Satz 11.6 (Fundamentalsatz der Zahlentheorie). Jede natürliche Zahl $n > 1$ lässt
sich (bis auf Vertauschen der Faktoren) eindeutig in Primfaktoren zerlegen:
$n = p_1^{n_1} \cdot p_2^{n_2} \cdot \dots \cdot p_k^{n_k}$ mit p_i prim und $n_i > 0$ positiven natürlichen Zahlen.
(Dabei ist $n_i > 0$ die größte natürliche Zahl, sodass $p_i^{n_i} \mid n$.)

Lemma 11.7. Eine natürliche Zahl $p > 1$ ist genau dann prim, wenn für alle $a, b \in \mathbb{N}$ aus $p \mid ab$ folgt, dass $p \mid a$ oder $p \mid b$.

Ein Beispiel: Es teilt $7 \mid 21 \cdot 15$, und es teilt $7 \mid 21$; dagegen gilt $6 \mid 14 \cdot 63$, aber $6 \nmid 14$ und $6 \nmid 63$. Vergleiche auch Lemma 11.15.

Lemma 11.8. Seien $n = p_1^{n_1} \cdot \ldots \cdot p_k^{n_k}$ und $m = p_1^{m_1} \cdot \ldots \cdot p_k^{m_k}$ Primfaktorzerlegungen von natürlichen Zahlen $n, m > 1$, wobei n_i oder $m_i = 0$ zugelassen sei. Dann ist $\mathrm{ggT}(n, m) = p_1^{\min(n_1, m_1)} \cdot \ldots \cdot p_k^{\min(n_k, m_k)}$.

Beispielsweise ist

$$
\begin{aligned}
\mathrm{ggT}(1400, 4950) &= \mathrm{ggT}(2^3 \cdot 3^0 \cdot 5^2 \cdot 7^1 \cdot 11^0, 2^1 \cdot 3^2 \cdot 5^2 \cdot 7^0 \cdot 11^1) \\
&= 2^1 \cdot 3^0 \cdot 5^2 \cdot 7^0 \cdot 11^0 \\
&= 50.
\end{aligned}
$$

Lemma 11.9. Seien a, b positive natürliche Zahlen. Es gilt

$$
\mathrm{ggT}(a, b) \cdot \mathrm{kgV}(a, b) = ab.
$$

Lemma 11.10. Seien a, b, c, n, m positive natürliche Zahlen. Es gelten:

1. Aus $n \mid a$ und $n \mid b$ folgt $n \mid \mathrm{ggT}(a, b)$.

2. Aus $a \mid bc$ und $\mathrm{ggT}(a, b) = 1$ folgt $a \mid c$.

3. Aus $a \mid m, b \mid m$ und $\mathrm{ggT}(a, b) = 1$ folgt $ab \mid m$.

11.2 Kongruenzen und der Satz von Euler-Fermat

Definition 11.11. Seien $n > 0$ und a, b ganze Zahlen. Dann heißt a **kongruent (zu)** b **modulo** n, in Zeichen

$$
a \equiv b \pmod{n}
$$

(auch $a \equiv b \mod n$ oder $a \equiv b \ (n)$), falls $n \mid (a - b)$ gilt, d. h. a und b unterscheiden sich um ein Vielfaches von n. Anders ausgedrückt: Es lassen a und b bei Division durch n denselben Rest. Die Negation ist $a \not\equiv b \pmod{n}$.

Mit $a \mod n$ bezeichnen wir auch den Rest bei der Division von a durch n.

Beispielsweise ist $5 \equiv 1 \pmod{4}$, weil $4 \mid (5 - 1)$, und $5 \equiv -1 \pmod{6}$, weil $5 - (-1) = 6$ von 6 geteilt wird.

Eine ausführlichere Erklärung zum Thema „Modulo-Rechnen" findest du in Thema II.2.

Lemma 11.12. Seien a, b, c, d, n, m ganze Zahlen mit $a \equiv b \pmod{n}$, $c \equiv d$ $\pmod{n}$ und $m \mid n$. Dann gelten

1. $a \pm c \equiv b \pm d \pmod{n}$,

2. $ac \equiv bd \pmod{n}$ und

3. $a \equiv b \pmod{m}$.

Lemma 11.13 (Lemma von Bézout). Seien $n, m \neq 0$ ganze Zahlen. Dann existieren ganze Zahlen a, b mit

$$an + bm = \mathrm{ggT}(n, m).$$

Um solche a, b zu bestimmen, verwendet man den **erweiterten Euklidischen Algorithmus**. Wie der Algorithmus funktioniert, findest du in den Links am Ende des Kapitels erklärt. Dieser Algorithmus gibt gleichzeitig einen Beweis des Lemmas. Beispielsweise sind $n = 3$ und $m = 5$ teilerfremd und es gilt $2 \cdot 3 + (-1) \cdot 5 = 1$.

Eine direkte Folgerung aus dem Lemma von Bézout ist:

Korollar 11.14 (Modulares Invertieren). Seien a, n positive natürliche Zahlen mit $\mathrm{ggT}(a, n) = 1$. Dann existiert eine ganze Zahl b mit

$$ab \equiv 1 \pmod{n}.$$

Unter der **Kürzungsregel** verstehen wir folgende Tatsache: Wenn $ax \equiv bx$ $\pmod{n}$ und $\mathrm{ggT}(x, n) = 1$, dann ist $a \equiv b \pmod{n}$.

Beispielsweise ist ein modulares Inverses von 3 modulo 10 gleich 7, denn $3 \cdot 7 = 21 \equiv 1 \pmod{10}$.

Lemma 11.15. Sei p prim und seien a, b natürliche Zahlen mit $ab \equiv 0 \pmod{p}$. Dann ist a oder $b \equiv 0 \pmod{p}$. Wenn umgekehrt $n > 1$ nicht prim ist, gibt es $a, b \not\equiv 0 \pmod{n}$ mit $ab \equiv 0 \pmod{n}$.

Definition 11.16 (Eulersche φ-Funktion). Sei $n > 1$ eine natürliche Zahl. Dann ist $\varphi(n)$ die Anzahl der Zahlen aus $\{1, 2, \ldots, n-1\}$, die teilerfremd zu n sind. Für $n = 1$ ist $\varphi(1) = 1$.

Beispielsweise ist $\varphi(8) = 4$, da die zu 8 teilerfremden Zahlen aus $\{1, 2, \ldots, 7\}$ genau die ungeraden Zahlen zwischen 1 und 7, $\{1, 3, 5, 7\}$, sind. Eine Berechnungsformel für φ liefert der folgende Satz:

Satz 11.17. Sei $n = p_1^{n_1} \cdot p_2^{n_2} \cdot \ldots \cdot p_k^{n_k}$ mit $n_i > 0$ die eindeutige Primfaktorzerlegung von $n > 1$. Dann ist

$$\varphi(n) = (p_1 - 1)p_1^{n_1-1}(p_2 - 1)p_2^{n_2-1} \cdot \ldots \cdot (p_k - 1)p_k^{n_k-1}.$$

Beispielsweise ist
$$\varphi(8) = \varphi(2^3) = 2^2 \cdot (2 - 1) = 4$$

und
$$\varphi(21) = \varphi(3 \cdot 7) = (3 - 1) \cdot (7 - 1) = 12.$$

Satz 11.18 (Der Satz von Euler-Fermat). Für eine ganze Zahl a und eine natürliche Zahl $n > 1$ mit $\mathrm{ggT}(a, n) = 1$ gilt

$$a^{\varphi(n)} \equiv 1 \pmod{n}.$$

Beweis. Seien $x_1, \ldots, x_{\varphi(n)}$ die zu n teilerfremden Zahlen von 1 bis $n - 1$. Die Zahlen
$$ax_1 \pmod{n}, \ ax_2 \pmod{n}, \ \ldots, \ ax_{\varphi(n)} \pmod{n}$$

sind dieselben Zahlen, nur in einer anderen Reihenfolge, denn die $ax_i \pmod{n}$ sind wieder teilerfremd zu n und liegen zwischen 1 und $n - 1$. Außerdem gilt: Aus $ax_i \equiv ax_j \pmod{n}$ folgt durch Anwendung der Kürzungsregel $x_i \equiv x_j \pmod{n}$. Die Kürzungsregel ist anwendbar wegen $\mathrm{ggT}(a, n) = 1$. Daraus folgern wir schließlich $x_i = x_j$ wegen $1 \le x_i, x_j < n$.

Also ist

$$x_1 \cdot \ldots \cdot x_{\varphi(n)} \equiv ax_1 \cdot \ldots \cdot ax_{\varphi(n)} = a^{\varphi(n)} \cdot x_1 \cdot \ldots \cdot x_{\varphi(n)} \pmod{n}.$$

Durch Anwenden der Kürzungsregel folgt $1 \equiv a^{\varphi(n)} \pmod{n}$. Die Kürzungsregel ist anwendbar, da wegen $\mathrm{ggT}(x_i, n) = 1$ für alle i auch $\mathrm{ggT}(x_1 \cdot \ldots \cdot x_{\varphi(n)}, n) = 1$ ist. Das kann man zum Beispiel mit Lemma 11.8 beweisen. ▢

Der Satz von Euler-Fermat ist die theoretische Grundlage des RSA-Kryptosystems, dem wir uns jetzt zuwenden.

11.3   Das RSA-Verfahren

Die Idee. Wie eingangs bereits erwähnt, handelt es sich beim RSA-Kryptosystem um ein asymmetrisches Verfahren. Was das bedeutet, haben wir in Abbildung 11.1 schematisch dargestellt. Hier hat der Teilnehmer A ein Vorhängeschloss und den zugehörigen Schlüssel. Das offene Schloss kann A nun ohne Bedenken öffentlich machen und unserem Kommunikationspartner schicken. Wird es unterwegs von einem Fremden abgefangen und untersucht, so stellt dies keine Gefahr dar. (Wir gehen davon aus, dass es letztendlich beim

Kommunikationspartner B ankommt, ansonsten schicken wir ein baugleiches neues Schloss.)

Nun kann B mit dem Schloss eine Nachricht an A einschließen, bzw. verschlüsseln und an A versenden. Fängt ein Fremder diese Botschaft ab, so kann er sie nicht öffnen, da er nicht über den zugehörigen Schlüssel verfügt. Die Kommunikation kann also nicht abgehört werden. Nur A hat den richtigen Schlüssel für das Schloss und kann somit die Nachricht wieder entschlüsseln und im Klartext lesen.

Natürlich werden in der Realität keine Schlösser verschickt, sondern Zahlen, die als Schlüssel zur Ver- und Entschlüsselung dienen. Das Schloss (Gegenstand) in der Abbildung entspricht dann dem sogenannten *öffentlichen Schlüssel* (Zahl) und der Schlüssel (Gegenstand) entspricht dem *privaten Schlüssel* (Zahl).

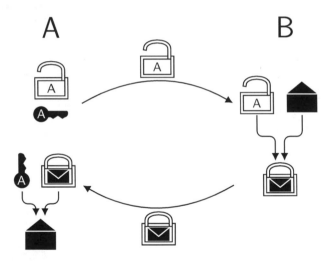

Abbildung 11.1: Eine schematische Darstellung der Funktionsweise des RSA-Verfahren

Schlüsselerzeugung. Wähle zwei (große) Primzahlen $p \neq q$ und bilde deren Produkt $n = pq$. Wähle ein e, das teilerfremd zu $\varphi(n) = (p-1)(q-1)$ ist (die Gleichheit gilt nach Satz 11.17). Finde ein modulares Inverses d zu e modulo $\varphi(n)$, d. h. ein d mit

$$ed \equiv 1 \quad (\mathrm{mod} \ \varphi(n)). \tag{11.1}$$

Das Paar (n, e) ist der **öffentliche Schlüssel**, d der **private Schlüssel**. Die Zahlen $p, q, \varphi(n)$ und d sind geheimzuhalten.

Ver- und Entschlüsselung. Wenn Alice an Bob eine Nachricht m (wir nehmen an, dass man die Nachricht in Textform in eine ganze Zahl von 2 bis $n - 1$ übersetzen kann) versenden will, bildet sie $c := m^e \mod n$ (wenn (n, e) Bobs öffentlicher Schlüssel ist) und sendet c an Bob. Bob kann die verschlüsselte Nachricht c mit seinem privaten Schlüssel d entschlüsseln:

$$c^d = (m^e)^d = m^{ed} \equiv m^{ed \mod \varphi(n)} = m^1 = m \pmod{n}.$$

Hier nutzen wir, dass $1 < m < n$. Das Kongruenzzeichen gilt dabei nach dem Satz von Euler-Fermat 11.18 und das Gleichheitszeichen danach wegen Gleichung (11.1).

Man muss nach der bisher entwickelten Theorie annehmen, dass m und n teilerfremd sind, um den Satz von Euler-Fermat anwenden zu können. Das RSA-Verfahren funktioniert anderenfalls ebenso, aber man braucht den „Chinesischen Restsatz", um dies begründen zu können.

Sicherheit. Ein Angreifer kann die Nachricht nur schwer entschlüsseln, weil es schwer ist, die Zahl n in ihre Primfaktoren p und q zu zerlegen. Er müsste aus der Kenntnis von $m^e \mod n$ die e-te Wurzel berechnen, was aber modulo n schwierig ist, ohne die Primfaktorzerlegung von n zu kennen.

Für die Berechnung von Quadratwurzeln modulo Primzahlen gibt es Algorithmen, wie zum Beispiel den sogenannten *Tonelli-Shanks Algorithmus*. Mehr dazu findest du in der Linksammlung am Ende des Kapitels. Das Problem des Berechnen von Quadratwurzeln modulo zusammengesetzter n ist äquivalent zum Faktorisierungsproblem. Dies ist ein sehr schwieriges Problem und selbst mit den besten verfügbaren Algorithmen und Computern kann man sehr große zusammengesetzte Zahlen aktuell *nicht* in vertretbarer Zeit (zum Beispiel innerhalb einiger Monate) faktorisieren.

Beispielrechnung. Bob wählt zwei Primzahlen $p = 7$, $q = 13$. Dann ist $n = pq = 91$ und $\varphi(n) = (7-1)(13-1) = 72$. Weiter wählt er $e = 11$, was teilerfremd zu 72 ist. Damit ist $(n, e) = (91, 11)$ sein öffentlicher Schlüssel.

Alice will Bob die Nachricht $m = 10$ zusenden. Sie berechnet

$$
\begin{aligned}
m^e &= 10^{11} \\
&= 10^{2^3 + 2^1 + 2^0} \\
&= ((10^2)^2 \cdot 10)^2 \cdot 10 \\
&= (100^2 \cdot 10)^2 \cdot 10 \equiv (9^2 \cdot 10)^2 \cdot 10 \quad \text{wegen } 100 \equiv 9 \pmod{91} \\
&= (81 \cdot 10)^2 \cdot 10 \equiv (-10 \cdot 10)^2 \cdot 10 \quad \text{wegen } 81 \equiv -10 \pmod{91} \\
&= 100^2 \cdot 10 \equiv 9^2 \cdot 10 \\
&= 81 \cdot 10 \equiv -10 \cdot 10 \\
&= -100 \equiv -9 \equiv 82 \pmod{91}.
\end{aligned}
$$

Um große Potenzen auf Rechnern effizient zu berechnen wurden eigens Algorithmen entwickelt, die sich das binäre Speicherformat von Zahlen auf einem Computer zunutze machen. Dementsprechend nennt man das Verfahren *binäre Exponentiation*.

Bob will nun Alices Nachricht $c = 82$ entschlüsseln. Dazu berechnet er ein modulares Inverses d von $e = 11$ modulo $\varphi(n) = 72$ mithilfe des erweiterten Euklidischen Algorithmus:

$$72 = 6 \cdot 11 + 6, \quad \text{also } 6 = 72 - 6 \cdot 11 \tag{1}$$

$$11 = 1 \cdot 6 + 5, \quad \text{also } 5 = 11 - 1 \cdot 6 \tag{2}$$

$$6 = 1 \cdot 5 + 1, \quad \text{also } 1 = 6 - 1 \cdot 5. \tag{3}$$

Zurückrechnen ergibt:

$$
\begin{aligned}
1 &= 6 - 1 \cdot 5 &&\text{wegen (3)} \\
&= 6 - 1 \cdot (11 - 1 \cdot 6) &&\text{wegen (2)} \\
&= 2 \cdot 6 - 1 \cdot 11 \\
&= 2 \cdot (72 - 6 \cdot 11) - 1 \cdot 11 &&\text{wegen (1)} \\
&= 2 \cdot 72 - (12 + 1) \cdot 11 \\
&= 2 \cdot 72 - 13 \cdot 11,
\end{aligned}
$$

also ist $d = -13 \equiv 59 \pmod{72}$.

Zum Entschlüsseln berechnet Bob

$$
\begin{aligned}
c^d = 82^{59} &\equiv (-9)^{59} \\
&= (-9)^{2^5 + 2^4 + 2^3 + 2^1 + 2^0} \\
&\equiv (((-10 \cdot (-9))^2 \cdot (-9)^2)^2 \cdot (-9))^2 \cdot (-9) \\
&\equiv \dots \\
&\equiv 10 = m \pmod{91}.
\end{aligned}
$$

Wenn du so lange Rechnungen nicht von Hand rechnen willst, kannst du auch einen Taschenrechner, oder ein Computerprogramm zur Hilfe nehmen. Viele mathematische Probleme lassen sich zum Beispiel online mit Wolfram Alpha lösen.

11.4   Aufgaben

Vorbemerkung zu den Aufgaben. Wir schreiben $v_p(n)$ für den Exponenten von p in der eindeutigen Primfaktorzerlegung von einer natürlichen Zahl $n > 0$. Es gilt $p \mid n$ genau dann, wenn $v_p(n) > 0$ ist, und $v_p(nm) = v_p(n) + v_p(m)$ für positive natürliche Zahlen n und m.

Aufwärmaufgabe 11.A. Bestimme die Primfaktorzerlegung der Zahlen 23, 50 und 120.

Aufwärmaufgabe 11.B. Berechne mittels des erweiterten Euklidischen Algorithmus multiplikative Inverse zu 17 (mod 101) und zu 357 (mod 1234).

Aufwärmaufgabe 11.C. Computer verwenden zur Kommunikation ständig das RSA-Verfahren, meistens ohne dass wir etwas davon mitbekommen. Will man sich zum Beispiel von einem Computer über eine Netzwerkverbindung auf einem anderen Rechner einloggen, oder mit dem Server eines Homepage-Betreibers kommunizieren und die ausgetauschten Daten verschlüsseln, so kommt dabei häufig das RSA-Kryptosystem zum Einsatz. (Wir können uns nicht jedes Mal mit dem Betreiber vorher treffen und einen Schlüssel für symmetrische Verfahren austauschen. RSA macht einen sicheren Schlüsselaustausch trotzdem möglich.)

Auf unixartigen Systemen (also zum Beispiel Linux oder MacOS) kommen dabei häufig Tools wie ssh, ssh-keygen, rsa, genrsa, rsautl zum Einsatz. Mit diesen Programmen werden öffentliche und private Schlüssel generiert, verwaltet oder aber auch Daten ver- und entschlüsselt und Signaturen erstellt.

Falls du unter einem unixartigen Betriebssystem arbeitest, öffne eine Kommandozeile, bzw. eine Konsole oder ein Terminal auf deinem Computer und lies dir das Manual zu ssh-keygen durch. Dazu tippst du den Befehl man ssh-keygen ein und drückst dann „Enter". Wofür ist dieses Tool zuständig? Finde heraus, wofür die anderen Programme gut sind (falls sie installiert sind) und wo die Unterschiede liegen.

Wenn du schon etwas Erfahrung mit der Kommandozeile hast, finde heraus, was die folgenden Befehle bewirken und probiere sie der Reihe nach aus.

- echo 'streng geheime Botschaft' > nachricht.txt

- openssl genrsa > meins.pem

- openssl rsa -pubout -in meins.pem > deins.pub

- openssl rsautl -encrypt -pubin -inkey deins.pub -in nachricht.txt > geheim.txt

Kannst du die Datei geheim.txt wieder entschlüsseln? Welche der erstellten Dateien kannst du bedenkenlos weitergeben und welche solltest du unbedingt geheim halten?

Aufgabe 11.1 (*).

1. Gib für $a = 1200$ und $b = 1400$ die Primfaktorzerlegungen an und zeige die Gültigkeit von Lemma 11.8 für diesen Fall.

2. Sei $n = 2340$ und $m = 1800$. Weise die Gültigkeit des Lemmas von Bézout 11.13 nach, d. h. finde Zahlen a und b mit $an + bm = \mathrm{ggT}(n, m)$. Dein Rechenweg muss nachvollziehbar sein.

3. Berechne ein modulares Inverses von 20 modulo 31. Der Rechenweg muss nachvollziehbar sein.

Aufgabe 11.2 (*).

1. Berechne $\varphi(n)$ für alle n von 1 bis 30.

2. Zeige, dass für alle $1 < a < 10$ mit $\mathrm{ggT}(a, 10) = 1$ gilt: $a^{\varphi(10)}$ kongruent zu 1 mod 10. Wenn du Probleme bei der Berechnung von großen Potenzen hast, schau dir nochmal die Strategie an, mit der im Beispiel zum RSA-Algorithmus gearbeitet wurde.

Aufgabe 11.3 (*). Zeige zwei der Lemmata 11.3, 11.7, 11.8 (Finde eine analoge Aussage für kgV!), 11.9, 11.10, 11.12, 11.15 und gib jeweils ein Beispiel.

Aufgabe 11.4 (*). Zeige das Korollar 11.14: Modulares Invertieren und die Kürzungsregel. (Ein Korollar ist eine Aussage, die direkt aus einer vorhergehenden folgt.) Finde ein Beispiel, das zeigt, dass die Voraussetzungen im Korollar nicht überflüssig sind.

Aufgabe 11.5 (***). Seien $n, m > 1$ natürliche Zahlen.

1. Zeige $\varphi(nm) = \varphi(n)\varphi(m)$, wenn $\mathrm{ggT}(n, m) = 1$. Diese Eigenschaft nennt man die **Multiplikativität von** φ. Was passiert für $\mathrm{ggT}(n, m) \neq 1$?

   Hinweis. Der Beweis ist einfacher, wenn man die Resultate von Satz 11.17 verwendet: schaffst du ihn auch ohne?

2. Zeige mithilfe der Multiplikativität von φ den Satz 11.17.

3. Sei $\varphi(n) = \varphi(mn)$ und $m > 1$. Zeige, dass dann $m = 2$ und n ungerade ist.

Aufgabe 11.6 (Der kleine Satz von Fermat.*). Zeige, dass $a^p \equiv a \pmod{p}$ für p prim und alle ganzen Zahlen a gilt.

Aufgabe 11.7 (**). Zeige (ohne einen Computer), dass $7^{(7^7)} - 7^7$ durch 13 teilbar ist. Zusatz: Schätze die Anzahl der Dezimalstellen dieser Zahl ab.

Aufgabe 11.8 (**).

1. Warum muss im RSA-Verfahren $1 < m < n$ sein? Was macht man, wenn man eine Nachricht $m \geq n$ verschlüsseln will?

2. Zeige, dass man im RSA-Verfahren, wenn $\varphi(n)$ bekannt ist, p und q leicht berechnen kann. Angenommen, es ist $n = 39247771 = pq$ und $\varphi(n) = 39233944$. Finde p und q!

3. Zeige, dass im RSA-Verfahren, wenn zwei Personen denselben öffentlichen Schlüsselteil n verwenden, jeder die Nachrichten des anderen lesen kann.

4. Sei $p = 29$, $q = 31$ und $e = 19$. Verschlüssele damit den Text AFFE, indem
   du den Text mithilfe der Codierung

$$A = 0,\ B = 1,\ C = 2,\ D = 3,\ E = 4,\ F = 5$$

in eine Zahl umwandelst: Wenn beispielsweise der Text BEEF ist, ist die
zugeordnete Zahl $m = 1 \cdot 6^3 + 4 \cdot 6^2 + 4 \cdot 6^1 + 5 \cdot 6^0 = 389$. Entschlüssele
damit $c = 838$.

Aufgabe 11.9 ($\infty *$). Diese Aufgabe wurde 1996 von Don Zagier auf dem St. Andrews Kolloquium gestellt. Du findest diese und noch andere seiner Aufgaben auch in der Linksammlung am Ende des Kapitels. Jemand hat sich den kleinen Satz von Fermat fälschlicherweise als $a^{n+1} \equiv a \pmod{n}$ für alle ganzen Zahlen a, wenn n prim ist, gemerkt. Bestimme die Menge der positiven natürlichen Zahlen n, für die dies wirklich wahr ist.

Hinweis. Die Lösungen sind genau 1, 1·2, 1·2·3, 1·2·3·7 und 1·2·3·7·43. Zeige zunächst, dass so ein n **quadratfrei** ist, das heißt, dass für keine Primzahl p die Zahl n von p^2 geteilt wird, und wende dann den kleinen Satz von Fermat an.

Weiterführende Links

http://de.wikipedia.org/wiki/Erweiterter_euklidischer_Algorithmus

http://en.wikipedia.org/wiki/Tonelli-Shanks_algorithm

http://de.wikipedia.org/wiki/Faktorisierungsverfahren

http://de.wikipedia.org/wiki/Binäre_Exponentiation

http://www.wolframalpha.com

http://de.wikipedia.org/wiki/Kongruenz_(Zahlentheorie)

http://de.wikipedia.org/wiki/Satz_von_Euler

http://de.wikipedia.org/wiki/RSA-Kryptosystem

http://www-groups.dcs.st-and.ac.uk/~john/Zagier/Problems.html

http://www.mathematik.uni-r.de/perucca/CRC.html

Literatur

[1] A. Beutelspacher. *Kryptografie in Theorie und Praxis*, zweite Auflage, Vieweg, 2010.
[2] A. Beutelspacher. *Moderne Verfahren der Kryptographie: Von RSA zu Zero-Knowledge*, zweite Auflage, Vieweg, 2010.
[3] D. R. Stinson. *Cryptography: theory and practice*, dritte Auflage, CRC press, 2006.

12
Der Eulersche Polyedersatz

Planare Graphen und platonische Körper

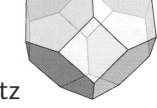

Alexander Engel

12.1	Konvexe Polyeder und platonische Körper	136
12.2	Von konvexen Polyedern zu planaren Graphen	137
12.3	Der Eulersche Polyedersatz für planare Graphen	139
12.4	Anwendung auf platonische Körper	141
12.5	Aufgaben	143
Literaturverzeichnis		145
Lösungen zu den Aufgaben		269

Leonhard Euler war ein Schweizer Mathematiker und Physiker und vielleicht hast du seinen Namen schon im Zusammenhang mit der Zahl $e = 2{,}71828\ldots$ gehört – diese Zahl ist nämlich nach ihm benannt: die Eulersche Zahl.

Es geht aber diesmal nicht um diese Zahl, sondern um eine einfache Formel, die Euler entdeckt hat: $e + f - k = 2$. Diese Formel bezieht sich auf sogenannte konvexe Polyeder (das Titelbild des Themas ist ein Beispiel für so einen geometrischen Körper) und besagt, dass für jeden solchen geometrischen Körper die Summe der Anzahlen der Ecken und Flächen des Körpers minus die Anzahl der Kanten immer 2 ergibt. (In der Formel steht e für die Ecken, k für die Kanten und f für die Flächen.)

© Springer-Verlag GmbH Deutschland, ein Teil von Springer Nature 2019
C. Löh et al. (Hrsg.), *Quod erat knobelandum*,
https://doi.org/10.1007/978-3-662-58725-6_15

Unser Ziel wird es sein, diese Formel zu verstehen und sie vor allem auch zu beweisen. Dafür werden wir planare Graphen definieren und untersuchen müssen. Am Ende werden wir auch noch eine Anwendung des Satzes diskutieren: Wir werden zeigen, dass es nur fünf verschiedene platonische Körper gibt. Lasst uns nun entdecken, was all diese Begriffe bedeuten und was konvexe Polyeder mit planaren Graphen zu tun haben.

12.1   Konvexe Polyeder und platonische Körper

Definition 12.1. Ein **Polyeder** ist eine beschränkte Teilmenge des Raumes, die ausschließlich von ebenen Flächen begrenzt wird.

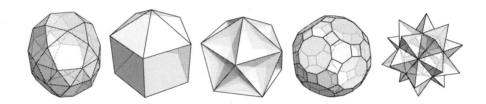

Abbildung 12.1: Beispiele für Polyeder

Definition 12.2. Ein Polyeder heißt **konvex**, falls zu je zwei Punkten des Polyeders die direkte Verbindungsstrecke dieser beiden Punkte komplett innerhalb des Polyeders verläuft.

Von den in Abbildung 12.1 dargestellten fünf Beispielen sind der erste, der zweite und der vierte Polyeder konvex, die beiden anderen nicht.

Definition 12.3. Ein konvexer Polyeder heißt **platonischer Körper**, falls alle seine Seitenflächen zueinander kongruente (d. h. deckungsgleiche) regelmäßige Vielecke sind und von diesen in jeder Ecke gleich viele zusammenstoßen.

Diese vollkommen regelmäßigen konvexen Polyeder sind nach dem griechischen Philosophen Platon benannt. Fünf Beispiele von platonischen Körpern sind in Abbildung 12.2 dargestellt und es stellt sich heraus, dass es keine weiteren gibt. Diese Tatsache formulieren wir im folgenden Satz, den wir am Ende dieses Themas beweisen werden.

Satz 12.4. Es gibt nur fünf verschiedene platonische Körper, nämlich die in Abbildung 12.2 dargestellten.

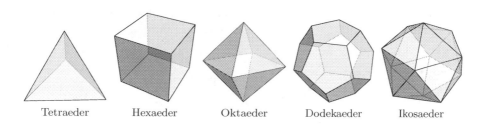

Tetraeder   Hexaeder   Oktaeder   Dodekaeder   Ikosaeder

Abbildung 12.2: Platonische Körper

12.2   Von konvexen Polyedern zu planaren Graphen

Polyeder sind 3-dimensionale Körper im Raum, das heißt wir können sie nur bedingt auf 2-dimensionalem Papier darstellen. Wir wollen jetzt eine Möglichkeit beschreiben, wie man die 3-dimensionalen Polyeder „plattmachen" kann. Dies hilft uns nicht nur beim Zeichnen, sondern offenbart auch interessante mathematische Zusammenhänge.

Wir nehmen uns also einen konvexen Polyeder und machen folgendes mit ihm: Wir entfernen eine der Flächen, ziehen den Polyeder an dem entstandenen Loch auseinander und drücken ihn dann flach. Dies ist in Abbildung 12.3 beispielhaft dargestellt; dort wurde die obere Fläche mit dem hellsten Grauton entfernt.

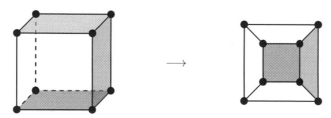

Abbildung 12.3: Von konvexen Polyedern zu planaren Graphen

Durch die obige Konstruktion erhalten wir einen sogenannten planaren Graphen:

Definition 12.5. Ein **Graph** ist eine Menge von Knoten (auch Ecken genannt), die durch Kanten miteinander verbunden sind.

Kann man einen Graphen so in die Ebene zeichnen (d. h. zum Beispiel auf einem Blatt Papier), dass sich keine Kanten überkreuzen, so heißt der Graph **planar**.

Einige Beispielgraphen sind in Abbildung 12.4 angegeben. Die Untersuchung von Graphen ist ein eigenständiges mathematisches Gebiet und in Thema II.3 kannst du mehr darüber lernen.

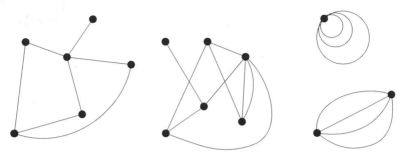

Abbildung 12.4: Beispiele von Graphen

In der obigen Definition von planaren Graphen muss man auf folgendes achten: Hat man einen Graphen gezeichnet, dessen Kanten sich kreuzen, so heißt das nicht unbedingt, dass dieser Graph nicht planar ist. Es könnte ja sein, dass es möglich ist, den Graphen anders zu zeichnen, sodass sich in der neuen Zeichnung keine Kanten mehr kreuzen. So ein Fall ist in Abbildung 12.5 dargestellt. Durch Vertauschen der unteren beiden Knoten ist aus einer Zeichnung mit überkreuzten Kanten eine ohne geworden. Dass der Graph planar ist, sieht man an der zweiten – nicht aber an der ersten – Darstellung des Graphen.

Abbildung 12.5: Verschiedene Zeichnungen desselben Graphen

Wenn ein Graph planar ist, kann man das also meist schnell nachprüfen: man gibt einfach eine Zeichnung des Graphen an, bei der sich keine Kanten überkreuzen. Im Allgemeinen ist es jedoch schwer zu beweisen, dass ein Graph nicht planar ist: dafür muss man ja zeigen, dass es gar keine entsprechende Zeichnung ohne überschneidende Kanten geben kann. Und um das zu zeigen reicht es bei weitem nicht aus, einfach eine Zeit lang auszuprobieren, ob man den Graphen planar malen kann. Es kann ja sein, dass man bei seinen zahlreichen Versuchen eine Möglichkeit übersehen hat.

Wir werden später (siehe Aufgaben 12.5 und 12.6) eine Technik kennenlernen, wie man zeigen kann, dass ein Graph nicht planar ist. In Abbildung 12.6 sind zwei Beispiele von nicht-planaren Graphen angegeben.

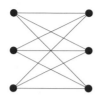 

Abbildung 12.6: Nicht-planare Graphen

12.3   Der Eulersche Polyedersatz für planare Graphen

Wir haben bereits gesehen, dass wir ein und denselben Graphen auf unterschiedliche Weise zeichnen können. Wir können uns also nicht nur auf die Darstellung eines Graphen verlassen, wenn wir mathematische Aussagen treffen wollen. Daher versuchen wir nun von der Darstellung unabhängige Eigenschaften zu finden.

Für einen planaren Graphen können wir die folgende Zahl ausrechnen:

$$\#(\text{Knoten}) + \#(\text{Gebiete}) - \#(\text{Kanten}).$$

Hierbei bezeichnet $\#(\text{Knoten})$ die Anzahl der Knoten, die der Graph hat, $\#(\text{Kanten})$ die Anzahl der Kanten des Graphen, und $\#(\text{Gebiete})$ die Anzahl der Gebiete, die der Graph in der Ebene definiert. Hierbei zählen wir das äußere Gebiet, also das außerhalb des Graphen, mit! In Abbildung 12.7 haben wir die Knoten, Kanten und Gebiete für zwei Beispielgraphen abgezählt.

$\#(\text{Knoten}) = 6$

$\#(\text{Gebiete}) = 6$

$\#(\text{Kanten}) = 10$

$\#(\text{Knoten}) = 3$

$\#(\text{Gebiete}) = 8$

$\#(\text{Kanten}) = 9$

Abbildung 12.7: Die Anzahl der Knoten, Gebiete und Kanten für zwei Beispielgraphen

Setzen wir die jeweiligen Anzahlen in die Formel ein, sehen wir, dass wir in beiden Fällen als Ergebnis 2 erhalten. Dies ist kein Zufall, es gilt nämlich der folgende Satz:

Satz 12.6 (Eulerscher Polyedersatz für Graphen). Für alle zusammenhängenden, planaren Graphen gilt

$$\#(\text{Knoten}) + \#(\text{Gebiete}) - \#(\text{Kanten}) = 2.$$

Ein Graph heißt **zusammenhängend**, wenn es für je zwei Knoten des Graphen einen Weg entlang von Kanten gibt, der diese Knoten miteinander verbindet.

Beweis. Jeder zusammenhängende, planare Graph kann konstruiert werden, indem man mit einem einzigen Knoten anfängt und dann sukzessive entweder einen neuen Knoten hinzufügt und durch eine Kante mit einem vorhandenen Knoten des Graphen verbindet, oder zwischen zwei schon vorhandenen Knoten des Graphen eine neue Kante einzeichnet, siehe Abbildung 12.8. Das bedeutet, dass es uns möglich ist, den Satz mit einer *Induktion* zu beweisen, siehe Thema II.4 für mehr Informationen zu Induktionsbeweisen. Die Induktion läuft dabei über die Anzahl der Konstruktionsschritte, die benötigt werden, um einen Graphen zu konstruieren.

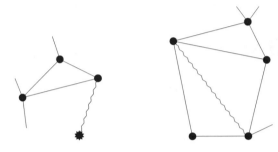

Anfang der Konstruktion   Hinzufügen eines Knoten   Einzeichnen einer Kante

Abbildung 12.8: Die drei Konstruktionsschritte für den Beweis von Satz 12.7

Beim *Induktionsanfang* haben wir noch keinen Schritt durchgeführt, d. h. wir haben nur einen einzigen Knoten als Graphen gegeben. Für diesen gilt #(Knoten) = 1, #(Gebiete) = 1 (denn wir zählen ja das äußere Gebiet mit) und #(Kanten) = 0. Somit erhalten wir

$$\#(\text{Knoten}) + \#(\text{Gebiete}) - \#(\text{Kanten}) = 1 + 1 - 0 = 2,$$

d. h. die zu beweisende Formel gilt für den Graphen, der nur aus einem einzigen Knoten besteht. Somit ist der Induktionsanfang erledigt.

Für den *Induktionsschritt* nehmen wir an, dass wir schon eine gewisse Anzahl von Konstruktionsschritten durchgeführt haben, und bis hierhin bei der Rechnung #(Knoten)+#(Gebiete)−#(Kanten) immer noch 2 als Ergebnis erhalten. Nun müssen wir einen weiteren Konstruktionsschritt durchführen und zeigen, dass die Formel nach diesem immer noch 2 als Ergebnis liefert. Da es zwei verschiedene Konstruktionsschritte gibt (entweder einen Knoten hinzufügen oder eine Kante hinzufügen), müssen wir diese beiden Fälle unterscheiden.

1. Fall Wir fügen einen Knoten hinzu und verbinden diesen durch eine Kante mit einem schon vorhandenen Knoten des Graphen. Es erhöht sich sowohl die Anzahl der Knoten um 1 als auch die Anzahl der Kanten um 1. Da in der Formel die Anzahl der Kanten abgezogen wird, heben sich also diese beiden 1er auf. Da der neue Knoten nur mit *einem* schon vorhandenen Knoten verbunden wird, ändert sich die Anzahl der Gebiete nicht und wir erhalten immer noch 2 als Ergebnis.

2. Fall Wir zeichnen eine neue Kante ein. Es erhöht sich die Anzahl der Kanten um 1 und die Anzahl der Gebiete um 1 (die neue Kante teilt ja jetzt ein Gebiet in zwei Teile auf). In unserer Formel heben sich wieder diese beiden 1er auf. Die Anzahl der Knoten hat sich dabei nicht verändert und wir erhalten deswegen als Ergebnis der Formel immer noch 2.

Somit haben wir den Induktionsschritt bewiesen und damit den Satz selbst. ⬚

12.4 Anwendung auf platonische Körper

Wir erinnern uns, wie wir aus einem konvexen Polyeder einen planaren Graphen gemacht haben: Wir haben eine Fläche entfernt, den Polyeder an dem entstandenen Loch auseinander gezogen und dann flach gedrückt.

Jeder Knoten des entstandenen planaren Graphen ist eine Ecke unseres Polyeders gewesen und jede Kante des Graphen war auch eine Kante des Polyeders. Weiterhin ist jede Fläche des Polyeders zu einem, von dem planaren Graphen definierten, Gebiet geworden. Die Fläche des Polyeders, die wir herausgenommen haben, entspricht dem Gebiet, welches außen um den planaren Graphen herum ist.

Somit gilt also

$$\#(\text{Knoten des Graphen}) = \#(\text{Ecken des Polyeders}),$$
$$\#(\text{Gebiete des Graphen}) = \#(\text{Flächen des Polyeders}),$$
$$\#(\text{Kanten des Graphen}) = \#(\text{Kanten des Polyeders}).$$

Aus dem Eulerschen Polyedersatz für planare Graphen folgt damit sofort die folgende Aussage:

Satz 12.7 (Eulerscher Polyedersatz für konvexe Polyeder). Für jeden konvexen Polyeder gilt die Formel

$$\#(\text{Ecken}) + \#(\text{Flächen}) - \#(\text{Kanten}) = 2.$$

Mithilfe des Eulerschen Polyedersatzes für konvexe Polyeder können wir nun beweisen, dass es nur fünf verschiedene platonische Körper gibt:

Beweis von Satz 12.4. Wir erinnern uns zuerst, was ein platonischer Körper ist (siehe Definition 12.3): Ein konvexer Polyeder, bei dem alle Seitenflächen zueinander kongruente regelmäßige Vielecke sind, von denen in jeder Ecke gleich viele zusammenstoßen, heißt platonischer Körper.

Da die Seitenflächen zueinander kongruent sind, hat jede Fläche gleich viele Kanten, nämlich so viele, wie sie Ecken hat. Es gilt also

$$\#(\text{Kanten pro Fläche}) = \#(\text{Ecken einer Fläche}).$$

Wenn wir #(Flächen) · #(Kanten pro Fläche) rechnen, erhalten wir aber nicht die Gesamtanzahl der Kanten des platonischen Körpers, sondern die doppelte Anzahl, denn jede Kante gehört zu zwei Flächen des Körpers. Wir erhalten die Gleichung

$$\#(\text{Flächen}) \cdot \#(\text{Kanten pro Fläche}) = 2 \cdot \#(\text{Kanten}).$$

Da in jeder Ecke des Körpers gleich viele Flächen zusammenstoßen, gehen von jeder Ecke auch gleich viele Kanten aus. Rechnen wir #(Ecken) · #(Kanten pro Ecke), so erhalten wir aber wieder das doppelte der Kantenanzahl, da jede Kante zu zwei Ecken gehört. Wir erhalten somit als weitere Gleichung

$$\#(\text{Ecken}) \cdot \#(\text{Kanten pro Ecke}) = 2 \cdot \#(\text{Kanten}).$$

Jetzt haben wir also drei Gleichungen aufgestellt und zusätzlich gilt natürlich die Eulersche Polyederformel aus Satz 12.7. Alle vier zusammen ergeben nach Umformungen und ineinander Einsetzen die folgende Gleichung:

$$\frac{1}{\#(\text{Ecken einer Fläche})} + \frac{1}{\#(\text{Kanten pro Ecke})} = \frac{1}{\#(\text{Kanten})} + \frac{1}{2}. \quad (*)$$

Zuerst merken wir an, dass #(Ecken einer Fläche) ≥ 3 gelten muss (es gibt keine regelmäßigen 2-Ecke, weil das keine Flächen wären, sondern Linien) und es gilt ebenso #(Kanten pro Ecke) ≥ 3. Wären nun beide Anzahlen echt größer als 3, so wäre die linke Seite der obigen Gleichung ($*$) kleiner oder gleich $1/2$. Das geht aber nicht, da die rechte Seite der Gleichung echt größer als $1/2$ ist. Somit gilt also #(Ecken einer Fläche) = 3 oder #(Kanten pro Ecke) = 3.

Im Fall #(Ecken einer Fläche) = 3 können wir Gleichung ($*$) umformen zu

$$\frac{1}{\#(\text{Kanten pro Ecke})} - \frac{1}{6} = \frac{1}{\#(\text{Kanten})}.$$

Da wir oben schon festgestellt haben, dass #(Kanten pro Ecke) ≥ 3 gelten muss, kommen also für die Anzahl der Kanten pro Ecke nur die Möglichkeiten 3, 4 oder 5 in Frage. Ansonsten würde die linke Seite obiger Gleichung 0 oder gar negativ werden, was nicht mit der positiven rechten Seite der Gleichung vereinbar wäre. Stoßen in jeder Ecke drei Kanten zusammen, so handelt es sich um einen Tetraeder, stoßen vier Kanten zusammen, ist es ein Oktaeder und bei fünf Kanten haben wir einen Ikosaeder, siehe Abbildung 12.2. (Beachte, dass wir uns in diesem Fall auf jene Polyeder beschränkt haben, bei denen jede Fläche genau drei Ecken hat.)

In dem anderen Fall #(Kanten pro Ecke) = 3 formen wir Gleichung ($*$) um zu

$$\frac{1}{\#(\text{Ecken einer Fläche})} - \frac{1}{6} = \frac{1}{\#(\text{Kanten})}.$$

Zusammen mit der Ungleichung #(Ecken einer Fläche) ≥ 3, die wir uns bereits plausibel gemacht haben, erhalten wir wieder drei Möglichkeiten: Diesmal muss die Anzahl der Ecken einer Fläche 3, 4 oder 5 sein. Hat jede Seitenfläche drei Ecken, so handelt es sich wieder um einen Tetraeder, bei vier Ecken pro Fläche ist es ein Hexaeder (Würfel) und hat jede Fläche fünf Ecken, so bekommen wir einen Dodekaeder. (Beachte, dass wir uns in diesem Fall auf jene Polyeder beschränkt haben, bei denen in jeder Ecke genau drei Kanten zusammenlaufen.)

Somit haben wir gesehen, dass insgesamt nur die in Abbildung 12.2 dargestellten Polyeder platonische Körper sein können. Insbesondere kann es also keine weiteren platonischen Körper geben und somit ist Satz 12.4 bewiesen. ▣

12.5 Aufgaben

Aufwärmaufgabe 12.A. Versuche, einen Tetraeder und einen Dodekaeder aus Papier zu basteln.

Aufwärmaufgabe 12.B. Zeichne einen konvexen Polyeder mit genau fünf Ecken.

Aufgabe 12.1 (*). Zeige, dass der dritte und der fünfte Polyeder in Abbildung 12.1 nicht konvex sind, indem du jeweils zwei Punkte des jeweiligen Polyeders einzeichnest, deren direkte Verbindungsstrecke nicht komplett im Polyeder verläuft.

In Abbildung 12.9 ist ein Beispiel angegeben: Die Verbindungslinie zwischen den beiden markierten Punkten verläuft nicht komplett im Polyeder, d. h. der Polyeder ist nicht konvex. Beachte, dass wir den umschlossenen Hohlraum nicht als „Inneres" betrachten. Das Innere ist hier nur, was tatsächlich aus Holz ist. Dies ist gleichzeitig ein schönes Beispiel dafür, dass Polyeder im Allgemeinen sehr komplexe Gebilde sein können. (Dieser Polyeder ist übrigens von Leonardo da Vinci gemalt worden.)

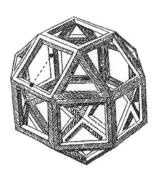

Abbildung 12.9: Ein Beispiel für einen nicht konvexen Polyeder [1]

Aufgabe 12.2 (*). Zeichne die planaren Graphen, die durch die Konstruktion, welche am Anfang von Abschnitt 12.2 erklärt wird, aus dem Tetraeder und aus der gestreckten fünfseitigen Pyramide (das ist der zweite Polyeder von links in Abbildung 12.1) entstehen.

Aufgabe 12.3 (*). Zeige, dass der zweite Graph in Abbildung 12.4 planar ist, d. h. gib eine Zeichnung von diesem Graphen ohne überschneidende Kanten an.

Aufgabe 12.4 (*). In Abbildung 12.10 ist ein planarer Graph gegeben. Wie kann man diesen aus einem einzigen Knoten heraus konstruieren, wenn man nur die beiden Konstruktionsschritte benutzt, die im Beweis des Satzes 12.6 erklärt sind? (Am besten ist es, wenn du eine Reihe von Graphen zeichnest, sodass man von einem zum nächsten jeweils durch einen einzigen Konstruktionsschritt kommt. Am Anfang der Reihe müsste der Graph sein, der nur aus einem Knoten besteht, und am Ende der Reihe müsstest du bei dem Graphen in Abbildung 12.10 angekommen sein.)

Abbildung 12.10: Dieser planare Graph soll aus einem Knoten konstruiert werden

Aufgabe 12.5 (***). Zeige für einen einfachen, zusammenhängenden planaren Graphen mit mindestens drei Knoten die Ungleichung

$$\#(\text{Kanten}) \leq 3 \cdot \#(\text{Knoten}) - 6.$$

Ein Graph heißt **einfach**, falls zwischen zwei Knoten maximal eine Kante ist und es keine Schleifen gibt. Der Graph aus Aufgabe 12.4 ist nicht einfach, der linke Graph in Abbildung 12.4 aber schon.

Aufgabe 12.6 (*). Benutze die Ungleichung aus Aufgabe 12.5 um zu zeigen, dass der rechte Graph aus Abbildung 12.6 nicht planar ist.

Aufgabe 12.7 (*). In Abbildung 12.4 ist der rechte Graph nicht zusammenhängend. Was ergibt bei diesem Graphen die Rechnung $\#(\text{Knoten}) + \#(\text{Gebiete}) - \#(\text{Kanten})$?

Aufgabe 12.8 (***). Verallgemeinere Satz 12.6 auf nicht-zusammenhängende Graphen, d. h. finde eine Formel, die für alle planaren Graphen gilt. Hierbei wirst du die Anzahl der zusammenhängenden Teile des Graphen mit ins Spiel bringen müssen.

Aufgabe 12.9 (**). Im Beweis von Satz 12.4 haben wir die Formel

$$\frac{1}{\#(\text{Ecken einer Fläche})} + \frac{1}{\#(\text{Kanten pro Ecke})} = \frac{1}{\#(\text{Kanten})} + \frac{1}{2}$$

hergeleitet. Wir haben aber die konkreten Umformungs- und Einsetzungsschritte ausgelassen, durch welche wir diese Formel aus den ersten drei Gleichungen des Beweises zusammen mit der Eulerschen Polyederformel erhalten haben.

Finde diese ausgelassenen Schritte und schreibe sie sauber auf.

Aufgabe 12.10 (**). Wir haben im Beweis von Satz 12.4 behauptet, dass in einem platonischen Körper immer $\#(\text{Kanten pro Ecke}) \geq 3$ gelten muss. Wieso ist das so?

Weiterführende Links

http://de.wikipedia.org/wiki/Kategorie:Polyeder
http://levskaya.github.io/polyhedronisme

Literatur

[1] L. Pacioli. *De Divina Proportione*, illustriert von L. da Vinci, 1509.
[2] G. M. Ziegler. *Lectures on Polytopes, Graduate Texts in Mathematics*, Springer, 1995.

13
Folgen und Reihen

1, 3, 6, 10, 15, ... und was kommt dann?

Theresa Stoiber, Stefan Krauss

13.1	Folgen	148
13.2	Spezielle Folgen	149
13.3	Bildungsgesetze	150
13.4	Eigenschaften von Folgen	151
13.5	Reihen	152
13.6	Spezielle Reihen	153
13.7	Ausblick	153
13.8	Aufgaben	154
	Literaturverzeichnis	156
	Lösungen zu den Aufgaben	275

Wenn jemand die Frage stellt „1, 3, 6, 10, 15, ... und was kommt dann?", setzt er sich mit Zahlenfolgen auseinander. Auch in Intelligenz- oder Einstellungstests wird man oft aufgefordert, bestimmte Muster in solchen Folgen zu erkennen und diese fortzusetzen. Dies gilt offenbar als eine grundlegende mathematische Fähigkeit. Folgen und Reihen sind tatsächlich ein wichtiger Bestandteil eines mathematischen oder naturwissenschaftlichen Studiums. Eine Frage ist dabei zum Beispiel, ob sich allgemeine Formeln für solche Zahlenfolgen finden lassen.

© Springer-Verlag GmbH Deutschland, ein Teil von Springer Nature 2019
C. Löh et al. (Hrsg.), *Quod erat knobelandum*,
https://doi.org/10.1007/978-3-662-58725-6_16

Beispiel 13.1. Hier sehen wir vier verschiedene Zahlenfolgen. Der weitere Verlauf scheint in diesen Fällen klar zu sein, denke aber daran, dass es unter Umständen auch mehrere „richtige" Fortsetzungen geben könnte.

- $2, 4, 8, 16, 32, 64, 128, 256, \ldots$

- $-4, -7, -10, -13, -16, -19, -22, \ldots$

- $\frac{1}{1}, \frac{1}{2}, \frac{1}{3}, \frac{1}{4}, \frac{1}{5}, \ldots$

- $1, -1, 1, -1, 1, -1, 1, -1, \ldots$

13.1   Folgen

Definition 13.2. Eine **Folge** ist eine Zuordnung, bei der jeder natürlichen Zahl ein sogenanntes „Folgenglied" zugeordnet wird. Die Schreibweise für eine Folge ist $(a_n)_{n\in\mathbb{N}}$, wobei a_n das jeweilige Folgenglied ist, welches der natürlichen Zahl n zugeordnet wird. Wenn du die Begriffe „Abbildung" und „reelle Zahlen $\mathbb{R}$" bereits kennst, lautet die formale Definition:

> Eine **Folge** $(a_n)_{n\in\mathbb{N}}$ ist eine Abbildung $f : \mathbb{N} \to \mathbb{R}$. Zu jedem $n \in \mathbb{N}$ existiert also ein $a_n \in \mathbb{R}$ mit $f(n) = a_n$. Die natürliche Zahl 1 wird dabei dem Folgenglied a_1 zugeordnet, die natürliche Zahl 2 dem Folgenglied a_2, usw.

Dieser Zuordnungscharakter lässt sich zum Beispiel mithilfe einer Tabelle für die beiden Folgen $(a_n)_{n\in\mathbb{N}}$ und $(b_n)_{n\in\mathbb{N}}$ verdeutlichen:

n	1	2	3	4	...	100	...
$a_n = \frac{1}{n}$	$a_1 = 1$	$a_2 = \frac{1}{2}$	$a_3 = \frac{1}{3}$	$a_4 = \frac{1}{4}$	...	$a_{100} = \frac{1}{100}$	...
$b_n = n^2$	$b_1 = 1$	$b_2 = 4$	$b_3 = 9$	$b_4 = 16$	...	$b_{100} = 10^4$	...

Die formale Schreibweise für die Folge a_n wäre dann:

$$(a_n)_{n\in\mathbb{N}} = (\tfrac{1}{n})_{n\in\mathbb{N}} = (1, \tfrac{1}{2}, \tfrac{1}{3}, \tfrac{1}{4}, \tfrac{1}{5}, \ldots).$$

Um die Notation ein wenig zu verkürzen, definieren wir Folgen häufig durch eine allgemeine Formel für die Folgenglieder, siehe Abschnitt 13.3. Wir schreiben dann zum Beispiel $a_n = \frac{1}{n}$ und gehen immer davon aus, dass dies für alle $n \in \mathbb{N}$ gilt.

Beachte: Die alleinige Angabe einiger Folgenglieder legt eine Folge noch nicht eindeutig fest, da es auch mehrere Möglichkeiten zur Fortführung geben könnte. Eine Folge ist somit nur durch die Angabe einer Regel wie zum Beispiel $a_n = \frac{1}{n}$ oder $b_n = n^2$ eindeutig bestimmt.

13.2   Spezielle Folgen

Die obige Folge $(a_n)_{n\in\mathbb{N}} = (\frac{1}{n})_{n\in\mathbb{N}}$ hat einen speziellen Namen. Sie heißt **harmonische Folge**. Wir wollen nun weitere wichtige Typen von Folgen behandeln.

Arithmetische Folgen

Definition 13.3. Arithmetische Folgen sind dadurch charakterisiert, dass die Differenz d zweier benachbarter Folgenglieder immer gleich groß ist. Für jede arithmetische Folge $(b_n)_{n\in\mathbb{N}}$ gibt es also ein d, sodass für alle $n \in \mathbb{N}$ gilt: $b_{n+1} - b_n = d$.

Die Folge $(b_n)_{n\in\mathbb{N}} = (4, 7, 10, 13, 16, 19, 22, \dots)$ ist eine typische arithmetische Folge mit $d = 3$ (Abbildung 13.1).

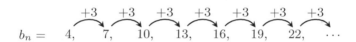

$$b_n = \quad 4, \quad 7, \quad 10, \quad 13, \quad 16, \quad 19, \quad 22, \quad \cdots$$

Abbildung 13.1: Ein Beispiel für eine arithmetische Folge mit $d = 3$

Die Differenz d kann auch negativ sein. Damit ist zum Beispiel $(b_n)_{n\in\mathbb{N}} = (13, 7, 1, -5, -11, \dots)$ auch eine arithmetische Folge mit der Differenz $d = -6$.

Um das n-te Folgenglied einer arithmetischen Folge zu bestimmen, kann man zum ersten Folgenglied $(n - 1)$-mal die Differenz addieren.

Für arithmetische Folgen $(b_n)_{n\in\mathbb{N}}$ gilt also: Es gibt ein d, sodass für alle $n \in \mathbb{N}$ gilt:

$$b_n = b_1 + (n - 1) \cdot d.$$

Geometrische Folgen

Definition 13.4. Geometrische Folgen sind dadurch charakterisiert, dass der Quotient q zweier benachbarter Folgenglieder immer gleich groß ist. Für jede geometrische Folge $(c_n)_{n\in\mathbb{N}}$ gibt es also ein q, sodass für alle $n \in \mathbb{N}$ gilt: $\frac{c_{n+1}}{c_n} = q$.

Die Folge $(c_n)_{n\in\mathbb{N}} = (2, 4, 8, 16, 32, 64, 128, \dots)$ ist ein Beispiel für eine geometrische Folge mit dem Quotienten $q = 2$ (Abbildung 13.2).

$$c_n = \quad 2, \quad 4, \quad 8, \quad 16, \quad 32, \quad 64, \quad 128, \quad \cdots$$

Abbildung 13.2: Ein Beispiel für eine geometrische Folge mit $q = 2$

Beachte, dass der Quotient q auch zwischen 0 und 1 liegen oder sogar negativ sein kann. Damit ist zum Beispiel auch $(c_n)_{n \in \mathbb{N}} = (8, -4, 2, -1, \frac{1}{2}, -\frac{1}{4}, \dots)$ eine geometrische Folge mit dem Quotienten $q = -\frac{1}{2}$.

Um das n-te Folgenglied einer geometrischen Folge zu bestimmen, kann man das erste Folgenglied $(n - 1)$-mal mit dem Quotienten multiplizieren.

Für geometrische Folgen c_n gilt also: Es gibt ein q, sodass für alle $n \in \mathbb{N}$ gilt:

$$c_n = c_1 \cdot q^{n-1}.$$

Eine Aufgabenstellung, in der eine geometrische Folge thematisiert wird, findest du zum Beispiel auch in Aufgabe 6.7 von Thema II.6.

Alternierende Folgen

Definition 13.5. Eine Folge, bei der die Folgenglieder abwechselnd positiv und negativ sind, heißt **alternierende Folge**.

Die Folge $(d_n)_{n \in \mathbb{N}} = (1, -1, 1, -1, 1, -1, \dots)$ ist zum Beispiel eine alternierende Folge. Gleichzeitig ist sie natürlich auch eine geometrische Folge mit dem Quotienten $q = -1$.

Fibonacci-Folge

Die berühmte Zahlenfolge $(f_n)_{n \in \mathbb{N}} = (1, 1, 2, 3, 5, 8, 13, \dots)$ heißt **Fibonacci-Folge**. Die ersten beiden Folgenglieder a_1 und a_2 sind 1. Jedes weitere Folgenglied ist gleich der Summe der beiden vorhergehenden Folgenglieder. Für die Fibonacci-Folge $(f_n)_{n \in \mathbb{N}}$ gilt also für alle $n \in \mathbb{N}$:

$$f_{n+2} = f_{n+1} + f_n.$$

Diese Folge wurde nach dem italienischen Mathematiker Leonardo da Pisa benannt, der auch Fibonacci genannt wurde. Er beschrieb mit dieser Folge im 13. Jahrhundert das Wachstum einer Kaninchenpopulation.

13.3   Bildungsgesetze

Wie wir bereits gesehen haben, gibt es im Wesentlichen zwei verschiedene Möglichkeiten, die Bildungsregel für das n-te Glied einer Folge anzugeben, und zwar **explizit** oder **rekursiv**.

Explizit

In diesem Fall wird das Bildungsgesetz so formuliert, dass man das n-te Folgenglied sofort durch Einsetzen der natürlichen Zahl n in eine Formel erhalten kann.

Beispiel 13.6. Die harmonische Folge $(a_n)_{n \in \mathbb{N}} = (\frac{1}{n})_{n \in \mathbb{N}}$.

Rekursiv

Hier wird das Bildungsgesetz mithilfe vorheriger Folgenglieder formuliert. Hierbei müssen einer oder mehrere Startwerte vorgegeben werden.

Beispiel 13.7. Sei $(a_n)_{n \in \mathbb{N}}$ gegeben durch den Startwert $a_1 = 700$ und die Rekursion $a_{n+1} = a_n + 16$ für alle $n \in \mathbb{N}$.

Beispiel 13.8. Sei $(a_n)_{n \in \mathbb{N}}$ gegeben durch die Startwerte $a_1 = 1$, $a_2 = 1$ und die Fibonacci-Folge $a_{n+2} = a_{n+1} + a_n$ für alle $n \in \mathbb{N}$.

Der Begriff der **Rekursion** wird auch im Thema II.4 behandelt.

13.4   Eigenschaften von Folgen

Beschränktheit

Definition 13.9. Eine Folge $(a_n)_{n \in \mathbb{N}}$ ist **nach oben beschränkt**, wenn es eine Zahl b gibt, sodass für alle $n \in \mathbb{N}$ gilt: $a_n \leq b$. Dementsprechend ist sie **nach unten beschränkt**, wenn es eine Zahl c gibt, sodass für alle $n \in \mathbb{N}$ gilt: $a_n \geq c$.

Beispiel 13.10. Die Folge $(a_n)_{n \in \mathbb{N}} = (\frac{1}{n})_{n \in \mathbb{N}}$ ist nach unten durch 0 beschränkt. Alle Folgenglieder a_n sind größer als 0. Weiterhin ist die Folge durch 1 nach oben beschränkt. Das erste Folgenglied $a_1 = 1$ ist das größte Glied der Folge. Alle weiteren Folgenglieder sind kleiner als a_1, sodass für alle natürlichen Zahlen n gilt: $a_1 \geq a_n$. Man sagt auch, die Zahl 0 ist eine **untere Schranke** und die Zahl 1 ist eine **obere Schranke** der Folge $(\frac{1}{n})_{n \in \mathbb{N}}$.

Beispiel 13.11. Die Folge $(b_n)_{n \in \mathbb{N}} = (3n)_{n \in \mathbb{N}}$ ist nach unten durch die Zahl 3 beschränkt. Die Folge ist aber offensichtlich nicht nach oben beschränkt, da sie „beliebig groß" (also größer als jede vorgegebene Zahl) werden kann. Es kann also keine obere Schranke gefunden werden.

Monotonie

Definition 13.12.

- Eine Folge ist **monoton steigend**, wenn gilt $a_1 \leq a_2 \leq a_3 \leq \ldots$ Das heißt, nachfolgende Folgenglieder sind stets größer oder gleich den vorherigen Folgegliedern: Für alle $n \in \mathbb{N}$ gilt also $a_n \leq a_{n+1}$.

- Sie heißt **streng monoton steigend**, wenn die Folgenglieder stets *echt* größer sind als die vorherigen Folgenglieder, d. h. $a_1 < a_2 < a_3 < \ldots$

- Dementsprechend ist eine Folge **monoton fallend**, wenn gilt $a_1 \geq a_2 \geq a_3 \geq \ldots$, d. h. für alle $n \in \mathbb{N}$ gilt: $a_n \geq a_{n+1}$.

- Sie heißt **streng monoton fallend**, wenn die Folgenglieder stets *echt* größer sind als die folgenden Glieder, d. h. $a_1 > a_2 > a_3 > \ldots$

Beispiel 13.13. Wir überprüfen, ob die Folge $a_n = \frac{1}{n}$ streng monoton fallend ist: Dazu kann man die explizite Formel in die Ungleichung $a_{n+1} < a_n$ einsetzen. Man erhält: $\frac{1}{n+1} < \frac{1}{n}$. Diese Aussage ist für alle natürlichen Zahlen n wahr. Die Folge $(\frac{1}{n})_{n \in \mathbb{N}}$ ist also streng monoton fallend.

13.5   Reihen

Definition 13.14. Sei $(a_n)_{n \in \mathbb{N}}$ eine Folge. Man kann aus dieser Folge nun eine sogenannte **Reihe** $(s_n)_{n \in \mathbb{N}}$ konstruieren, indem man im n-ten Schritt die ersten n Folgenglieder addiert.

Beispiel 13.15. Sei die Folge $(a_n)_{n \in \mathbb{N}} = (\frac{1}{n})_{n \in \mathbb{N}}$ gegeben. Dann lauten die entsprechenden Glieder der Reihe $(s_n)_{n \in \mathbb{N}}$:

n	1	2	3	$\ldots$
$a_n = \frac{1}{n}$	$a_1 = 1$	$a_2 = \frac{1}{2}$	$a_3 = \frac{1}{3}$	$\ldots$
$s_n = 1 + \frac{1}{2} + \cdots + \frac{1}{n}$	$s_1 = 1$	$s_2 = 1 + \frac{1}{2} = \frac{3}{2}$	$s_3 = 1 + \frac{1}{2} + \frac{1}{3} = \frac{11}{6}$	$\ldots$

Eine Reihe ist eine spezielle Folge, die durch sukzessive Addition der Glieder einer zugrundeliegenden Folge $(a_n)_{n \in \mathbb{N}}$ entsteht. Die Reihe $(s_n)_{n \in \mathbb{N}}$ wird deshalb auch als **Folge der Partialsummen** bezeichnet.

13.6   Spezielle Reihen

Die Reihe $(s_n)_{n \in \mathbb{N}}$ aus Beispiel 13.15 heißt **harmonische Reihe**. Legt man die Folge $(a_n)_{n \in \mathbb{N}} = (-1)^{n-1} \cdot \frac{1}{n}$ zugrunde, erhält man die **alternierende harmonische Reihe**.

Arithmetische Reihen und Geometrische Reihen

Bei einer **arithmetischen Reihe** werden die Glieder einer arithmetischen Folge addiert und bei einer **geometrischen Reihe** entsprechend die Glieder einer geometrischen Folge (vergleiche dazu Abschnitt 13.2). Die n-te Partialsumme einer geometrischen Reihe lässt sich mit folgender Formel berechnen:

$$\text{Für alle } n \in \mathbb{N} \text{ gilt } s_n = \begin{cases} a_1 \cdot n & \text{falls } q = 1. \\ a_1 \cdot \frac{1-q^n}{1-q} & \text{falls } q \neq 1. \end{cases}$$

Dabei ist a_1 das erste Glied der zugrunde liegenden Folge und q der konstante Quotient zweier benachbarter Folgenglieder (siehe Abschnitt 13.2).

Beispiel 13.16. Die zugrunde liegende geometrische Folge $(a_n)_{n \in \mathbb{N}}$ sei

$$(a_n)_{n \in \mathbb{N}} = (1, 2, 4, 8, 16, 32, 64, 128, \dots) = (2^{n-1})_{n \in \mathbb{N}}.$$

Die Partialsumme s_5 ist dann $s_5 = 1 \cdot \frac{1-2^5}{1-2} = 31$.

13.7   Ausblick

Was passiert nun mit den Gliedern der von uns bislang betrachteten Folgen, wenn „n gegen unendlich läuft"? Beschäftigt man sich noch etwas weitergehend mit Folgen und Reihen, stößt man in diesem Zusammenhang sehr bald auf den Begriff der Konvergenz, der in der Analysis (einem Teilgebiet der Mathematik) sehr wichtig ist. Man nennt eine Folge konvergent, wenn sich die einzelnen Folgenglieder „immer mehr" einem sogenannten Grenzwert annähern.

Die Folge $(a_n)_{n \in \mathbb{N}} = (\frac{1}{n})_{n \in \mathbb{N}}$ hat beispielsweise den Grenzwert 0 und ist somit konvergent. Manchmal haben Folgen aber auch keinen Grenzwert, wie zum Beispiel die Folge $(n)_{n \in \mathbb{N}} = (1, 2, 3, 4, 5, \dots)$. Konvergente Folgen sind immer beschränkt. Tatsächlich genügt es beispielsweise zu zeigen, dass eine Folge nach oben beschränkt und monoton steigend ist. Dann muss sie konvergent sein und einen Grenzwert besitzen.

Wenn Folgen Folgen folgen. . .

In Thema II.15 werden wir das Thema „Folgen und Reihen" wieder aufgreifen.
Dort zeigen wir, wie man Folgen auf Konvergenz untersuchen kann und wie man
gegebenenfalls Grenzwerte konvergenter Folgen bestimmen kann. Dabei werden
wir auch sehen, dass es sogar unendliche Reihen gibt (mit unendlich vielen
positiven Summanden), die dennoch einen endlichen Summenwert besitzen.

13.8   Aufgaben

Aufwärmaufgabe 13.A. Betrachte die Folge $c_n = (1, 2, 4, 8, 16, \dots)$. Suche in
Abschnitt 2.1 von Kapitel I.2 nach einer zu „32" alternativen Fortsetzung und
recherchiere im Internet die entsprechende Formel!

Aufwärmaufgabe 13.B. Besuche den ersten Link in der Linksammlung am Ende
des Kapitels und versuche herauszufinden, welchem Gesetz die dort gegebene
Zahlenfolge genügt.

Aufwärmaufgabe 13.C. Mache dir klar, dass jede geometrische Folge mit einem
Quotienten $q < 0$ gleichzeitig eine alternierende Folge ist. Gib jeweils ein Beispiel für eine Folge an, die geometrisch, aber nicht alternierend beziehungsweise
alternierend aber nicht geometrisch ist.

Hinweis. Du brauchst hier nichts zu beweisen. Du kannst die Folgen auch durch
eine Aufzählung der ersten paar Folgenglieder angeben anstatt mit einer allgemeinen Formel.

Aufgabe 13.1 (*). Gib jeweils an, ob es sich um eine arithmetische oder geometrische Folge handelt (gib d oder q an) und bestimme die jeweils gesuchten
Folgenglieder:

1. $(a_n)_{n \in \mathbb{N}} = (7, -4, -15, \dots)$; wie lautet das Folgenglied a_{75}?

2. $(b_n)_{n \in \mathbb{N}} = (36, 186, 961, \dots)$; wie lautet das Folgenglied b_4?

3. $(c_n)_{n \in \mathbb{N}} = (-5, 25, -125, 625, \dots)$; wie lautet das Folgenglied c_8?

4. $(d_n)_{n \in \mathbb{N}} = (\frac{1}{2}, \frac{5}{6}, \frac{7}{6}, \frac{3}{2}, \dots)$; wie lautet das Folgenglied d_{16}?

Aufgabe 13.2 (*).

1. Das wievielte Glied einer arithmetischen Folge mit $a_1 = 12$ und $d = 22$ ist das erste, das größer als 10000 ist?

2. Die Zahlen 1 und 256 sollen das erste beziehungsweise fünfte Folgenglied einer Folge sein. Wie muss man das zweite, dritte und vierte Folgenglied wählen, sodass eine geometrische Folge entsteht?

3. Ab wann ist der Unterschied zwischen zwei benachbarten Folgengliedern der Fibonacci-Folge erstmalig größer als 100?

Begründe jeweils deine Antwort!

Aufgabe 13.3 (*).

1. Gib jeweils ein Bildungsgesetz explizit an!

   - $(a_n)_{n\in\mathbb{N}} = (\frac{2}{2}, \frac{3}{4}, \frac{4}{6}, \frac{5}{8}, \dots)$
   - $(b_n)_{n\in\mathbb{N}} = (2, 32, 162, 512, 1250, \dots)$

2. Gib jeweils zugehörige Bildungsgesetze sowohl rekursiv als auch explizit an!

   - $(c_n)_{n\in\mathbb{N}} = (1, -4, -9, -14, \dots)$
   - $(d_n)_{n\in\mathbb{N}} = (1, \frac{1}{2}, \frac{1}{4}, \frac{1}{8}, \frac{1}{16}, \dots)$

3. Die Folge $(e_n)_{n\in\mathbb{N}}$ sei rekursiv durch $e_1 = 1$ und $e_{n+1} = e_n + 2$ für alle $n \in \mathbb{N}$ gegeben. Gib das Bildungsgesetz in expliziter Form an!

Aufgabe 13.4 (**). Untersuche die folgenden Zahlenfolgen auf Beschränktheit und gib gegebenenfalls eine Schranke an:

1. $a_n = \frac{n}{2n+3}$ für alle $n \in \mathbb{N}$.

2. $b_n = \frac{n^2}{n+1}$ für alle $n \in \mathbb{N}$.

3. $c_n = (-1)^n$ für alle $n \in \mathbb{N}$.

Aufgabe 13.5 (**). Untersuche die folgenden Zahlenfolgen auf Monotonie:

1. $a_n = \frac{n^2+2}{2}$ für alle $n \in \mathbb{N}$.

2. $b_n = \frac{n^2-10n+25}{n^2+4n+4}$ für alle $n \in \mathbb{N}$.

3. $c_n = \frac{2^{n+1}}{3^n}$ für alle $n \in \mathbb{N}$.

Hinweis. Oft ist es hilfreich, den Quotienten $\frac{a_{n+1}}{a_n}$ beziehungsweise die Differenz $a_{n+1} - a_n$ zu bilden und zu untersuchen, ob dieser Quotient stets größer (oder kleiner) als 1 beziehungsweise die Differenz stets größer (oder kleiner) als 0 ist.

Aufgabe 13.6 (**).

1. Berechne s_7 für die alternierende harmonische Reihe und untersuche diese auf Monotonie.

2. Zeige, dass die harmonische Reihe keine obere Schranke besitzt.

3. Leite die Formel $s_n = a_1 \cdot \frac{1-q^n}{1-q}$ für $q \neq 1, n \in \mathbb{N}$ der geometrischen Reihe her.

4. Sei $a_n = n$ für alle $n \in \mathbb{N}$. Berechne s_{100} möglichst geschickt.

5. Welche Besonderheit fällt dir auf, wenn du die Reihe $(s_n)_{n \in \mathbb{N}}$ zur Folge e_n aus Teilaufgabe 3 in Aufgabe 13.3 betrachtest?

Weiterführende Links

http://nytimes.com/interactive/2015/07/03/upshot/
    a-quick-puzzle-to-test-your-problem-solving.html
http://oeis.org/?language=german
https://cs.uwaterloo.ca/journals/JIS/
http://chorgiessen.altervista.org/jab/goldfibo/goldfibo.pdf

Literatur

[1] N. J. A. Sloane, S. Plouffe. *The Encyclopedia of Integer Sequences*, Academic Press, 1995.

14

Abrakadalgebra

Vom Hut zum Hasen und zurück

Clara Löh

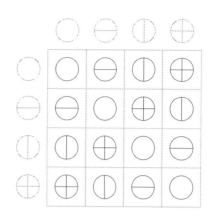

14.1   Zaubersprüche und Trickkisten   158
14.2   Stärke von Zaubersprüchen   160
14.3   Kopien von Trickkisten   161
14.4   Umordnungszauber   162
14.5   Aufgaben   164
Epilog: Gruppentheorie   166
Literaturverzeichnis   168
Lösungen zu den Aufgaben   281

Der von Zauberern bewohnte Planet Pur-Peng! droht wegen immer waghalsigerer Zauberexperimente im Chaos zu versinken. Daher sind angehende Zauberer verpflichtet, sich ihre Trickkiste mit Zaubersprüchen genehmigen zu lassen. Wichtige Anforderungen an solche Trickkisten sind, dass es einen Zauberspruch gibt, der überhaupt nichts tut (ein wahrlich langweiliger Zauberspruch), und vor allem, dass es zu jedem Zauberspruch einen entsprechenden Anti-Zauberspruch gibt, der ihn wieder rückgängig macht.

Wir werden uns im Folgenden mit der Formalisierung solcher Trickkisten, mit der Stärke von Zaubersprüchen sowie mit Kopien von Trickkisten und Umordnungszaubern beschäftigen.

© Springer-Verlag GmbH Deutschland, ein Teil von Springer Nature 2019
C. Löh et al. (Hrsg.), *Quod erat knobelandum*,
https://doi.org/10.1007/978-3-662-58725-6_17

14.1 Zaubersprüche und Trickkisten

Die offiziellen Regeln für die Genehmigung einer Trickkiste auf Pur-Peng! lauten:

Definition 14.1. Eine **Trickkiste** ist eine Menge T von Zaubersprüchen, zusammen mit einer Verknüpfung $\circ\colon T \times T \longrightarrow T$: d. h. man kann Zaubersprüche y, z aus T nacheinander ausführen und erhält wieder einen Zauberspruch aus T, den wir mit $z \circ y$ bezeichnen („z nach y") mit folgenden Eigenschaften:

T 1 Es gibt einen Zauberspruch ℓ aus T, der im folgenden Sinne **langweilig** ist: Für alle Zaubersprüche z aus T gilt

$$z \circ \ell = z = \ell \circ z.$$

Führt man also vor oder nach einem Zauberspruch z den langweiligen Zauberspruch ℓ aus, so ändert dies nichts an der Wirkung von z.

T 2 Zu jedem Zauberspruch z aus T gibt es einen **Anti-Zauberspruch** $\overline{z}$ aus T mit

$$z \circ \overline{z} = \ell = \overline{z} \circ z.$$

Der Zauberspruch $\overline{z}$ macht also die Wirkung von z rückgängig und umgekehrt.

T 3 Das Nacheinander-Ausführen von Zaubersprüchen ist **assoziativ**, d. h. für alle z, y, x aus T gilt

$$(z \circ y) \circ x = z \circ (y \circ x).$$

Bei der Verknüpfung von Zaubersprüchen spielt die Klammerung also keine Rolle.

Die Verknüpfung von Zaubersprüchen in Trickkisten lässt sich zum Beispiel wie in Abbildung 14.1 durch Tabellen darstellen (ähnlich zu Additions- und Multiplikationstafeln).

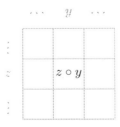

Abbildung 14.1: Verknüpfungstabellen in Trickkisten, schematisch

```
        A   K   D

    A │ D │ A │ K │

    K │ A │ K │ D │

    D │ K │ D │ A │
```

Abbildung 14.2: Eine kleine Trickkiste: Die Abra-Ka-Dabra-Trickkiste

Beispiel 14.2 (eine kleine Trickkiste). Die Menge $\{A, K, D\}$ bildet mit der Verknüpfung aus Abbildung 14.2 eine Trickkiste. Zum Beispiel sieht man an der Spalte bzw. Zeile zu K, dass K der langweilige Zauberspruch dieser Trickkiste ist. Außerdem gilt

$$A \circ D = K \quad \text{und} \quad D \circ A = K,$$

d. h. D ist der Anti-Zauberspruch von A (in der Notation der Definition: $D = \overline{A}$).

Beispiel 14.3 (große Trickkisten). Die Menge $\mathbb{Z}$ der ganzen Zahlen bildet eine Trickkiste bezüglich der Verknüpfung Addition; der langweilige Zauberspruch ist dabei 0, der Anti-Zauberspruch einer ganzen Zahl z ist die ganze Zahl $-z$. Analog ist auch die Menge $\mathbb{R}$ der reellen Zahlen bezüglich Addition eine Trickkiste und auch die Menge $\mathbb{R}_{>0}$ der positiven reellen Zahlen bezüglich Multiplikation. Die Menge $\mathbb{Z}_{>0}$ der positiven ganzen Zahlen ist bezüglich Multiplikation *keine* Trickkiste, denn der langweilige Zauberspruch wäre 1, aber zu 2 gäbe es dann keinen Anti-Zauberspruch, da $1/2$ keine ganze Zahl ist.

Jede Trickkiste besitzt nur einen langweiligen Zauberspruch, d. h., wir können von *dem* langweiligen Zauberspruch sprechen:

Beispielaufgabe 14.4 (Eindeutigkeit des langweiligen Zauberspruchs). Sei T eine Trickkiste mit Verknüpfung $\circ$. Zeige, dass T dann nur genau einen langweiligen Zauberspruch enthält.

Lösung. Nach Definition von Trickkisten besitzt T mindestens einen langweiligen Zauberspruch ℓ. Warum kann es nur einen geben? Sei z ein langweiliger Zauberspruch von T. Dann gilt

$$z = \ell \circ z = \ell;$$

die erste Gleichheit folgt, da ℓ langweilig ist, und die zweite Gleichheit folgt, da z langweilig ist. Also ist $z = \ell$, d. h. außer ℓ gibt es keinen weiteren langweiligen Zauberspruch in T. $\quad\square$

14.2   Stärke von Zaubersprüchen

Wir beschäftigen uns nun mit der Stärke von Zaubersprüchen: Dazu führen wir
zunächst die folgende Potenznotation ein: Ist T eine Trickkiste mit langweiligem
Zauberspruch ℓ und ist z ein Zauberspruch aus T, so schreiben wir

$$z^0 := \ell, \qquad z^1 := z, \qquad z^2 := z \circ z, \qquad z^3 := z \circ z \circ z, \qquad \ldots$$

Definition 14.5. Sei T eine Trickkiste, sei z ein Zauberspruch aus T und sei ℓ
der langweilige Zauberspruch von T.

- Gibt es eine natürliche Zahl $n > 0$ mit $z^n = \ell$, so nennen wir die kleinste
  dieser Zahlen n die **Stärke** von z.

- Gibt es keine natürliche Zahl $n > 0$ mit $z^n = \ell$, so nennen wir z **unendlich
  stark**.

Die Stärke eines Zauberspruchs z gibt also an, wie oft man z mindestens
nacheinander ausführen muss, bis der langweilige Zauberspruch herauskommt.

Beispiel 14.6. Der Zauberspruch A aus der Abra-Ka-Dabra-Trickkiste von Beispiel 14.2 hat die Stärke 3, denn K ist der langweilige Zauberspruch und

$$\mathsf{A}^1 = \mathsf{A} \neq \mathsf{K}, \quad \mathsf{A}^2 = \mathsf{D} \neq \mathsf{K}, \quad \mathsf{A}^3 = \mathsf{A}^2 \circ \mathsf{A} = \mathsf{D} \circ \mathsf{A} = \mathsf{K}.$$

Beachte, dass auch $\mathsf{A}^6 = \mathsf{K}$ gilt, aber 3 ist die kleinste positive Zahl n mit $\mathsf{A}^n =$
K. Der Zauberspruch 1 in der Trickkiste $\mathbb{Z}$ der ganzen Zahlen bezüglich Addition
ist unendlich stark.

Beispiel 14.7 (Zeitzauber). Sei $n > 0$ eine natürliche Zahl. Dann definieren wir
eine Trickkiste T_n mit der Menge $\{0, 1, \ldots, n-1\}$ von Zaubersprüchen. Als
Verknüpfung verwenden wir Addition „modulo n" (s. Thema II.2), d. h. wir
addieren Zaubersprüche y, z und betrachten dann als Ergebnis aber nur den
Rest (zwischen 0 und $n-1$) von $y + z$ bei Division durch n. Der langweilige
Zauberspruch in T_n ist 0.

In T_3 gilt zum Beispiel $1 \circ 2 = 0$, denn $1 + 2 = 3$, was den Rest 0 bei Division
durch 3 ergibt. Außerdem ist $2 \circ 2 = 1$ und der Zauberspruch 2 hat die Stärke 3.

Man kann sich die Trickkiste T_n so veranschaulichen, dass man „Tage" mit
n „Stunden" betrachtet und der Zauber 1 die Zeit um eine Stunde vorstellt
(Abbildung 14.3).

Daran lässt sich leicht nachvollziehen, dass der Zauberspruch 1 in T_n die
Stärke n besitzt.

Abbildung 14.3: Der Zeitzauber 1 in der Trickkiste T_n

14.3 Kopien von Trickkisten

Es gibt Trickkisten, die einfach nur Kopien bereits bekannter Trickkisten sind; exakter kann man dies folgendermaßen formulieren:

Definition 14.8. Seien T und T' Trickkisten mit den Verknüpfungen $\circ$ in T und $\circ'$ in T'. Wir nennen T eine **Kopie** von T', wenn es eine Umbenennung $f: T \longrightarrow T'$ von Zaubersprüchen von T nach T' mit folgenden Eigenschaften gibt:

- Zu jedem Zauberspruch z' von T' gibt es genau einen Zauberspruch z aus T mit $f(z) = z'$.

- Die Umbenennung f ist mit den Verknüpfungen verträglich, d. h. für alle Zaubersprüche x, y, z aus T mit $x \circ y = z$ gilt

$$x' \circ' y' = z',$$

  wobei $x' = f(x)$, $y' = f(y)$ und $z' = f(z)$ ist.

Beispiel 14.9. Die Abra-Ka-Dabra-Trickkiste $\{A, K, D\}$ aus Beispiel 14.2 ist eine Kopie von T_3. Dies sieht man zum Beispiel durch die Übersetzung

$$K \leftrightarrow 0$$
$$A \leftrightarrow 1$$
$$D \leftrightarrow 2,$$

wenn man die beiden zugehörigen Verknüpfungstabellen vergleicht.

Ein fortgeschritteneres Beispiel für Kopien von Trickkisten erhält man mithilfe der Exponentialfunktion und des Logarithmus:

Beispiel 14.10. Die Abbildungen

$$\mathbb{R} \longleftrightarrow \mathbb{R}_{>0}$$
$$x \longmapsto 10^x$$
$$\log_{10}(x) \longleftarrow x$$

und die Potenz-/Logarithmusgesetze zeigen, dass die Trickkiste $\mathbb{R}$ bezüglich Addition eine Kopie von der Trickkiste $\mathbb{R}_{>0}$ bezüglich Multiplikation ist: Für alle reellen Zahlen x und y ist nämlich $10^{x+y} = 10^x \cdot 10^y$ und für alle positiven reellen Zahlen x und y gilt $\log_{10}(x \cdot y) = \log_{10}(x) + \log_{10}(y)$. Diese Tatsache wird zum Beispiel für die Multiplikation mit sogenannten Rechenschiebern verwendet.

14.4   Umordnungszauber

Zum Abschluss diskutieren wir noch ein Beispiel aus der Kombinatorik:

Definition 14.11. Ist n eine natürliche Zahl, so definieren wir folgendermaßen die **Umordnungstrickkiste** U_n: Als Zaubersprüche enthält U_n alle Umordnungen („Permutationen") der Positionen $1, 2, \ldots, n$. Zwei solche Zaubersprüche werden verknüpft, indem die Positionsumordnungen nacheinander ausgeführt werden.

Wir erklären dies nun am Beispiel von drei Positionen (d. h. $n = 3$ in der obigen Definition) etwas genauer:

Wieviele Elemente enthält U_3, d. h. wieviele Umordnungen der Positionen $1, 2, 3$ gibt es? Dies sind natürlich genau $3 \cdot 2 \cdot 1 = 6$ Umordnungen, denn Position 1 kann auf 1, 2 oder 3 verschoben werden; für Position 2 bleiben dann noch zwei Möglichkeiten und für Position 3 nur noch eine. Allgemein sieht man induktiv (s. Thema II.4), dass U_n genau $n! = n \cdot (n-1) \cdots 2 \cdot 1$ („n Fakultät") Zaubersprüche enthält.

Wie können wir die Zaubersprüche von U_3 gut notieren? Wir schreiben die Positionsumordnungen in der Form

$$\begin{pmatrix} 1 & 2 & 3 \\ p_1 & p_2 & p_3 \end{pmatrix},$$

wobei p_1 die Position ist, auf die der Gegenstand von Position 1 verschoben wird, etc. Zur Übung betrachten wir die folgenden Zaubersprüche aus U_3:

$$x := \begin{pmatrix} 1 & 2 & 3 \\ 1 & 2 & 3 \end{pmatrix}, \quad y := \begin{pmatrix} 1 & 2 & 3 \\ 2 & 1 & 3 \end{pmatrix}, \quad z := \begin{pmatrix} 1 & 2 & 3 \\ 2 & 3 & 1 \end{pmatrix}$$

Dann ist $x \circ y = y$; allgemeiner kann man sich leicht davon überzeugen, dass x der langweilige Zauberspruch von U_3 ist. Der Zauberspruch y vertauscht die beiden Positionen 1 und 2 und der Zauberspruch z schiebt jede Position auf die nächste. Außerdem gilt zum Beispiel

$$z \circ y = \begin{pmatrix} 1 & 2 & 3 \\ 3 & 2 & 1 \end{pmatrix} \quad \text{und} \quad y \circ z = \begin{pmatrix} 1 & 2 & 3 \\ 1 & 3 & 2 \end{pmatrix}.$$

Wie rechnet man das nach? Um $z \circ y$ zu bestimmen, wenden wir zuerst y auf die Position 1 an; dies liefert Position 2; wenden wir nun z auf Position 2 an, so erhalten wir Position 3; somit ordnet $z \circ y$ die Position 1 auf die Position 3 um. Dasselbe Rezept wendet man dann auch noch auf die Positionen 2 und 3 an. Interessant ist hierbei insbesondere, dass $z \circ y \neq y \circ z$ ist!

Ist U_3 eine Kopie von T_6? Nein, denn man kann nachrechnen, dass die Stärke von Zaubersprüchen unter Übersetzungen in Kopien erhalten bleibt und dass U_3 im Gegensatz zu T_6 keinen Zauberspruch der Stärke 6 enthält.

Beispielaufgabe 14.12. Der Zauberer Umsing beherrscht die Trickkiste T aller Umordnungszauber auf der Menge $\{🎩, \mathbb{V}, ☺\}$. Da Umsings Zauberstab defekt ist, führt er jedoch immer statt eines Zauberspruchs w das Quadrat $w^2 = w \circ w$ aus. Zeige, dass Umsing die Reihenfolge

nicht in die Reihenfolge

verzaubern kann.

Lösung. Die Trickkiste T ist eine Kopie der Umordnungstrickkiste U_3. Aufgrund des defekten Zauberstabs kann Umsing nur Quadrate von Zaubersprüchen aus U_3 anwenden. Indem man die Quadrate aller Zaubersprüche aus U_3 berechnet, sieht man, dass die Menge der Quadrate in U_3 genau die folgenden Zaubersprüche enthält:

$$\begin{pmatrix} 1 & 2 & 3 \\ 1 & 2 & 3 \end{pmatrix}, \quad \begin{pmatrix} 1 & 2 & 3 \\ 2 & 3 & 1 \end{pmatrix}, \quad \begin{pmatrix} 1 & 2 & 3 \\ 3 & 1 & 2 \end{pmatrix}.$$

Also ist der gesuchte Zauberspruch

$$\begin{pmatrix} 1 & 2 & 3 \\ 2 & 1 & 3 \end{pmatrix}$$

kein Quadrat und somit kann Umsing die gewünschte Umordnung nicht durchführen. □

Ein ähnliches Argument kann man verwenden, um zu zeigen, dass das sogenannte „14-15-Puzzle" nicht lösbar ist.

14.5 Aufgaben

Aufwärmaufgabe 14.A.

1. Stelle die gesamte Verknüpfungstabelle für T_5 auf.

2. Was ist der Antizauberspruch von 3 in T_5 ?

3. Welche Stärke hat der Zauberspruch 3 in T_5 ? Welche Stärke hat der Zauberspruch 3 in T_6 ?

4. Gibt es eine natürliche Zahl n mit der Eigenschaft, dass der Zauberspruch 3 in T_n die Stärke 2015 besitzt?

Aufwärmaufgabe 14.B. Eine Trickkiste T heiße **spiegelig**, wenn sie folgende Eigenschaft besitzt: Für alle Zaubersprüche $x, y \in T$ gilt $x \circ y = y \circ x$.

1. Wie kann man anhand einer Verknüpfungstabelle für eine Trickkiste leicht geometrisch feststellen, ob die Trickkiste spiegelig ist?

2. Ist T_{2015} spiegelig? Ist U_{2015} spiegelig?

Aufwärmaufgabe 14.C.

1. Stelle die gesamte Verknüpfungstabelle für U_3 auf.

2. Was ist der Antizauberspruch von $\begin{pmatrix} 1 & 2 & 3 \\ 3 & 2 & 1 \end{pmatrix}$ in U_3 ?

3. Welche Stärke haben die Zaubersprüche $\begin{pmatrix} 1 & 2 & 3 \\ 1 & 3 & 2 \end{pmatrix}$ bzw. $\begin{pmatrix} 1 & 2 & 3 \\ 3 & 2 & 1 \end{pmatrix}$ in U_3 ?

Aufgabe 14.1 (Vierer-Trickkiste*). Die Tabelle aus Abbildung 14.4 definiert eine Trickkiste.

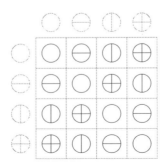

Abbildung 14.4: Vierer-Trickkiste

1. Welcher Zauberspruch ist der langweilige Zauberspruch?

2. Welcher Zauberspruch ist der Anti-Zauberspruch von $\oplus$?

3. Welche Stärke hat der Zauberspruch $\ominus$?

4. Ist diese Trickkiste eine Kopie von T_4 ?

Begründe jeweils deine Antwort!

Aufgabe 14.2 (Abra-Ka-Da-Bra*). Zeige, dass die Tabellen aus Abbildung 14.5 jeweils *nicht* zu einer Trickkiste mit den vier verschiedenen Zaubersprüchen a, k, b,d vervollständigt werden können.

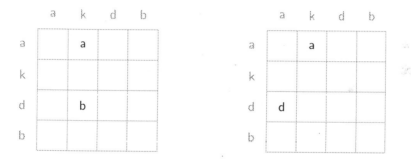

Abbildung 14.5: Unmögliche Verknüpfungstabellen

Hinweis. Wieviele langweilige Zaubersprüche kann eine Trickkiste haben?

Aufgabe 14.3 (Eindeutigkeit von Anti-Zaubersprüchen*). Sei T eine Trickkiste bezüglich der Verknüpfung $\circ$ und sei ℓ der langweilige Zauberspruch von T.

1. Zeige: Jeder Zaubertrick z aus T besitzt nur einen einzigen Anti-Zauberspruch $\overline{z}$ aus T mit $z \circ \overline{z} = \ell = \overline{z} \circ z$.

2. Was ist der Anti-Zauberspruch des langweiligen Zauberspruchs? Begründe deine Antwort!

Aufgabe 14.4 (Abraquadrata**). Zauberer Bela besitzt eine endliche Trickkiste T mit folgender Eigenschaft: Für alle Zaubersprüche w und z aus T gilt

$$w \circ z = z \circ w,$$

d. h. es spielt keine Rolle, in welcher Reihenfolge man Zaubersprüche aus T ausführt (bzw. T ist eine spiegelige Trickkiste im Sinne von Aufwärmaufgabe 14.B). Bela behauptet nun: Bildet er die Quadrate $z_1^2, \ldots, z_n^2$ aller Zaubersprüche $z_1, \ldots, z_n$ aus T und führt er diese hintereinander aus (d. h. $z_1^2 \circ \cdots \circ z_n^2$), so erhält er – simsalabim! – den langweiligen Zauberspruch von T.

1. Rechne nach, dass dies für T_3, T_4, T_5 und für die Trickkiste aus Aufgabe 14.1 gilt.

2. Gib dann ein allgemeingültiges Argument für Belas Behauptung.

   Hinweis. Was passiert, wenn ein Zauberspruch sein eigener Anti-Zauberspruch ist? Was, wenn nicht?

Aufgabe 14.5 (Stärke von Zaubersprüchen und der Satz von Lagrange[**]). Sei T eine endliche Trickkiste mit genau n Zaubersprüchen und sei z ein Zauberspruch der Stärke s aus T. Ist x ein Zauberspruch endlicher Stärke in T, so betrachten wir die Menge

$$T_x := \{x \circ z^0, x \circ z^1, \ldots, x \circ z^{s-1}\}$$

von Zaubersprüchen von T.

1. Zeige, dass z nicht unendlich stark sein kann.

2. Betrachte das Beispiel der Trickkiste $T = T_6$ und den Zauberspruch $z = 2$ in T. Bestimme T_x für alle Zauber x in T.

3. Seien nun x und y Zaubersprüche in T. Zeige allgemein: Falls T_x und T_y ein gemeinsames Element enthalten, so sind T_x und T_y bereits gleich (d. h. jedes Element von T_x liegt auch in T_y und umgekehrt).

4. Folgere, dass die Stärke s von z ein Teiler von n ist.

Aufgabe 14.6 (Trick 17[***]). Zauberer Zyklus hat eine Trickkiste mit genau 17 Zaubersprüchen entwickelt. Sein übler Zwillingsbruder Zuklys behauptet wenig später, auch eine Trickkiste mit genau 17 Zaubersprüchen entdeckt zu haben. Zyklus beschuldigt Zuklys daraufhin des Diebstahls und insbesondere dass die Trickkiste von Zuklys einfach nur eine Kopie von der von Zyklus sei. Zuklys behauptet jedoch, dass dies nicht der Fall sei.

Wer hat recht? D. h. wieviele Trickkisten mit genau 17 Zaubersprüchen gibt es (bis auf Kopien) überhaupt? Begründe deine Antwort!

Hinweis. Verwende Aufgabe 14.5 ...

Epilog: Gruppentheorie

Die Regeln für Trickkisten entsprechen genau den Axiomen für sogenannte **Gruppen**. Gruppen liefern einen formalen Rahmen, um Symmetrien aller Art zu beschreiben und zu untersuchen. Gruppen spielen daher in vielen Gebieten der Mathematik eine wichtige Rolle. Unsere Begriffe über Trickkisten haben in der Gruppentheorie [1, 2] die Entsprechungen aus Tabelle 14.1.

Abrakadalgebra	Gruppentheorie
Trickkiste	Gruppe
Zauberspruch	Gruppenelement
langweiliger Zauberspruch	neutrales Element
Anti-Zauberspruch	inverses Element
Stärke eines Zauberspruchs	Ordnung eines Elements
Zeitzauber-Trickkiste T_n	zyklische Gruppe $\mathbb{Z}/n$
Kopie einer Trickkiste	isomorphe Gruppe
Umordnungstrickkiste U_n	Permutationsgruppe S_n
spiegelig	abelsch
Vierer-Trickkiste	Kleinsche Vierergruppe

Tabelle 14.1: Übersetzungen von Trickkisten in Gruppentheorie

Die Gruppentheorie der zyklischen Gruppe $\mathbb{Z}/n$ ist dabei eng mit der Zahlentheorie „modulo n" verknüpft (s. Thema II.2). Die Gruppentheorie der Permutationsgruppe S_3 bzw. U_3 entspricht der Geometrie eines gleichseitigen Dreiecks: die Permutationen geben an, wie die Eckpunkte des Dreiecks durch Symmetrien abgebildet werden. Zum Beispiel entspricht die Vertauschung zweier Positionen in U_3 der Spiegelung an einer Mittelsenkrechten (Abbildung 14.6).

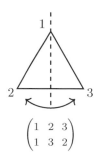

Abbildung 14.6: Vertauschungen entsprechen Spiegelungen

Weiterführende Links

http://de.wikipedia.org/wiki/Gruppentheorie
http://de.wikipedia.org/wiki/Rechenschieber
http://en.wikipedia.org/wiki/15_puzzle

Literatur

[1] M. A. Armstrong. *Groups and Symmetry, Undergraduate Texts in Mathematics*, Springer, 1988.

[2] S. Bosch. *Algebra*, achte Auflage, Springer Spektrum, 2013.

15
Mehr Folgen und Reihen

... oder Achilles und die Schildkröte

Andreas Eberl

15.1   Konvergenz von Folgen   170
15.2   Die Summenschreibweise   173
15.3   Konvergenz von Reihen   173
15.4   Aufgaben   176
Literaturverzeichnis   178
Lösungen zu den Aufgaben   287

Knobelaufgabe (nach dem Paradoxon des Philosophen Zenon von Elea, ca. 450 v. Chr.). Vor langer Zeit machten Achilles, einer der schnellsten Läufer der Antike, und eine Schildkröte einen Wettlauf. Da Achilles 10-mal so schnell laufen konnte wie die Schildkröte, wollte die Schildkröte 100 Meter Vorsprung bekommen. Achilles war einverstanden. Da überlegte die Schildkröte:

Wenn Achilles an meinem Startpunkt angekommen ist, bin ich bereits ein Stück weiter zu einem neuen Punkt gelaufen. Wenn er zu diesem Punkt kommt, bin ich schon wieder ein Stück weiter! Und das Ganze geht immer so weiter – jedes Mal bin ich wieder ein Stück weitergelaufen, wenn er zu dem Punkt kommt, wo ich vorher war ... Also wird Achilles mich nie einholen!

Das Wettrennen begann. Anders als gedacht, musste die Schildkröte schon nach wenigen Metern feststellen, dass Achilles an ihr vorbeiraste! Was ist falsch an der Argumentation der Schildkröte?

Ist die Argumentation der Schildkröte aus der Knobelaufgabe nicht bestechend überzeugend? Mit den neuen Erkenntnissen aus diesem Kapitel wirst du verstehen können, weshalb die Überlegungen zwar im Grunde richtig sind, aber warum Achilles die Schildkröte trotzdem einholen wird. Und du wirst sogar den genauen Ort berechnen können, wo Achilles die Schildkröte überholt.

Wie du am Titel des Themas bereits erkennen kannst, knüpft dieses Kapitel an Thema II.13 an. Das dort angesprochene Basis-Wissen über Folgen und Reihen (Arithmetische und Geometrische Folgen, Bildungsgesetze, Beschränktheit, Monotonie, Definition von Reihen) wird hier vorausgesetzt.

15.1 Konvergenz von Folgen

Im Folgenden werden wir die Entwicklung von Folgen $(a_n)_{n\in\mathbb{N}}$ „im Unendlichen" analysieren, d. h. wir werden Folgenglieder a_n beobachten, wenn der Index $n \in \mathbb{N} = \{1, 2, \ldots\}$ immer größer wird. Wir werden sehen, dass es hier charakteristische Verhaltensmuster gibt, die immer wieder auftreten.

Vielleicht hast du in Kapitel II.13 schon festgestellt, dass es viele Folgen gibt, die sich – je weiter man in der Folge „nach hinten" geht – immer mehr an eine bestimmte Zahl annähern:

Beispiel 15.1. Die harmonische Folge $(a_n)_{n\in\mathbb{N}}$ mit $a_n := \frac{1}{n}$ nähert sich für immer größere Indizes n immer mehr der Zahl 0 (Abbildung 15.1).

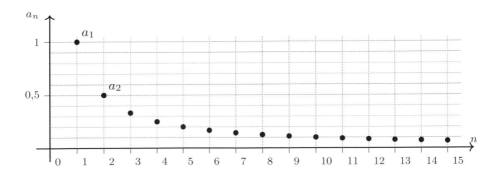

Abbildung 15.1: Die harmonische Folge

Dieses Verhalten der Stammbrüche $\frac{1}{1}, \frac{1}{2}, \frac{1}{3}, \frac{1}{4}, \ldots$ ist intuitiv klar. Allerdings gibt es zahlreiche Beispiele in der Mathematik, bei denen man durch die Intuition in die Irre geführt wird. Deshalb wollen wir in der Mathematik alles präzise beschreiben, z. B. durch eindeutig definierte Begriffe. So können mithilfe der folgenden exakten Definition des Begriffs der **Konvergenz von Zahlenfolgen** die intuitive Vermutung des Beispiels 15.1, aber auch viele weitere Vermutungen zweifelsfrei bewiesen oder auch widerlegt werden (vgl. Aufgabe 15.2 und Aufgabe 15.4). Es lohnt sich also, die folgende Definition wirklich zu verstehen, auch wenn es vielleicht große Anstrengungen erfordert:

Definition 15.2. Eine Folge von Zahlen $(a_n)_{n \in \mathbb{N}}$ heißt **konvergent** gegen den **Grenzwert** a, wenn für alle $\varepsilon > 0$ ein Index $n_0 \in \mathbb{N}$ existiert, sodass für alle $n \geq n_0$ folgende Ungleichung gilt: $|a - a_n| < \varepsilon$. Ist eine Folge nicht konvergent, so heißt sie **divergent**.

Diese abstrakte Definition ist nicht einfach zu verstehen. Sie sagt Folgendes aus: Wir stellen uns eine beliebig kleine Schranke $\varepsilon > 0$ vor (z. B. $\varepsilon = 0{,}1$ oder $\varepsilon = \frac{1}{1\,000\,000}$). Dann hat eine konvergente Folge die Eigenschaft, dass ab einem bestimmten Index n_0 (z. B. $n_0 = 534$) alle Folgenglieder a_n mit $n \geq n_0$ (also in unserem Beispiel $a_{534}, a_{535}, a_{536}, \ldots$) einen kleineren Abstand vom Grenzwert a besitzen, als die Schranke ε vorgibt. Dabei wird der Abstand der Folgenglieder zum Grenzwert in Definition 15.2 durch den Betrag $|a - a_n|$ beschrieben.

Graphisch kann man das für $\varepsilon = 0{,}1$ bei der harmonischen Folge wie in Abbildung 15.2 veranschaulichen.

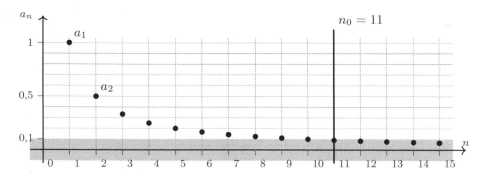

Abbildung 15.2: Konvergenz der harmonischen Folge

Für $\varepsilon = 0{,}1$ liegen also ab dem 11. Folgenglied alle Folgenglieder innerhalb der sogenannten ε-**Umgebung** des Grenzwertes der Folge.

Mit Definition 15.2 kann man nun auch präzise beweisen, dass die harmonische Folge die Zahl 0 als Grenzwert besitzt. Zunächst formulieren wir den kurzen Beweis, dann werden wir erläutern, wie man zu so einem Beweis kommt.

Behauptung. Die harmonische Folge $(a_n)_{n\in\mathbb{N}}$ mit $a_n := \frac{1}{n}$ ist konvergent mit Grenzwert 0.

Beweis. Sei $\varepsilon > 0$ und sei $n_0 = \lceil \frac{1}{\varepsilon} + 1 \rceil$. Dann gilt für alle a_n mit $n \geq n_0$:

$$|0 - a_n| = \left| \frac{1}{n} \right| = \frac{1}{n} \leq \frac{1}{n_0} \leq \frac{1}{\frac{1}{\varepsilon} + 1} < \frac{1}{\frac{1}{\varepsilon}} = \varepsilon. \qquad \square$$

Die Beweisidee ist folgende: Wir wollen zu einem beliebig vorgegebenen $\varepsilon > 0$ einen Index n_0 suchen, ab dem alle Folgenglieder näher als ε an der Zahl 0 liegen. Wie finden wir nun dieses von ε abhängige n_0? Dazu berechnen wir den Abstand eines Folgengliedes a_n von der Zahl 0, in unserem Fall ist das $\frac{1}{n}$. Damit nun dieser Abstand kleiner als ε ist, denken wir rückwärts:

$$\frac{1}{n} < \varepsilon \quad \Longleftrightarrow \quad n > \frac{1}{\varepsilon}.$$

Für $\varepsilon = 0{,}1$ ergibt sich also $n > 10$ (s. Abbildung 15.2), für $\varepsilon = \frac{1}{1000000}$ erhalten wir $n > 1000000$. Also wählen wir den von ε abhängigen Index n_0 allgemein so, dass $n_0 > \frac{1}{\varepsilon}$, z. B. $n_0 = \frac{1}{\varepsilon} + 1$. Wegen $n_0 \in \mathbb{N}$ müssen wir diesen Term gegebenenfalls auf die nächstliegende natürliche Zahl aufrunden, und dies geschieht mit der sogenannten „Aufrundungsfunktion" mit dem Symbol $\lceil \ldots \rceil$.

Natürlich gibt es auch Fälle, in denen es schwieriger ist, zu einer vorgegebenen Schranke den zugehörigen Folgenindex zu finden, aber die Beweisidee ist oft die gleiche. Sinnvoll ist es zunächst ein Gefühl für die Entwicklung der Folge zu bekommen (z. B. indem man einige Folgenglieder ausrechnet), um eine Vermutung für einen möglichen Grenzwert zu erhalten, und danach den Beweis aufzuschreiben.

Beispiel 15.3. Die Folge $(a_n)_{n\in\mathbb{N}} = \left(\frac{n+(-1)^n}{n} \right)_{n\in\mathbb{N}}$ ist konvergent mit Grenzwert 1. Mache dir dies plausibel, indem du die ersten 15 Folgenglieder ausrechnest. Du kannst die Werte dann analog zur Abbildung oben in einem Koordinatensystem aufzeichnen, um die Entwicklung der Folge zu visualisieren. An diesem Beispiel kannst du erkennen, dass es auch konvergente Folgen gibt, die nicht streng monoton sind.

Natürlich sind nicht alle Folgen konvergent:

Beispiel 15.4.

- Alle unbeschränkten Folgen sind divergent. Dies folgt aus der Tatsache, dass alle konvergenten Folgen beschränkt sind (was anschaulich klar ist, aber auch relativ einfach formal bewiesen werden kann, vgl. Aufwärmaufgabe 15.B).

- Die Folge $(a_n)_{n\in\mathbb{N}} = (-1, 1, -1, 1, -1, \ldots) = ((-1)^n)_{n\in\mathbb{N}}$ ist divergent, da sie immer zwischen zwei Zahlen mit Abstand 2 hin- und herspringt. Damit gibt es z. B. für $\varepsilon = 0{,}1$ keinen Index n_0, ab dem der Abstand *aller* weiteren Folgenglieder zu einer bestimmten Zahl a kleiner als ε ist.

15.2   Die Summenschreibweise

In vielen Situationen ist es nötig, die Glieder einer Folge aufzusummieren. Dabei entsteht die bereits bekannte Konstruktion einer Reihe. Wir erinnern uns: Eine **(unendliche) Reihe** $(s_n)_{n\in\mathbb{N}}$ ist die Folge der Partialsummen $s_n = a_1 + a_2 + \ldots + a_n$ einer Folge $(a_n)_{n\in\mathbb{N}}$.

Da die Schreibweise von solchen Summen mit Pünktchen manchmal umständlich ist, gibt es in der Mathematik hierfür eine elegante Schreibweise:

Definition 15.5. Mit dem Summenzeichen Σ kann man Summen mit einer variablen Anzahl von Summanden wie folgt abkürzen. Für $n \in \mathbb{N}$ definieren wir:

$$\sum_{i=1}^{n} a_i := a_1 + a_2 + \ldots + a_n.$$

Dabei heißt die Variable i der **Laufindex** der Summe, er „läuft" in obiger Definition von der Zahl 1 (untere Grenze) bis zur Zahl n (obere Grenze). Die Grenzen können beliebige natürliche, ja sogar beliebige ganze Zahlen sein. Die Variablen a_i sind die Summanden der Summe, sie hängen oft von i ab.

Beispiel 15.6. Betrachten wir zwei kleine Beispiele zur Anwendung des Summenzeichens:

- $\sum_{i=1}^{5} i^2 = 1^2 + 2^2 + 3^2 + 4^2 + 5^2 = 1 + 4 + 9 + 16 + 25 = 55$
- $\sum_{k=0}^{3} (-1)^k \cdot \frac{1}{k+1} = (-1)^0 \cdot \frac{1}{1} + (-1)^1 \cdot \frac{1}{2} + (-1)^2 \cdot \frac{1}{3} + (-1)^3 \cdot \frac{1}{4} = \frac{7}{12}$

Mithilfe des Summenzeichens kann nun die zu einer Folge $(a_n)_{n\in\mathbb{N}}$ gehörige Reihe $(s_n)_{n\in\mathbb{N}}$ kurz und elegant wie folgt notiert werden:

$$(s_n)_{n\in\mathbb{N}} = \left(\sum_{i=1}^{n} a_i \right)_{n\in\mathbb{N}}.$$

15.3   Konvergenz von Reihen

Wir betrachten im weiteren die zu einer unendlichen Folge $(a_n)_{n\in\mathbb{N}}$ gehörige Reihe $(s_n)_{n\in\mathbb{N}}$. Da jede Reihe ja auch eine spezielle Folge ist, nämlich die Folge

der Partialsummen, kann auch diese konvergent sein und somit einen Grenzwert besitzen. Dies ist durchaus erstaunlich, denn es bedeutet, dass es **unendliche Summen** (d. h. Summen mit unendlich vielen Summanden) gibt, die einen
endlichen Wert besitzen.

Zunächst können wir die Konvergenz einer Reihe ganz einfach über die Konvergenz einer Folge erklären.

Definition 15.7. Die Reihe $(s_n)_{n \in \mathbb{N}}$ heißt **konvergent**, wenn sie als Folge der Partialsummen eine konvergente Folge (nach Definition 15.2) ist. Andernfalls heißt
die Reihe **divergent**. Konvergiert die Reihe, so schreibt man für den Grenzwert s
der Reihe

$$s = \sum_{i=1}^{\infty} a_i$$

und nennt ihn **Wert der Reihe**.

Beispiel 15.8. Betrachten wir die zur Folge $(a_n)_{n \in \mathbb{N}} = \left(\frac{1}{2}, \frac{1}{4}, \frac{1}{8}, \ldots\right) = \left(\frac{1}{2^n}\right)_{n \in \mathbb{N}}$
gehörige Reihe $(s_n)_{n \in \mathbb{N}}$. Besitzt diese einen Grenzwert? Mit anderen Worten:
Ist der Wert der unendlichen Summe $\frac{1}{2} + \frac{1}{4} + \frac{1}{8} + \ldots$ endlich?

Illustrieren wir die Situation am Flächeninhalt eines Quadrats mit Seitenlänge 1, so wird intuitiv plausibel, dass diese Reihe den Grenzwert 1 besitzt
(Abbildung 15.3).

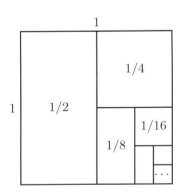

Abbildung 15.3: Konvergenz der geometrischen Reihe

Um diese intuitive Erkenntnis auch mathematisch korrekt zu beweisen, stellen
wir zunächst fest, dass es sich bei der Folge $\left(\frac{1}{2}, \frac{1}{4}, \frac{1}{8}, \ldots\right)$ um eine geometrische
Folge mit konstantem Quotienten $q = \frac{1}{2}$ und Anfangswert $a_1 = \frac{1}{2}$ handelt. Die
Frage lautet also, ob die zugehörige geometrische Reihe einen Grenzwert besitzt
oder nicht. Wir können hierzu folgenden allgemeinen Satz über geometrische
Reihen formulieren und plausibel begründen.

Satz 15.9. Für eine geometrische Reihe $(s_n)_{n \in \mathbb{N}}$ mit konstantem Quotient q und Anfangswert $a_1 \neq 0$ gilt:

1. Ist $|q| < 1$, so ist die Reihe konvergent mit Grenzwert $a_1 \cdot \sum_{i=0}^{\infty} q^i = a_1 \cdot \frac{1}{1-q}$

2. Ist $|q| \geq 1$, so ist die Reihe divergent.

Beweis. Wir benötigen die aus Kapitel II.13 bereits bekannte Formel für den Wert der Partialsummen einer geometrischen Folge. Zur Erinnerung: Für $q \neq 1$ gilt

$$s_n = a_1 + a_1 q + a_1 q^2 + \ldots + a_1 q^{n-1} = a_1 \cdot \sum_{i=0}^{n-1} q^i = a_1 \cdot \frac{1-q^n}{1-q}.$$

Man könnte die Behauptung nun gemäß Definition 15.2 mithilfe von ε und n_0 ganz formal, aber sehr abstrakt zeigen; es geht aber leichter und schneller, wenn man die sogenannten Grenzwertsätze (vgl. Aufwärmaufgabe 15.C) benutzt:

Für $|q| < 1$ kommen die Potenzen q^n vom Betrag her der Zahl 0 beliebig nahe, wenn man n groß genug wählt (hier verzichten wir auf einen formalen Beweis). Das heißt, die Folge $(q^n)_{n \in \mathbb{N}}$ konvergiert gegen den Grenzwert 0. Damit konvergiert die Reihe $(s_n)_{n \in \mathbb{N}}$ mit

$$s_n = a_1 \cdot \frac{1-q^n}{1-q} = \frac{a_1}{1-q} \cdot (1-q^n)$$

aufgrund der Grenzwertsätze gegen den Grenzwert

$$\frac{a_1}{1-q} \cdot (1-0) = a_1 \cdot \frac{1}{1-q}.$$

Damit haben wir die behauptete Konvergenz und den Grenzwert für diesen Fall begründet.

Für $|q| > 1$ dagegen ist die Folge $(q^n)_{n \in \mathbb{N}}$ und damit auch der Gesamtterm $a_1 \cdot \frac{1-q^n}{1-q}$ unbeschränkt, also ist die Reihe in diesem Fall unbeschränkt und damit divergent (vgl. Aufwärmaufgabe 15.B).

Für $q = 1$ ist $s_n = a_1 \cdot n$ nach der Formel über die Partialsummen, somit ist auch hier die Reihe unbeschränkt, und die Reihe divergiert.

Schließlich für $q = -1$ ist $a_n = a_1 \cdot (-1)^{n-1}$, also

$$s_n = \underbrace{a_1 - a_1 + a_1 - a_1 \ldots \pm a_1}_{n - \text{mal}},$$

das heißt $s_n = 0$, falls n gerade ist, und $s_n = a_1$, falls n ungerade ist, das heißt die Folge $(s_n)_{n \in \mathbb{N}}$ ist divergent, da sie abwechselnd die Werte a_1 und 0 annimmt. ▯

Wir können aus Satz 15.9 drei Folgerungen ableiten:

- Für den Spezialfall einer geometrischen Folge mit $a_1 = q$ und $|q| < 1$ gilt:

$$\sum_{i=1}^{\infty} q^i = \frac{q}{1-q}.$$

- Im obigen Beispiel 15.8 mit $a_1 = q = \frac{1}{2}$ gilt:

$$\sum_{i=1}^{\infty} \frac{1}{2^i} = \frac{q}{1-q} = \frac{\frac{1}{2}}{1 - \frac{1}{2}} = 1.$$

- Ein Grenzwert für die unendliche Summe $-2 + 4 - 8 + 16 - 32 + \ldots = \sum_{i=1}^{\infty}(-2)^i$ existiert nicht, da es sich um eine geometrische Reihe mit $|q| = |-2| > 1$ handelt und diese somit divergent ist.

15.4 Aufgaben

Aufwärmaufgabe 15.A. Sei c eine beliebige Zahl. Zeige, dass die **konstante Folge** $(a_n)_{n \in \mathbb{N}}$ mit $a_n := c$ für $n \in \mathbb{N}$ konvergent ist.

Aufwärmaufgabe 15.B (Konvergenz und Beschränktheit). Zeige zunächst, dass jede konvergente Folge nach oben und unten beschränkt ist. Folgere daraus, dass die Folge $(a_n)_{n \in \mathbb{N}}$ mit $a_n := n^2$ für $n \in \mathbb{N}$ divergent ist.

Aufwärmaufgabe 15.C (Grenzwertsätze). Sei $(a_n)_{n \in \mathbb{N}}$ eine konvergente Folge mit Grenzwert a und seien b und c beliebige Zahlen. Dann konvergiert. . .

- . . . die Folge $(b_n)_{n \in \mathbb{N}}$ mit $b_n := a_n + b$ für $n \in \mathbb{N}$ gegen den Grenzwert $a + b$ und

- . . . die Folge $(c_n)_{n \in \mathbb{N}}$ mit $c_n := c \cdot a_n$ für $n \in \mathbb{N}$ gegen den Grenzwert $c \cdot a$.

Aufgabe 15.1 (*). Gegeben sei die Folge $(a_n)_{n \in \mathbb{N}}$ mit $a_n = \frac{2n-1}{n+1}$.

1. Berechne die ersten zehn Glieder der Folge und gib eine Vermutung für den Grenzwert der Folge an.

2. Ab welchem Index n_0 liegen alle weiteren Folgenglieder weniger als $0{,}1$ vom im Teil 1 vermuteten Grenzwert entfernt?

Aufgabe 15.2 (**). Beweise mithilfe der Definition 15.2, dass die Folge aus Aufgabe 1 tatsächlich konvergent ist.

Hinweis. Gehe ähnlich vor wie im Beweis der Konvergenz der harmonischen Folge und schau dir zum Verständnis die Erläuterung des Beweises genau an!

Aufgabe 15.3 (Summenschreibweise*).

1. Berechne die Werte der folgenden Summen:

   - $\sum_{i=1}^{6}(i^2 - 2^i)$
   - $\sum_{k=1}^{100} k$

   Hinweis. Fasse bestimmte Summanden jeweils geeignet zusammen!

2. Schreibe mithilfe der Summenschreibweise:

   - $\frac{1}{2} + \frac{1}{4} + \frac{1}{6} + \frac{1}{8} + \ldots + \frac{1}{20}$
   - $0{,}2 + 0{,}02 + 0{,}002 + \ldots + 0{,}0000002$

Aufgabe 15.4 ($0{,}999\ldots = 1$**). Martin aus der 6. Klasse behauptet: „Ich habe gelernt, dass $\frac{1}{9} = 0{,}111\ldots$ ist. Dann müsste $9 \cdot \frac{1}{9} = 0{,}999\ldots$ sein. Das würde bedeuten, dass $1 = 0{,}999\ldots$ gilt!" Martin hat tatsächlich Recht, aber warum ist das so? Beweise seine Vermutung mit deinem neuen Wissen zu Folgen und Reihen wie folgt:

1. Zeige mit Definition 15.2, dass die Zahlenfolge $0{,}9, 0{,}99, 0{,}999, 0{,}9999, \ldots$ den Grenzwert 1 besitzt.

2. Definiere eine geeignete geometrische Reihe und wende Satz 15.9 an, um die gewünschte Konvergenz zu zeigen.

3. Es wird dich vielleicht überraschen, dass dieselbe Zahl zwei unterschiedliche Kommaschreibweisen haben kann. Diese Eigenschaft trifft auf einen Teil der rationalen Zahlen zu. Erläutere allgemein, welche rationalen Zahlen unterschiedliche Dezimaldarstellungen haben können und welche nicht.

Aufgabe 15.5 (Achilles und die Schildkröte**). Lies dir noch einmal die Knobelaufgabe vom Anfang durch.

1. Skizziere die Überlegungen der Schildkröte mithilfe eines Zahlenstrahls und erläutere deine Zeichnung.

2. Berechne den genauen Punkt, an dem Achilles die Schildkröte überholt. Begründe deine Antwort mithilfe einer Folge oder Reihe.

3. Erkläre, welche Tatsache die Schildkröte in ihren Überlegungen nicht beachtet hat.

Aufgabe 15.6 (Die Harmonische Reihe – Nochmal die Schildkröte!***). Nachdem die Schildkröte überholt wurde, ist sie so frustriert, dass sie immer langsamer wird. In der ersten Minute schafft sie noch einen Meter, in der zweiten Minute nur noch einen halben Meter, in der dritten Minute nur noch einen drittel Meter, in der vierten Minute nur noch einen viertel Meter und so weiter. Begründe, wie weit die Schildkröte kommt, wenn sie in diesem Maß langsamer wird, und ob sie so jemals nach Hause kommt!

Weiterführende Links

http://www.mathesite.de/pdf/folge.pdf
http://de.wikipedia.org/wiki/Kategorie:Folgen_und_Reihen

Literatur

[1] T. Arens, R. Busam, F. Hettlich, C. Karpfinger, H. Stachel. *Grundwissen Mathematikstudium*, Springer Spektrum, 2013.
[2] A. G. Konforowitsch. *Logischen Katastrophen auf der Spur*, zweite Auflage, Fachbuchverlag Leipzig, 1994.

16
Ganz schön voll hier!

Das Schubfachprinzip

Gerrit Herrmann

16.1   Das Schubfachprinzip 180
16.2   Weitere Beispiele 181
16.3   Verallgemeinerungen 182
16.4   Ramsey-Theorie 183
16.5   Aufgaben 186
Literaturverzeichnis 187
Lösungen zu den Aufgaben 293

Wir sind auf einer Geburtstagsparty und es wird „Reise nach Jerusalem" gespielt. Die Gäste rennen um die Stühle, während die Musik tönt. Plötzlich wird es still, woraufhin alle auf einen Platz stürmen. Fritzchen bemerkt, dass er keinen freien Stuhl mehr findet, will sich aber nicht geschlagen geben. Er drängt sich auf einen Stuhl zusammen mit Mark.

Eine Situation wie diese nennt man in der Mathematik „Schubfachprinzip". Wir werden es genauer vorstellen und zeigen, dass sich damit sehr trickreich Aufgaben lösen lassen. So wie zum Beispiel die folgende:

Knobelaufgabe 16.1. Wir betrachten einen Tennisball, auf dem jemand mit einem schwarzen Filzstift fünf Punkte gemalt hat. Kann man den Tennisball im-

mer so drehen, dass man auf eine Seite des Tennisballs schaut, wo höchstens ein
Punkt zu sehen ist?

16.1   Das Schubfachprinzip

Bevor wir die formale Definition geben, schauen wir auf ein weiteres Beispiel, aus
dem sich der Name herleitet. Wir haben zehn Briefe und wollen diese auf vier
Schubladen (früher: Schubfach) verteilen. Es gibt dann eine Schublade, in der
mindestens zwei Briefe landen. In der mathematischen Sprache etwas präziser
formuliert erhalten wir:

Satz 16.2. Gegeben seien n Objekte, die auf m Kategorien verteilt werden.
Wenn $n > m$, dann gibt es eine Kategorie, in der mindestens zwei Objekte sind.

Wir wollen das Schubfachprinzip, so offensichtlich die Aussage auch sei, nun
beweisen.

Beweis. Angenommen in jeder Kategorie ist höchstens ein Objekt. Dann ist die
Anzahl aller Objekte:

$$n \leq 1 \cdot m$$

Dies ist offensichtlich ein Widerspruch zu $n > m$.   ▢

In der kleinen Geschichte am Anfang waren die Objekte die Personen und die
Kategorien waren die Stühle. Da mehr Personen als Stühle da waren, musste
ein Stuhl zwei Personen aufnehmen.

Das Muster einmal durchschaut lassen sich sehr schnell viele Beispiele finden.
Probiert es einfach mal aus! Eine Situation zur Anregung: In eurer Klasse gibt
es zwei Schüler, deren Vornamen mit demselben Buchstaben beginnen (vorausgesetzt ihr seid mehr als 29 Schüler, denn das Alphabet mit Umlauten hat 29
Buchstaben). In allen bisherigen Beispielen war es klar, wie das Schubfachprinzip zur Anwendung kommt. Doch wie sieht es mit der Knobelaufgabe aus?

Lösung. Um die Lösung nachzuvollziehen, solltet ihr wirklich einen Tennisball
in die Hand nehmen. Aber zunächst einmal wollen wir identifizieren, was die
Objekte und was die Kategorien sind. Die Objekte sind relativ klar: das sind
unsere fünf Punkte. Doch was sind die Kategorien? Wir stellen fest, dass wenn
wir auf unseren Ball gucken, wir nie eine ganze Hälfte sehen können. Dies ist in
Abbildung 16.1 skizziert.

Also könnten wir die Seite, die wir gerade sehen, und die Seite, die wir nicht
sehen, als zwei Kategorien betrachten. Das Schubfachprinzip hilft uns hier nicht
weiter, da es nur sagt, dass auf einer Seite mindestens zwei Punkte sind. Aber
eine Aufteilung von drei Punkten auf der einen Seite und zwei Punkten auf der
anderen Seite, ist durchaus möglich.

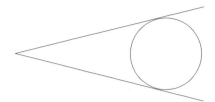

Abbildung 16.1: Das Sichtfeld beim Blick auf einen Tennisball

Wir brauchen also einen zusätzlichen Trick. Für diesen Trick formt ihr mit eurem Daumen und dem Zeigefinger ein „U". Haltet den Tennisball damit an zwei gegenüberliegenden Punkten fest. Nun dreht ihr den Ball, dass zwei der Punkte unter Daumen und Zeigefinger sind. Zwei Punkte liegen somit genau so auf der Kante, dass man sie nicht sehen kann. Es verbleiben so drei Punkte. Jetzt können wir das Schubfachprinzip auf die verbleibenden drei Punkte anwenden. Dann sind also auf einer Seite mindestens zwei Punkte und auf der gegenüberliegenden Seite somit höchstens ein Punkt. Wir drehen dann die Seite zu uns, die höchstens einen Punkt enthält. ▢

16.2 Weitere Beispiele

Beispielaufgabe 16.3. Wir haben vor uns verdeckt einen Stapel an Schafkopfkarten.

1. Wie viele Karten muss man ziehen, bis man sicher zwei von derselben Farbe hat?

2. Wie viele Karten muss man ziehen, bis man sicher zwei Schellen hat?

Lösung. Zu 1: Die Objekte sind hier die Spielkarten. Es gibt 32 Karten, wobei wir jeweils acht Karten von Eichel, Gras, Herz und Schellen haben. Bei der ersten Frage sind unsere Kategorien die vier Farben. Also müssen wir fünf Karten ziehen!

Zu 2: Bei der zweiten Frage suchen wir nach einer bestimmten Farbe. Die Kategorien sind hier Schellen und die 24 verbleibenden Karten. Wir haben insgesamt 25 Kategorien (die Kategorie Schellen und die 24 Nicht-Schellen Karten.) und müssen deshalb 26 Karten ziehen, um sicher zu sein. ▢

Eine weitere Aufgabe zeigt, dass das Schubfachprinzip unerwartet zur Anwendung kommen kann:

Beispielaufgabe 16.4. Gegeben ist ein Quadrat mit Seitenlänge 2 cm. Zeige, dass unter fünf beliebigen Punkten im Quadrat es immer zwei Punkte gibt, die den Abstand kleiner als 1,42 cm haben. Ist fünf die kleinste Anzahl, für die die Aussage wahr ist?

Lösung. Wir teilen unser Quadrat in vier kleinere Quadrate ein. Diese haben nun jeweils eine Seitenlänge von 1 cm. Nach dem Satz von Pythagoras haben die Eckpunkte, die sich schräg gegenüber liegen, einen Abstand von

$$\sqrt{1^2 + 1^2} \text{ cm} = \sqrt{2} \text{ cm} \approx 1{,}4142\ldots\text{cm}$$

Nach dem Schubfachprinzip liegen nun zwei der fünf Punkte im selben Quadrat. Damit haben sie maximal den Abstand $\sqrt{2}$ cm, was kleiner ist als 1,42 cm.

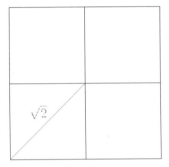

Abbildung 16.2: Quadrat in vier gleich große Teile eingeteilt

In der Tat ist fünf die kleinste solche Zahl, da wir vier Punkte jeweils auf den Ecken verteilen können. Damit ist deren minimaler Abstand untereinander jeweils 2 cm, was größer ist als 1,42 cm. ▢

In der letzten Aufgabe haben wir gesehen, dass das Schubfachprinzip verwendet werden kann, um Fragen der folgenden Form zu beantworten: Wie viele Elemente brauche ich mindestens, damit ich eine bestimmte Struktur erhalte?

Wir werden darauf später unter dem Namen *Ramsey-Theorie* nochmals genauer eingehen. Wichtig ist für Mathematiker, dass sie gerne die kleinste solche Zahl hätten. Hat man einen Kandidaten dafür gefunden, muss man nun beweisen, dass es keinen kleineren gibt. Das haben wir im zweiten Teil des Beweises gemacht.

16.3   Verallgemeinerungen

Wir werden nun zwei Verallgemeinerungen des Schubfachprinzips betrachten. Die erste gibt eine bessere Abschätzung an, wie viele Elemente wir zu erwarten haben.

Satz 16.5 (Endliches Schubfachprinzip). Sollen m Objekte in n Kategorien eingeteilt werden und gilt $m > r \cdot n$ für ein $r \in \mathbb{N}$. Dann gibt es eine Kategorie, in der es mindestens $r + 1$ Objekte gibt.

Schauen wir nochmals auf das namengebende Beispiel mit 10 Briefen und 4 Schubladen. Dann ist in diesem Fall die Voraussetzung von Satz 16.5 mit $r = 2$ erfüllt und wir wissen: Es gibt eine Schublade, in der mindestens drei Briefe sind.

Betrachten wir ein weiteres Beispiel. In einer Klasse mit 31 Schülern gibt es die Schulaufsätze zurück. Die Lehrerin ist ganz glücklich, denn keiner hat eine 6. Nun ist sofort klar, dass es eine Note gibt, die mindestens sieben Schüler haben.

Das Schubfachprinzip lässt sich auch auf unendliche Mengen erweitern.

Satz 16.6 (Unendliches Schubfachprinzip). Sollen unendlich viele Objekte in $n \in \mathbb{N}$ Kategorien eingeteilt werden, so gibt es eine Kategorie, in der unendlich viele Objekte sind.

Beispielaufgabe 16.7. Angenommen die Menschheit existiert ewig. Dann lebt heute eine Frau, die eine Tochter bekommt, und diese Tochter bekommt wieder eine Tochter, diese dann wieder eine Tochter und immer so weiter. Unter allen ihren Nachfahren wird also in jeder Generation mindestens eine Tochter sein.

Lösung. Unsere Objekte sind alle Menschen, auch die, die erst noch geboren werden. Da die Menschheit ewig existiert gibt es unendliche viele. Die Kategorien sind alle Frauen, die im Moment leben. Wie verteilen wir nun die Objekte auf die Kategorien? Ordnen wir jede Person ihrer Mutter zu? Oder ihrer Großmutter? Dieses Problem beheben wir, indem wir die ältere Person nehmen. Doch Vorsicht! Wir haben ja zwei Großmütter. Welche Großmutter sollte man dann zugeordnet werden? Damit die Zuordnung in die Kategorien eindeutig wird, gehen wir immer über die Mutter. Nun haben wir eine Einteilung von unendlich vielen Objekten in endlich viele Kategorien (es leben zur Zeit ungefähr 3,6 Milliarden Frauen auf der Welt). Nach dem unendlichen Schubfachprinzip gibt es nun eine Frau, der nun unendlich viele Menschen zugeordnet sind. Da wir bei unserer Zuordnung immer über die Mutter gehen, gibt es in ihrem Familienzweig in jeder Generation eine Tochter! ▢

16.4 Ramsey-Theorie

Wir hatten am Beispiel der Spielkarten oder der Punkte im Quadrat gesehen, dass, wenn wir genügend Elemente haben, das Schubfachprinzip uns sagt, dass wir eine gewisse Struktur erhalten. Philosophisch ausgedrückt:

„Satz" 16.8. In einer genügend großen Menge gibt es kein völliges Chaos.

Wenn eure Eltern euch das nächste mal bitten euer Zimmer aufzuräumen, da es so chaotisch aussehe, könnt ihr einfach noch mehr Sachen anschleppen! Es wird dann eine gewisse Struktur aufweisen (aber vielleicht nicht die, die sich eure Eltern wünschen).

Bevor wir den Satz von Ramsey beschreiben können, brauchen wir noch die Definition eines Graphen. Siehe dazu auch das Thema II.3. Graphen helfen uns, die Situation zu veranschaulichen.

Definition 16.9. Ein Graph ist eine endliche Menge von Punkten und Kanten, sodass zwischen je zwei Punkten höchstens eine Kante verläuft.

In Abbildung 16.3 sind Beispiele von Graphen abgebildet.

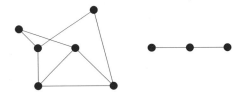

Abbildung 16.3: Beispiel eines Graphen, der aus zwei zusammenhängenden Graphen besteht

Wir wollen nun einer Gruppe von Personen einen Graphen zuordnen. Unsere Menge an Punkten entspricht dabei der Menge an Personen in der Gruppe. Nun fügen wir zwischen den Punkten Kanten ein, wenn sich die Personen kennen. Sollten sich die zwei Personen nicht kennen, dann gibt es keine Kante zwischen den entsprechenden Punkten.

Beispiel 16.10. Fritzchen ist mit seinem Freund Mark verabredet, der seine Freundin Sarah mitbringt. Fritzchen kennt Sarah nicht. Also erhalten wir den Graphen wie in Abbildung 16.4 zu sehen.

Abbildung 16.4: Die Beziehung zwischen Fritzchen, Mark und Sarah als Graph veranschaulicht

Nun kommt Fritzchens Schwester Franzi zur Gruppe hinzu. Natürlich kennt Fritzchen seine Schwester, und da Mark und Fritzchen lange befreundet waren, kennt auch Mark Franzi. Sarah und Franzi kennen sich hingegen nicht. Wir erhalten den Graphen aus Abbildung 16.5. Betrachten wir nur die drei Personen

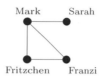

Abbildung 16.5: Der vorherige Graph wurde durch Franzi ergänzt.

Fritzchen, Mark und Franzi, dann kennt jeder jeden. Sie bilden einen sogenannten **vollständigen Graphen**, da zwischen je zwei Punkten eine Kante liegt. Betrachten wir hingegen nur Fritzchen und Sarah, dann erhalten wir einen Graphen, der nur aus einzelnen Punkten besteht. So einen Graphen nennt man auch **unabhängige Menge**.

Satz 16.11 (Ramsey). Sei $k \in \mathbb{N}$. Es gilt für jeden Graphen mit mindestens 2^{2k-2} Punkten, dass er einen vollständigen Teilgraph mit k Elementen enthält oder eine unabhängige Menge mit k Elementen.

Den Beweis wollen wir hier nicht ausführen, er kann im Buch „Graphentheorie" von R. Diestel [1, Kapitel 7] nachgelesen werden. Er basiert im Wesentlichen auf einer wiederholten Anwendung des Schubfachprinzips. Es sei hier nur angemerkt, dass 2^{2k-2} nicht die kleinste Zahl mit dieser Eigenschaft ist, was wir in den Aufgaben sehen werden. Es ist eine nicht triviale Frage, was das kleinste n zu einem gegeben k ist, sodass jeder Graph mit mindestens n Punkten einen vollständigen Teilgraphen oder eine unabhänige Menge mit k Elementen enthält. Dieses n nennt man **Ramsey-Zahl** zu k. Die Ramsey-Zahl für $k = 5$ ist bis heute unbekannt. Man weiß nur, dass sie zwischen 43 und 48 liegt.

Beim Schubfachprinzip können wir nicht sagen, welche Kategorie mehr als ein Objekt enthält. Genauso können wir beim Satz von Ramsey nicht sagen, ob wir einen vollständigen Graphen oder eine unabhängige Teilmenge erhalten. Aber oft ist es nur wichtig, dass eine der beiden Strukturen existiert. Das wollen wir anhand des unaufgeräumten Zimmers verdeutlichen.

Beispielaufgabe 16.12. Eure Eltern gehen auf euer Angebot ein und schlagen folgenden Kompromiss vor: Ihr müsst das Zimmer nicht gänzlich aufräumen. Sie geben euch eine Kiste und sagen, wenn diese Kiste mit fünf Gegenständen gefüllt ist, seid ihr fertig. Ihr sollt aber nicht wahllos Gegenstände hineinwerfen. Jeder Gegenstand soll zu jedem anderen in der Kiste passen oder ihr macht eine Kiste „Sonstiges", in die ihr Sachen werfen dürft, die alle nichts miteinander zu tun haben. Wie viele Dinge müssen in eurem Zimmer herumliegen, so dass Ihr euch sicher sein könnt, die Kiste zu füllen?

Lösung. Wir werden nun mit dem Satz von Ramsey zeigen, dass wir bei genügend Gegenständen in unserem Zimmer fertig werden, die Kiste also füllen können. Dazu brauchen wir zunächst einmal mal einen Graphen. Den wollen wir nun konstruieren. Für jeden Gegenstand erstellen wir eine Liste von Kategorien, zu der er gehört (ähnlich wie „Tags"auf Instagram oder Twitter). Die Anzahl der Kategorien kann dabei von Gegenstand zu Gegenstand variieren. Ein paar Beispiele sind in Tabelle 16.1 aufgelistet. Der Graph hat als Punktmenge

Gegenstände	Kategorien
Badehose	Kleidung, Sommer, Sport
Tennisball	Spielzeug, Sport
Konsole	Fernseher, Spielzeug
Cowboyhut	Spielzeug, Kleidung
DVD	Fernseher

Tabelle 16.1: In dieser Tabelle sieht man zu welchen Kategorien man bestimmte Gegenstände zuordnen kann.

alle Gegenstände, die so herumliegen. Wir zeichnen zwischen je zwei Punkte eine Kante, wenn die Gegenstände in einer Kategorie übereinstimmen. Unser Beispiel oben ergibt den Graphen in Abbildung 16.6.

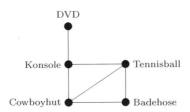

Abbildung 16.6: Die Gegenstände und ihre Beziehungen zueinander als Graph veranschaulicht

Nun ist ein vollständiger Teilgraph eine Liste von Gegenstände, die paarweise eine Kategorie gemeinsam haben. Eine unabhängige Menge entspricht den Voraussetzungen, in die Kiste „Sonstiges" zu dürfen. Der Satz von Ramsey besagt nun, dass man die Kiste mit fünf Dingen füllen kann, wenn genügend Gegenstände herumliegen, nämlich bei $2^{2 \cdot 5 - 2} = 2^8 = 256$.

16.5   Aufgaben

Aufwärmaufgabe 16.A. Ein durschnittlicher Europäer hat ca. 150 000 Haare auf dem Kopf. Der Landkreis Regensburg hat 190 000 Einwohner. Angenommen die maximale Anzahl an Haaren eines Menschen ist 180 000. Begründe, warum mindestens zwei Menschen im Landkreis Regensburg dieselbe Anzahl an Haaren haben.

Aufwärmaufgabe 16.B. Wie viele Kinder müssen mindestens in einer Klasse sein, damit es drei Kinder gibt, die im selbem Monat Geburtstag haben?

Aufgabe 16.1 (*). Zeige, dass unter je $n + 1$ ganzen Zahlen zwei Zahlen sind, die denselben Rest beim Teilen durch n haben.

Aufgabe 16.2 (*).

1. Beweise Satz 16.5.

2. Beweise Satz 16.6.

Aufgabe 16.3 (*). Wir haben drei natürliche Zahlen a, b, c. Zeige Folgendes: wenn die Summe $a + b + c$ *nicht* durch 3 teilbar ist, dann gibt es zwei Zahlen aus a, b, c, die den selben Rest beim Teilen durch 3 haben.

Aufgabe 16.4 (**). Wir betrachten ein Quadrat mit der Seitenlänge 3 cm. Wie viele Steine kann ich darauf maximal verteilen, so dass der Abstand zwischen jeweils zwei Steinen stets größer als $\sqrt{2}$ ist? Denke daran, dass man hier zwei Dinge zeigen muss: obere Schranke und untere Schranke!

Aufgabe 16.5 (**). Zeige, dass es auf jeder Party mit mindestens sechs Personen jeweils drei Personen gibt, die sich alle untereinander kennen, oder die sich gegenseitig völlig fremd sind. Wie verhält es sich mit Partys, auf denen fünf Personen sind?

Aufgabe 16.6 (***). Zeige, dass die Ramsey-Zahl zu 4 größer als 17 ist.

Weiterführende Links

https://de.wikipedia.org/wiki/Frank_Plumpton_Ramsey

Literatur

[1] R. Diestel. *Graphentheorie*, Springer Spektrum, 2017.

17
Geheimnisvolle Zahlentafeln

Weihnachten und die Magie der magischen Quadrate

Karin Binder, Georg Bruckmaier

17.1   Der Weihnachtsmann und die Zahlentafel 189
17.2   Exkurs: Die Magie der magischen Quadrate 191
17.3   Aufgaben 192
Literaturverzeichnis 194
Lösungen zu den Aufgaben 299

17.1   Der Weihnachtsmann und die Zahlentafel

Der Weihnachtsmann möchte dich dieses Jahr mit etwas besonders Spannendem zum Knobeln überraschen. Dazu zeichnet er für dein Geburtsjahr, das er auf das Jahr 2004 schätzt, blitzschnell eine Zahlentafel zur Zahl 2004 (siehe Abbildung 17.1):

Was ist nun an dieser Zahlentafel so besonders? Wenn man die Zahlentafel genau analysiert, sieht man, dass sich immer die Zahl 2004 ergibt, wenn man alle Zahlen einer Zeile oder Spalte addiert (*geheimnisvolle Zahlentafel*). Wenn zusätzlich die Summe der Zahlen in den beiden Diagonalen jeweils dieser Zahl (z.B. 2004) entspricht, soll die Zahlentafel *hochgeheimnisvoll* heißen. Der

66	820	878	240
646	298	588	472
356	704	414	530
936	182	124	762

Abbildung 17.1: Geheimnisvolle Zahlentafel zur Zahl 2004

Weihnachtsmann konnte diese so schnell zeichnen, weil er sich eine einfachere
Zahlentafel, nämlich die zur Zahl 34 statt zur Zahl 2004, auswendig gemerkt
hatte (siehe Abbildung 17.2). Übrigens: Die Zahlen in (hoch)geheimnisvollen
Zahlentafeln sollen natürlich alle unterschiedlich sein. Die Zahlenfolge muss da-
bei nicht zwingend bei 1 beginnen, allerdings müssen die Zahlen gleich großen
Abstand zueinander haben.

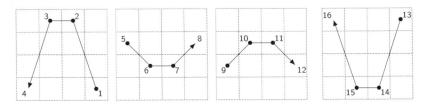

Abbildung 17.2: Merkhilfe für hochgeheimnisvolle Zahlentafeln zur Zahl 34

Anschließend hat er diese Zahlentafel zuerst mit 58 multipliziert und dann
zu jeder einzelnen Zahl noch 8 addiert (vgl. Abbildung 17.3), um von der Zahl
34 zur gewünschten Zahl 2004 zu kommen (denn $2004 = 34 \cdot 58 + 4 \cdot 8$). Dadurch haben sich die besonderen Eigenschaften der Zahlentafel nicht verändert:
Die Summe der Zahlen in jeder Zeile, in jeder Spalte und in jeder Diagonale
ist identisch, nämlich hier gleich 2004. Die Zahl 2004 zu der geheimnisvollen
Zahlentafel, die der Weihnachtsmann für dich gezeichnet hat, nennt man auch
die zugehörige *geheimnisvolle Zahl*.

Darf man nun „alles" mit den Zahlentafeln machen, ohne ihre besonderen
Eigenschaften zu zerstören? Nein – aber Multiplizieren (Verdoppeln, Verdreifa-
chen, ...) aller Zahlen der Tafel, Addieren einer beliebigen natürlichen (auch
negativen) Zahl (z.B. ... , $-2, -1, 0, +1, +2, ...$) zu jeder Zahl der Tafel, oder
auch das Drehen und Spiegeln der gesamten Zahlentafel ist erlaubt.

Außerdem kannst du auch zwei verschiedene geheimnisvolle (oder hochgeheimnisvolle) Zahlentafeln elementweise addieren und erhältst dann wieder eine
geheimnisvolle (oder hochgeheimnisvolle) Zahlentafel. Probier es mal aus und
überlege, welche geheimnisvolle Zahl sich dann wohl ergeben wird. Übrigens:

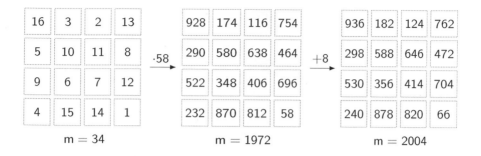

Abbildung 17.3: Konstruktion einer hochgeheimnisvollen Zahlentafel zur Zahl 2004

Die Zahlen in der neu entstandenen geheimnisvollen (oder hochgeheimnisvollen) Zahlentafel sind nun vielleicht nicht mehr alle unterschiedlich.

17.2 Exkurs: Die Magie der magischen Quadrate

Wir haben gerade die Begriffe *geheimnisvolle Zahlentafel, hochgeheimnisvolle Zahlentafel* und *geheimnisvolle Zahl* eingeführt. Hochgeheimnisvolle Zahlentafeln werden in der Mathematik eigentlich als *magische Quadrate* bezeichnet. Entsprechend nennt man die geheimnisvolle Zahl in der Mathematik die *magische Zahl* des magischen Quadrats. Geheimnisvolle Zahlentafeln, in denen die Summe der Zahlen in den Diagonalen *nicht* der geheimnisvollen Zahl entspricht, nennt man hingegen *semimagische Quadrate*. Man bezeichnet diese auch als *misslungene* oder *dissonante magische Quadrate*.

Seit wann gibt es eigentlich die Idee, magische Quadrate zu analysieren? Das magische Quadrat, das am längsten bekannt ist, ist ein magisches Quadrat aus China aus der Zeit um 2800 vor Christus. Es wird auch *Lo-Shu* genannt und ist ein magisches Quadrat der Größe 3 mal 3. Das wohl berühmteste magische Quadrat ist im Kupferstich „Melencolia I" enthalten, den Albrecht Dürer im Todesjahr seiner Mutter 1514 angefertigt hat (siehe Abbildung 17.4).

Es handelt sich dabei um ein symmetrisches magisches Quadrat, das neben den typischen Eigenschaften eines magischen Quadrates auch noch weitere Eigenschaften erfüllt, die du in Aufgabe 17.2 herausfinden sollst.

Eine dreidimensionale Erweiterung von magischen 3-mal-3-Quadraten wird auch als *magischer Würfel* bezeichnet. In der Literatur am Ende dieses Themenblattes und im Internet findest du viele weitere spannende Informationen zum Thema „Magische Quadrate".

Abbildung 17.4: Magisches Quadrat aus dem Kupferstich von Albrecht Dürer

17.3 Aufgaben

Aufwärmaufgabe 17.A. Beschrifte neun Notizzettel mit den Zahlen $1, 2, \ldots, 9$. Lege die Notizzettel so auf den Tisch, dass eine geheimnisvolle 3-mal-3-Zahlentafel entsteht. Wie lautet hier die geheimnisvolle Zahl?

Aufwärmaufgabe 17.B. Bei einer der geheimnisvollen Zahlentafeln des Weihnachtsmanns sind einige der Zahlen abhanden gekommen (siehe Abbildung 17.5). Der Weihnachtsmann weiß aber noch, dass es sich dabei um die Zahlentafel zur geheimnisvollen Zahl 18 handelt.

1. Ergänze die Zahlen, damit die Zahlentafel wieder vollständig ist.

2. Ist diese Zahlentafel auch hochgeheimnisvoll?

5		3
4		
		7

Abbildung 17.5: Unfertige Zahlentafel zur geheimnisvollen Zahl 18

Aufwärmaufgabe 17.C. Die erste Zahlentafel in Abbildung 17.6 enthält die Zahlen 1 bis 16. Erkläre, wie man daraus die zweite und die dritte Zahlentafel „herstellen" kann. Überprüfe, ob es sich bei der dritten Zahlentafel tatsächlich um eine hochgeheimnisvolle Zahlentafel handelt.

1	2	3	4
5	6	7	8
9	10	11	12
13	14	15	16

→

16	2	3	13
5	11	10	8
9	7	6	12
4	14	15	1

→

16	3	2	13
5	10	11	8
9	6	7	12
4	15	14	1

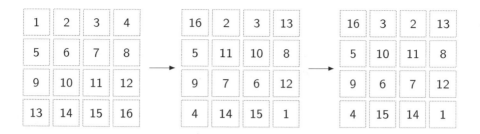

Abbildung 17.6: Entstehung einer geheimnisvollen 4-mal-4-Zahlentafel

Aufgabe 17.1 (3-mal-3-Zahlentafel*). In Abbildung 17.7 siehst du eine leere 3-mal-3-Zahlentafel, die nur darauf wartet ausgefüllt zu werden. In Aufwärmaufgabe 17.A hast du bereits eine geheimnisvolle 3-mal-3-Zahlentafel aus den Zahlen $1, 2, \dots, 9$ gefunden. Findest du auch eine hochgeheimnisvolle 3-mal-3-Zahlentafel aus den Zahlen $1, 2, \dots, 9$? Gibt es jeweils mehrere Lösungen (ohne Drehungen und Spiegelungen der Zahlentafel) für die geheimnisvolle oder die hochgeheimnisvolle Zahlentafel? Wenn ja: Wie viele?

?	?	?
?	?	?
?	?	?

Abbildung 17.7: Leere 3-mal-3-Zahlentafel

Aufgabe 17.2 (Muster in den Zahlentafeln*). Wie bereits erklärt, nennt man die Zahl 2004 zu der geheimnisvollen Zahlentafel, die der Weihnachtsmann für dich gezeichnet hat, auch die zugehörige *geheimnisvolle Zahl*. Jede (hoch)geheimnisvolle Zahlentafel hat eine solche geheimnisvolle Zahl. In der hochgeheimnisvollen Zahlentafel zur Zahl 34 aus Abbildung 17.3 (links) finden sich sogar noch weitere Muster (mit der geheimnisvollen Zahl), denn nicht nur die Zeilen, die Spalten oder die Diagonalen summieren sich zur geheimnisvollen Zahl. Finde in hochgeheimnisvollen Zahlentafeln möglichst viele (punkt-, achsen- oder verschiebungs-)symmetrische Muster aus vier Zahlen (wie in Abbildung 17.2), die sich ebenfalls zur geheimnisvollen Zahl addieren.

Aufgabe 17.3 (Geheimnisvolle Zahl*). Wie lautet die geheimnisvolle Zahl einer geheimnisvollen 5-mal-5-Zahlentafel aus den Zahlen $1, 2, 3, \dots, 25$? Welche Strategie verwendest du? Begründe deine Antwort.

Aufgabe 17.4 (Weihnachtsmanntafel*). Wir wissen das Alter des Weihnachtsmanns nicht genau, aber da er sehr alt ist, könnte er bereits über 80 Jahre alt und beispielsweise im Jahr 1936 geboren sein. Mach dem Weihnachtsmann eine Freude und finde eine hochgeheimnisvolle 4-mal-4-Zahlentafel zur Zahl 1936.

Aufgabe 17.5 (Tafel zum Geburtsjahr**). Erzeuge eine geheimnisvolle 4-mal-4-Zahlentafel zu deinem Geburtsjahr (z.B. 2007 oder 2009) oder dem eines deiner Geschwister. Welche Veränderungen (mathematische Operationen) musstest du durchführen, um ausgehend von der geheimnisvollen Zahlentafel zur Zahl 2004 (vgl. Abbildung 17.3) die neue Geburtsjahr-Zahlentafel zu erzeugen?

Aufgabe 17.6 (Verschwundene Zahlentafeln**). Wir haben schon verschieden große geheimnisvolle Zahlentafeln kennengelernt. Für welches n gibt es keine solche geheimnisvolle n-mal-n-Zahlentafel, die die Zahlen $1, 2, \ldots, n^2 - 1, n^2$ enthält? Begründe deine Antwort.

Aufgabe 17.7 (Geheimnisvolle Zahl Nr. 2***). Wie ermittelt man geschickt die geheimnisvolle Zahl in einer geheimnisvollen n-mal-n-Zahlentafel mit den Zahlen $1, 2, 3, \ldots, n^2$ (also z.B. für $n = 7$: $1, 2, 3, \ldots, 47, 48, 49$)? Stelle einen geeigneten Term auf, der die geheimnisvolle Zahl für ein beliebiges n angibt.

Bemerkung:
Wir möchten uns ganz herzlich bei Tobias Krehbiel für die zahlreichen Ideen und Anregungen zu diesem Schülerzirkelblatt bedanken.

Weiterführende Links

https://de.wikipedia.org/wiki/Magisches_Quadrat
http://www.mathematische-basteleien.de/magquadrat.htm

Literatur

[1] F. Agostini. *Weltbild's Mathematische Denkspiele*, Weltbild: Augsburg, 2002.
[2] M. Gardner. *Mathematik und Magie*, DuMont: Köln, 1981.
[3] U. Hirt, B. Wälti. *Lernumgebungen im Mathematikunterricht (5. Auflage)*, Klett Kallmeyer, 2016.
[4] T. Krehbiel. *Zauberhafte Mathematik*, Praxis Mathematik, 59(56), S. 7–12, 2014.

18
Roro-Robo

Von Turtle zu Turing

Clara Löh

18.1   Roro-Prorogrammierung   195
18.2   Aufgaben   197
Epilog: Von Turtle zu Turing   199
Literaturverzeichnis   202
Lösungen zu den Aufgaben   305

18.1   Roro-Prorogrammierung

Roboter Roro lebt in einer Quadratgitterwelt und kann durch die Kommandos

$$\boxed{\triangleright} \qquad \boxed{\triangleleft} \qquad \boxed{\triangle}$$

gesteuert werden. Ein *Roro-Programm* ist eine Liste von Instruktionen, d.h. eine Abfolge von diesen Kommandos. Zum Beispiel ist

$$\boxed{\triangle} \; \boxed{\triangleright} \; \boxed{\triangle} \; \boxed{\triangle} \; \boxed{\triangle} \; \boxed{\triangleleft} \; \boxed{\triangle} \; \boxed{\triangle}$$

ein Roro-Programm mit acht Instruktionen.

© Springer-Verlag GmbH Deutschland, ein Teil von Springer Nature 2019
C. Löh et al. (Hrsg.), *Quod erat knobelandum*,
https://doi.org/10.1007/978-3-662-58725-6_21

Eine *Roro-Karte* ist ein Ausschnitt aus einem Quadratgitter, auf dem jeweils genau ein Feld mit △ markiert ist (das *Startfeld*) und genau ein Feld mit ○ markiert ist (das zu erreichende *Zielfeld*). Felder, die durch schwarze Quadrate gekennzeichnet sind, sind *Wände*. Ein Beispiel für eine Roro-Karte findet sich in Abbildung 18.1.

Abbildung 18.1: Eine Roro-Karte

Roro startet auf dem Startfeld und blickt zu Beginn nach Norden. Roro führt ein Roro-Programm aus, indem er Schritt für Schritt die Instruktionen abarbeitet; dabei haben die Kommandos die folgende Bedeutung:

▷   Roro dreht sich um 90° nach rechts

◁   Roro dreht sich um 90° nach links

▲   Roro bewegt sich ein Quadrat in Blickrichtung

Roro kann nicht durch Wände gehen. Ist in Blickrichtung auf dem nächsten Feld eine Wand und ist ▲ die nächste Instruktion, so bleibt Roro einfach auf dem Feld stehen, auf dem er sich gerade befindet, und führt danach die nächste Instruktion im Programm aus. Wenn Roro die Karte verlässt, macht es „frrrrzt" und Roro ist höchstens noch als Toaster zu gebrauchen (kann aber keine Roro-Instruktionen mehr ausführen).

Beispiel 18.1. Was passiert, wenn Roro das Programm

auf der Karte in Abbildung 18.1 ausführt? In Abbildung 18.2 gehen wir das Programm Schritt für Schritt durch und stellen dabei Roro jeweils durch ein schwarzes Dreieck dar (das auch die aktuelle Blickrichtung angibt).

Die Programmierung der Bewegungen von Roro ist an die Programmierung der Bewegungen in sogenannter Turtle-Graphik angelehnt. Statt *absoluter* Ortsbeschreibungen (zum Beispiel kartesischer Koordinaten) werden *relative* Ortsbeschreibungen („um 90° nach links drehen", etc.) verwendet, die das Geschehen aus der Sicht des sich bewegenden Roboters darstellen.

Happy Roro-Hacking!

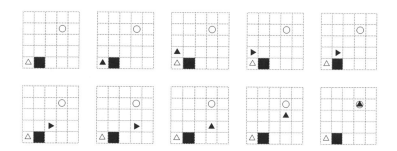

Abbildung 18.2: Roro bewegt sich Schritt für Schritt durch die Karte aus Abbildung 18.1.

18.2   Aufgaben

Aufwärmaufgabe 18.A. Bastle ein Modell (z.B. aus Pappe) für die Simulation von Roro (d.h. eine Karte, Instruktionskärtchen, eine Roro-Figur, Wände, Markierung für das Startfeld).

Aufwärmaufgabe 18.B. Beschreibe den Weg von Deinem Bett zum Esstisch mit Roro-Instruktionen. Mit welchen Roro-Instruktionen kommst Du zurück vom Esstisch zum Bett?

Aufwärmaufgabe 18.C. Kannst Du eine Karte für Roro angeben, bei der er niemals „frrrrzt" machen wird, egal welches Programm er ausführt?

Aufgabe 18.1 (kleine Roro-Programme*). Skizziere die einzelnen Schritte, die Roro bei der Ausführung der angegebenen Roro-Programme auf der Karte aus Abbildung 18.3 durchführt. Wo steht Roro am Ende und in welche Richtung schaut er?

1. ⊿ ⊿ ⊿ ▷ ⊿ ◁

2. ⊿ ▷ ⊿ ▷ ⊿ ◁

Abbildung 18.3: Die Karte aus Aufgabe 18.1 bzw. Aufgabe 18.2

Aufgabe 18.2 (Lechts und rinks*). Roro hat durch einen Unfall verlernt, was das Kommando ▷ bedeutet. Gib ein Roro-Programm an, das nur ◁ und

△ verwendet und auf der Karte aus Abbildung 18.3 (genau am Ende des Programms) das Ziel erreicht. Begründe Deine Antwort!

Aufgabe 18.3 (In der Kürze ... *). Gib ein Roro-Programm mit möglichst wenig Instruktionen an, mit dem Roro auf der Karte aus Abbildung 18.4 das Ziel erreicht. Begründe auch, warum es nicht mit noch weniger Instruktionen geht!

Abbildung 18.4: Die Karte aus Aufgabe 18.3

Aufgabe 18.4 (Palindromprogramme**). Ein Roro-Programm ist ein *Palindromprogramm*, wenn es mit seiner Spiegelung übereinstimmt. Zum Beispiel ist das Programm ▷ △ ◁ ein Palindromprogramm, aber ▷ △ ▷ ist keines.

1. Gib ein Palindromprogramm an, mit dem Roro auf der Karte aus Aufgabe 18.1 das Ziel erreicht.

2. Gibt es auch ein Palindromprogramm dieser Art, wenn wir zusätzlich verlangen, dass Roro am Schluss nach Westen schaut? Begründe Deine Antwort!

Aufgabe 18.5 (Repetitio est mater studiorum**). Gerät Roro auf ein Feld, auf dem eine Zahl n steht, so führt Roro zunächst die letzten n Instruktionen aus, die er vor dem Erreichen dieses Feldes ausgeführt hat, und fährt erst dann mit seinem Programm (bzw. noch ausstehenden Wiederholungen) fort. Gib jeweils ein Programm mit höchstens acht Instruktionen an, mit dem Roro auf den Karten aus Abbildung 18.5 das Ziel (am Ende des Programms) erreicht.

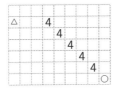 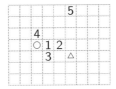

Abbildung 18.5: Die Karten aus Aufgabe 18.5

Aufgabe 18.6 (Vergesslichkeit***). Roro ist leider manchmal vergesslich. Daher kann es passieren, dass er vergisst, eine der Instruktionen in einem Programm auszuführen. Schreibe ein Roro-Programm, mit dem Roro auch dann auf der

Karte aus Abbildung 18.6 sicher das Ziel erreicht, wenn er höchstens eine der Instruktionen des Programms vergisst. Begründe kurz, warum Dein Programm die gewünschte Eigenschaft besitzt!

Abbildung 18.6: Die Karte aus Aufgabe 18.6

Epilog: Von Turtle zu Turing

In Turtle-Graphik gibt es normalerweise zusätzlich noch die Möglichkeit, mit einem „Stift" die Bewegungen aufzuzeichnen, und weitere Kontrollstrukturen, die Rekursion (also die wiederholte Ausführung von Instruktionen) und Fallunterscheidungen ermöglichen.

Wir modifizieren daher die Roro-Sprache und die Ausführung der Roro-Instruktionen zur Turo-Sprache:

- Ein *Turo-Programm* ist eine endliche Menge von Turo-Funktionen, von denen eine den Namen *Start* besitzt.

- Jede *Turo-Funktion* ist dabei eine Liste von Turo-Instruktionen, die zusätzlich einen *Namen* besitzt. Verschiedene Turo-Funktionen müssen dabei verschiedene Namen haben.

- Es gibt die folgenden *Turo-Instruktionen*:

Turo befindet sich auf dem unendlichen Quadratgitter, bei dem einige Felder mit ◈ markiert sein können; zu Beginn steht er auf dem mit △ markierten *Startfeld* und blickt nach Norden, es gibt kein Zielfeld. Turo führt ein Turo-Programm aus, indem er Schritt für Schritt die Instruktionen abarbeitet; er beginnt dabei mit der ersten Instruktion aus der Funktion *Start*. Die Instruktionen haben die folgende Bedeutung:

- ▷, ◁, ▲ haben dieselbe Bedeutung wie bei Roro.

- ◈ : Turo markiert das aktuelle Feld mit ◈; auch das Startfeld kann markiert werden.

- ◇ : Falls das aktuelle Feld markiert ist, löscht Turo diese Markierung.

- $\boxed{\star \mid Name_1 \mid Name_2}$: Falls das aktuelle Feld markiert ist, springt die Ausführung von Turo in die Funktion $Name_1$. Falls das aktuelle Feld nicht markiert ist, springt die Ausführung von Turo in die Funktion $Name_2$.

  Falls Turo die Ausführung von $Name_1$ oder $Name_2$ beendet ohne dass die Ausführung des gesamten Programms zuvor durch $\boxed{\bullet}$ endet, so fährt er mit der nächsten Instruktion nach $\boxed{\star \mid Name_1 \mid Name_2}$ fort.

- $\boxed{\bullet}$: Turo beendet die Ausführung und bleibt an der aktuellen Position stehen.

Die Instruktionen $\boxed{\diamondsuit}$ und $\boxed{\lozenge}$ ermöglichen es Turo, Muster auf das Quadratgitter zu zeichnen.

Beispiel 18.2 (Turtle-Quadrat). Das Turo-Programm

$$Start: \quad \boxed{\diamondsuit} \; \boxed{\triangleright} \; \boxed{\triangle} \; \boxed{\diamondsuit} \; \boxed{\triangleright} \; \boxed{\triangle} \; \boxed{\diamondsuit} \; \boxed{\triangleright} \; \boxed{\triangle} \; \boxed{\diamondsuit} \; \boxed{\triangleright} \; \boxed{\triangle}$$

erzeugt auf einem ursprünglich leeren Quadratgitter ein 2×2-Quadrat-Muster wie in Abbildung 18.7 (wobei Turo im oberen linken Quadrat startet und zu Beginn nach Norden blickt).

Abbildung 18.7: Die Turtle-Graphik aus Beispiel 18.2

Die Instruktion $\boxed{\star \mid Name_1 \mid Name_2}$ ermöglicht es, abhängig von der aktuellen Situation, eine Fallunterscheidung zu treffen und den Kontrollfluss des Programms umzulenken. Dadurch werden Fallunterscheidungen und Rekursionen möglich.

Beispiel 18.3 (Turtle-Quadrat, mit Funktionen). Alternativ könnten wir das Quadrat aus Beispiel 18.2 auch mit dem folgenden Turo-Programm erstellen, in dem die sich wiederholenden Schritte in eine separate Funktion ausgelagert wurden:

$$Start: \quad \boxed{\star \mid Ecke \mid Ecke} \; \boxed{\star \mid Ecke \mid Ecke} \; \boxed{\star \mid Ecke \mid Ecke} \; \boxed{\star \mid Ecke \mid Ecke}$$
$$Ecke: \quad \boxed{\diamondsuit} \; \boxed{\triangleright} \; \boxed{\triangle}$$

Auch die vierfache Wiederholung können wir noch durch eine geeignete Rekursion ersetzen:

$$Start: \quad \boxed{\star \mid Ende \mid Ecke}$$
$$Ecke: \quad \boxed{\diamondsuit} \; \boxed{\triangleright} \; \boxed{\triangle} \; \boxed{\star \mid Start \mid Start}$$
$$Ende: \quad \boxed{\bullet}$$

Dadurch, dass wir nun Rekursion zur Verfügung haben, können wir auch Programme schreiben, deren Ausführung nie zu Ende ist:

Beispiel 18.4 (Turo läuft und läuft und ...). Das Programm

$$Start: \quad \boxed{\star\,|\,Schritt\,|\,Schritt}$$
$$Schritt: \quad \boxed{\diamondsuit}\ \ \boxed{\triangle}\ \ \boxed{\star\,|\,Start\,|\,Start}$$

erzeugt eine unendlich lange Spalte von Markierungen.

Außerdem können wir Turo dazu verwenden, einfache Berechnungen durchzuführen. Zum Beispiel können wir dabei Zahlen durch Spalten von entsprechend vielen Markierungen kodieren.

Beispiel 18.5 (Turo +1). Wir betrachten das folgende Turo-Programm:

$$Start: \quad \boxed{\star\,|\,Schritt\,|\,Plus1}$$
$$Schritt: \quad \boxed{\triangle}\ \ \boxed{\star\,|\,Start\,|\,Start}$$
$$Plus1: \quad \boxed{\diamondsuit}\ \ \boxed{\bullet}$$

Dieses Programm kann man als „Addition von 1" interpretieren: Ist zu Beginn auf der Karte eine Spalte mit Markierungen, die beim Startfeld anfängt (und sich nach Norden fortsetzt), so addiert Turo am nördlichen Ende eine weitere Markierung.

Er testet dabei (in *Start*) jeweils, ob das aktuelle Feld markiert ist oder nicht.

- Falls es markiert ist, ist die Spalte an dieser Stelle noch nicht zu Ende und Turo geht mithilfe von *Schritt* einen Schritt nach Norden und macht dann wieder dieselbe Überlegung ...

- Ist das aktuelle Feld nicht markiert, so ist dies das Ende der markierten Spalte und an dieser Stelle wird das zusätzliche Feld mithilfe von *Plus1* markiert.

Es mag nun zunächst den Anschein haben, dass wir mit Turo nicht besonders viel berechnen können; dieser Schein trügt aber! Das gängige Berechenbarkeitsmodell wird durch sogenannte Turing-Maschinen beschrieben; alle gängigen Computer (auch riesige Cluster oder Quanten-Computer) können im Prinzip nicht mehr berechnen als Turing-Maschinen (sondern solche Berechnungen höchstens schneller durchführen). Das Turo-System ist *Turing-vollständig*, d.h. man kann jede Turing-Maschine im Turo-System simulieren. Besonders komfortabel ist diese Art der Programmierung aber für die meisten Probleme natürlich nicht ...

Weiterführende Links

https://en.wikipedia.org/wiki/Turtle_graphics
https://en.wikipedia.org/wiki/Logo_(programming_language)
https://en.wikipedia.org/wiki/Scratch_(programming_language)

Literatur

[1] F. Huch. Learning Programming with Erlang or Learning Erlang with Ladybirds. *ERLANG '07, Proceedings of the 2007 SIGPLAN workshop on ERLANG*, S. 93–99, ACM, 2007.

Teil III

Lösungsvorschläge

1 Lösungsvorschläge zu Thema 1

Theresa Stoiber, Jan-Hendrik Treude

Lösung zu Aufgabe 1.1. Die Antwort lautet Nein. Um das zu sehen, kann man sich beispielsweise die Anzahl der Buchstaben ansehen. MEU hat drei Buchstaben, also ist die Länge des Ausgangsworts ungerade. Bei jeder der erlaubten Umformungen **(R 1)**, **(R 2)** und **(R 3)** ändert sich die Wortlänge entweder gar nicht oder um 2, also um eine gerade Zahl. Addiert oder subtrahiert man von einer ungeraden Zahl eine gerade Zahl, erhält man stets wieder eine ungerade Zahl. In diesem Beispiel ist also die Eigenschaft, ob die Wortlänge gerade oder ungerade ist, eine Invariante. Da die Länge des Zielwortes MU gleich 2 ist, also eine gerade Zahl, kann man MEU mit den gegebenen Regeln nicht in MU umformen. ▫

Lösung zu Aufgabe 1.2. Es ist nicht möglich, alle Becher richtig herum zu stellen. Es gibt nämlich beim Umdrehen der Becher genau drei Fälle.

1. Dreht man zwei richtig stehende Becher um, so wird die Anzahl der kopfüber stehenden Becher um zwei größer.

2. Wählt man einen richtig und einen kopfüber stehenden Becher, ändert sich die Anzahl der kopfüber stehenden Becher nicht.

3. Beim Umdrehen von zwei kopfüber stehenden Bechern wird die Anzahl der kopfüber stehenden Becher um zwei kleiner.

Also ändert sich in jedem der drei Fälle die Anzahl der kopfüber stehenden Becher um eine gerade Zahl. Die Eigenschaft, ob die Anzahl der kopfüber stehenden Becher gerade oder ungerade ist, ist also eine Invariante. Da zu Beginn eine ungerade Zahl an Bechern kopfüber steht (nämlich drei), bleibt die Anzahl der kopfüber stehenden Becher stets ungerade (eins, drei oder fünf). Sie kann also nie null werden. ▫

Lösung zu Aufgabe 1.3. Bei einer 4×8-Tafel sollte man anfangen um zu gewinnen. Bei jedem Zug, also jedem Brechen der Tafel (oder von Teilen davon), erhöht sich die Anzahl der Teile um 1. Dieser Zuwachs um ein Teil pro Zug kann in diesem Fall als Invariante betrachtet werden. Das Spiel ist zu Ende, wenn $4 \cdot 8 = 32$ einzelne Stücke vorhanden sind. Wir beginnen mit einem einzigen Teil (nämlich der ganzen Tafel) und erhöhen die Anzahl der Teile pro Zug um 1. Somit sind $32 - 1 = 31$ Züge notwendig, bis das Spiel zu Ende ist. Da 31 eine ungerade Zahl ist, muss man also alle ungeraden Züge machen, um auch den letzten Zug machen zu dürfen. Das heißt, man muss den ersten Zug machen, um das Spiel zu gewinnen.

© Springer-Verlag GmbH Deutschland, ein Teil von Springer Nature 2019
C. Löh et al. (Hrsg.), *Quod erat knobelandum*,
https://doi.org/10.1007/978-3-662-58725-6_22

Bei einer 3×7-Tafel gibt es entsprechend $21 - 1 = 20$ Züge, eine gerade Zahl. In diesem Fall sollte man also nicht den ersten Zug, sondern den zweiten (und somit alle geraden Züge) machen, um zu gewinnen.   ◻

Lösung zu Aufgabe 1.4. Das Spiel muss enden, da wir mit endlich vielen Murmeln im Beutel starten (nämlich elf) und nach jedem Zug eine Kugel weniger im Beutel ist als vorher, was man direkt an den Regeln **(R 1)**, **(R 2)** und **(R 3)** ablesen kann. Wir wissen also, dass nach zehn Zügen nur noch eine Murmel im Beutel ist.

Die letzte Kugel muss rot sein. Dazu betrachten wir, wie sich die Anzahl der roten Kugeln bei den verschiedenen Zügen ändert. Unter **(R 1)** und **(R 3)** ändert sich die Anzahl der roten Kugeln gar nicht. Unter **(R 2)** ändert sich die Anzahl der roten Kugeln im Beutel um 2, denn es sind nach dem Zug zwei rote Kugeln weniger im Beutel als davor. Die Anzahl der roten Kugeln ändert sich also immer um eine gerade Zahl. Wieder ist also die Eigenschaft, ob eine gerade oder ungerade Anzahl an roten Kugeln im Beutel ist, eine Invariante. Da wir mit fünf roten Kugeln starten und sich die Anzahl roter Kugeln stets um eine gerade Anzahl ändert, kann nach zehn Zügen nur noch eine rote Kugel im Beutel sein.   ◻

Lösung zu Aufgabe 1.5. Die Antwort lautet Nein. Eine Möglichkeit dies zu sehen besteht darin, die Zahlen in den Kuchenstücken wie in Abbildung 1.1 im Uhrzeigersinn mit a_1 bis a_6 zu benennen.

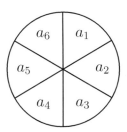

Abbildung 1.1: Eine Nummerierung der Kuchenstücke

Dann betrachten wir folgende Größe

$$\text{Wechselsumme} = a_1 - a_2 + a_3 - a_4 + a_5 - a_6.$$

Die Wechselsumme ist so konstruiert, dass sie invariant unter den möglichen Umformungen ist. Wir bemerken, dass die Zahlen von jeweils benachbarten Kuchenstücken immer mit verschiedenen Vorzeichen zur Wechselsumme beitragen. Erhöht man also zwei benachbarte Zahlen um 1, so gleicht sich dies in der Wechselsumme stets aus und sie bleibt konstant. Genauer gesagt betrachten wir zum Beispiel die Änderung

$$a_3 \to a_3 + 1 \quad \text{und} \quad a_4 \to a_4 + 1.$$

Dann berechnen wir die Wechselsumme erneut wie folgt

$$a_1 - a_2 + (a_3 + 1) - (a_4 + 1) + a_5 - a_6 = a_1 - a_2 + a_3 - a_4 + a_5 - a_6.$$

Die Wechselsumme ist also eine Invariante. Wir berechnen nun für die Ausgangssituation

$$\text{Wechselsumme} = 1 - 0 + 1 - 0 + 0 - 0 = 2.$$

Da dies eine Invariante ist, bleibt die Wechselsumme unter beliebigen Folgen erlaubter Umformungen konstant, behält also immer den Wert 2. Im Zielzustand soll in jedem Feld die gleiche Zahl stehen, die wir a nennen. In diesem Zustand hätten wir

$$\text{Wechselsumme} = a - a + a - a + a - a = 0,$$

im Widerspruch dazu, dass die Wechselsumme gleich 2 ist. Somit kann man durch die erlaubten Umformungen nicht erreichen, dass in jedem Feld die gleiche Zahl steht.   ▣

Lösung zu Aufgabe 1.6. Die Antwort lautet Nein. Hier ist es schon ein wenig schwieriger eine geeignete Invariante zu finden. Wir betrachten dazu, wie sich die Farben der mit einem Sternchen markierten Felder in Abbildung 1.2 ändern. Nun untersuchen wir, was mit der Anzahl der schwarzen Sternchen-Felder unter

Abbildung 1.2: Wir markieren bestimmte Felder des Spielfelds

den vier möglichen Umfärbungen passiert.

(R 1) *Man dreht jede Farbe in einer Reihe um.* Jede Reihe enthält genau zwei Sternchen-Felder. Sind vor dem Umfärben entweder beide schwarz oder beide weiß, so ändert sich die Anzahl der schwarzen Sternchen-Felder beim Umfärben um 2. Ist eines der beiden Felder schwarz und das andere weiß, so ändert sich die Anzahl der schwarzen Sternchen-Felder beim Umfärben einer Reihe nicht.

(R 2) *Man dreht jede Farbe in einer Spalte um.* Auch jede Spalte enthält zwei Sternchen-Felder. Deshalb ändert sich die Anzahl der schwarzen Sternchen-Felder beim Umfärben einer Spalte ebenfalls entweder um 2 oder bleibt gleich.

(R 3) *Man dreht jede Farbe in einer Diagonalen um.* Die Diagonalen enthalten gar keine Sternchen-Felder. Deshalb ändert sich die Anzahl der schwarzen Sternchen-Felder beim Umfärben einer Diagonalen nicht.

(R 4) *Man dreht jede Farbe in einer Nebendiagonalen um.* Die acht Nebendiagonalen in Abbildung 1.4 auf Seite 35 enthalten jeweils zwei Sternchen-Felder. Wir schließen wie in **(R 1)** und **(R 2)**, dass sich die Anzahl der schwarzen Sternchen-Felder beim Umfärben einer Nebendiagonalen wieder gar nicht oder um 2.

Insgesamt sehen wir also, dass sich bei jeder erlaubten Umfärbung die Anzahl der schwarzen Sternchen-Felder entweder um 2 oder überhaupt nicht ändert. Die Eigenschaft, ob die Anzahl der schwarzen Sternchen-Felder gerade oder ungerade ist, ist somit eine Invariante. Zu Beginn ist genau eines der Sternchen-Felder schwarz, also eine ungerade Anzahl. Somit ist es nicht möglich, das Spielfeld so umzufärben, dass es gar keine schwarzen Sternchen-Felder mehr gibt, da 0 eine gerade Zahl ist. Damit kann man natürlich auch nicht erreichen, dass gar kein Feld auf dem Brett mehr schwarz ist.   ▣

2 Lösungsvorschläge zu Thema 2

Timo Keller, Alexander Voitovitch

Lösung zu Aufgabe 2.1. Bezeichne die Wochentage Sonntag, Montag, Dienstag, ..., Samstag mit 0, 1, 2, ..., 6. Wenn heute Samstag (6) ist, dann ist der Rest beim Teilen von $6 + 100$ durch 7 unser gesuchter Wochentag. Weil 105 durch 7 teilbar ist, gilt $106 \equiv 1 \pmod{7}$, also ist in 100 Tagen Montag. ▢

Lösung zu Aufgabe 2.2.

1. Es gilt $22 \equiv -2 \pmod{12}$, weil $22 - (-2) = 24 = 2 \cdot 12$ durch 12 teilbar ist. Da $7 - 4 = 3$ nicht durch 11 teilbar ist, gilt nicht $7 \equiv 4 \pmod{11}$.

2. $39 \equiv 4 \pmod{n}$ bedeutet gerade, dass $39 - 4 = 35$ durch n teilbar ist. Daher sind alle möglichen Werte für n die positiven Teiler von $39 - 4 = 35 = 5 \cdot 7$, also $1, 5, 7, 35$. ▢

Lösung zu Aufgabe 2.3.

1. Wegen $107 \equiv -3 \pmod{10}$ gilt nach Eigenschaft **(M)** $107 \cdot 107 \equiv (-3) \cdot (-3) \pmod{10}$. Wiederholtes Anwenden der Eigenschaft **(M)** liefert

$$\underbrace{107 \cdot 107 \cdot \ldots \cdot 107}_{\text{107-mal}} \equiv \underbrace{(-3) \cdot (-3) \cdot \ldots \cdot (-3)}_{\text{107-mal}} \pmod{10}.$$

Wir berechnen (es gilt $107 = 4 \cdot 26 + 3$):

$$(-3)^{107} = \underbrace{(-3) \cdot (-3) \cdot \ldots \cdot (-3)}_{\text{107-mal}}$$
$$= \underbrace{(-3)^4 \cdot \ldots \cdot (-3)^4}_{\text{26-mal}} \cdot (-3) \cdot (-3) \cdot (-3)$$
$$= \underbrace{81 \cdot 81 \cdot \ldots \cdot 81}_{\text{26-mal}} \cdot (-27)$$
$$= 81^{26} \cdot (-27).$$

Es ist $81 \equiv 1 \pmod{10}$, daher gilt $81^{26} \equiv 1^{26} \equiv 1 \pmod{10}$ nach Eigenschaft **(M)**. Wir setzen zusammen:

$$107^{107} \equiv 81^{26} \cdot (-27) \equiv -27 \equiv 3 \pmod{10}.$$

Also ist $x = 3$.

2. Aus dem Ergebnis des ersten Teils folgt $107^{107} - 3 \equiv 0 \pmod{10}$. Das beudetet, dass $107^{107} - 3$ durch 10 teilbar ist, also eine 0 als Einerziffer hat. Damit ist die Einerziffer von 107^{107} die 3. ▢

© Springer-Verlag GmbH Deutschland, ein Teil von Springer Nature 2019
C. Löh et al. (Hrsg.), *Quod erat knobelandum*,
https://doi.org/10.1007/978-3-662-58725-6_23

Lösung zu Aufgabe 2.4. Analog wie in den Problemen von Abschnitt 2.2 reicht es zu zeigen, dass die Gleichung modulo 5 keine Lösung besitzt. Dazu zeigen wir $a^5 - 6a + 3 \not\equiv 0$ (mod 5) für jede Wahl von a im Bereich von 0 bis 4. Wir berechnen:

- $a \equiv 0$: $0^5 - 6 \cdot 0 + 3 \equiv 3 \not\equiv 0$ (mod 5).

- $a \equiv 1$: $1^5 - 6 \cdot 1 + 3 \equiv -2 \not\equiv 0$ (mod 5).

- $a \equiv 2$: $2^5 - 6 \cdot 2 + 3 \equiv 23 \not\equiv 0$ (mod 5).

- $a \equiv 3$: $3^5 - 6 \cdot 3 + 3 \equiv 228 \not\equiv 0$ (mod 5).

- $a \equiv 4$: $4^5 - 6 \cdot 4 + 3 \equiv 1003 \not\equiv 0$ (mod 5).

Alle fünf Rechnungen führen zu einem Widerspruch, also hat die Gleichung $a^5 - 6a + 3 \equiv 0$ (mod 5) keine Lösung und somit hat auch die Gleichung

$$x^5 - 6x + 3 = 0$$

keine Lösung x in den ganzen Zahlen.   ▢

Lösung zu Aufgabe 2.5. Wir unterteilen die Lösung in drei Schritte.

1. Jede natürliche Zahl ist modulo 3 gleich ihrer Quersumme. Wir werden diese Aussage weiter unten allgemein beweisen. Dazu werden wir aber mehrere Variablen gleichzeitig betrachten müssen, weshalb man im Beweis die Übersicht verlieren kann. Da die Beweisstrategie für jede Zahl gleich ist, beweisen wir die Aussage zuerst für die Zahl 100091. Schreibe

$$\begin{aligned}
100091 &= 1 \cdot 100000 + 9 \cdot 10 + 1 \cdot 1 \\
&= 1 \cdot (99999 + 1) + 9 \cdot (9 + 1) + 1 \cdot 1 \\
&= (1 \cdot 99999 + 9 \cdot 9) + (1 \cdot 1 + 9 \cdot 1 + 1 \cdot 1) \\
&= 3 \cdot (1 \cdot 33333 + 9 \cdot 3) + \underbrace{(1 + 9 + 1)}_{\text{Quersumme von } 100091}
\end{aligned}$$

Wegen $3 \cdot (1 \cdot 33333 + 9 \cdot 3) \equiv 0$ (mod 3) folgt

$$100091 \equiv (\text{Quersumme von } 100091) \quad (\text{mod } 3).$$

Kommen wir nun zum allgemeinen Fall. Dazu schreiben eine beliebige natürliche Zahl x in der Form

$$a_d \, a_{d-1} \, a_{d-2} \, \ldots \, a_2 \, a_1 \, a_0,$$

wobei $a_d, a_{d-1}, \ldots, a_1, a_0$ die Ziffern dieser Zahl sind.

Dann gilt

$$x = a_d \cdot 10^d + a_{d-1} \cdot 10^{d-1} + \ldots + a_1 \cdot 10 + a_0 \cdot 1$$
$$= a_d \cdot (\underbrace{9\ldots9}_{d\text{-mal}}+1) + a_{d-1} \cdot (\underbrace{9\ldots9}_{(d-1)\text{-mal}}+1) + \ldots + a_1 \cdot (9+1) + a_0 \cdot 1$$
$$= \left(a_d \cdot \underbrace{9\ldots9}_{d\text{-mal}}+a_{d-1} \cdot \underbrace{9\ldots9}_{(d-1)\text{-mal}}+\ldots+a_1 \cdot 9\right)$$
$$+ \left(a_d + a_{d-1} + \ldots + a_1 + a_0\right)$$
$$= 3 \cdot \left(a_d \cdot \underbrace{3\ldots3}_{d\text{-mal}}+a_{d-1} \cdot \underbrace{3\ldots3}_{(d-1)\text{-mal}}+\ldots+a_1 \cdot 3\right)$$
$$+ \underbrace{\left(a_d + a_{d-1} + \ldots + a_1 + a_0\right)}_{\text{Quersumme von } x}.$$

Da der linke Summand gleich 0 modulo 3 ist, folgt $x \equiv$ (Quersumme von x) (mod 3).

2. Als nächstes zeigen wir, dass eine Quadratzahl n^2 nicht gleich 2 modulo 3 sein kann. Für modulo 3 gibt es drei Fälle:

   (a) $n \equiv 0$ (mod 3): dann gilt $n^2 \equiv 0^2 \equiv 0 \not\equiv 2$ (mod 3).

   (b) $n \equiv 1$ (mod 3): dann gilt $n^2 \equiv 1^2 \equiv 1 \not\equiv 2$ (mod 3).

   (c) $n \equiv 2$ (mod 3): dann gilt $n^2 \equiv 2^2 \equiv 4 \not\equiv 2$ (mod 3).

3. Zusammen bekommen wir für eine Quadratzahl n^2

$$(\text{Quersumme von } n^2) \equiv n^2 \not\equiv 2 \quad (\text{mod } 3). \qquad \Box$$

Lösung zu Aufgabe 2.6.

1. Man berechnet

$$1\cdot4 + 2\cdot7 + 3\cdot0 + 4\cdot8 + 5\cdot0 + 6\cdot5 + 7\cdot9 + 8\cdot7 + 9\cdot8$$
$$= 4 + 14 + 32 + 30 + 63 + 56 + 72$$
$$= 271.$$

Wegen $271 \equiv 7 \not\equiv 1$ (mod 11) ist der Ausweis also gefälscht.

2. Man berechnet

$$1\cdot7 + 2\cdot6 + 3\cdot6 + 4\cdot9 + 5\cdot8 + 6\cdot7 + 7\cdot9 + 8\cdot8 + 9\cdot8$$
$$= 7 + 12 + 18 + 36 + 40 + 42 + 63 + 64 + 72$$
$$= 354 \equiv 2 \quad (\text{mod } 11).$$

Die Prüfziffer ist also 2.

3. Zum Beispiel hat 100000001 die Prüfziffer X, denn es gilt

$$1 \cdot 1 + 1 \cdot 9 \equiv 10 \pmod{11}.$$

4. Schreibe a_i für die Ziffer an i-ter Stelle (für $1 \leq i \leq 9$) und p für die Prüfziffer, das heißt die anfänglich gültige Ausweisnummer schreibt sich $a_1 a_2 \dots a_8 a_9 (p)$. Es gibt zwei Fälle:

1. Fall: Die Prüfziffer p wird mit einer Ziffer a_j vertauscht:

$$a_1 a_2 \dots a_{j-1} a_j a_{j+1} \dots a_9 (p) \; \to \; a_1 a_2 \dots a_{j-1} p \, a_{j+1} \dots a_9 (a_j).$$

Wir müssen zeigen, dass in der Nummer

$$a_1 a_2 \dots a_{j-1} p \, a_{j+1} \dots a_9 (a_j)$$

die Prüfziffer a_j falsch ist. Dazu ist

$$1 \cdot a_1 + 2 \cdot a_2 + \dots + (j-1) \cdot a_{j-1}$$
$$+ \, j \cdot p + (j+1) \cdot a_{j+1} + \dots + 9 \cdot a_9$$
$$\not\equiv a_j \pmod{11}$$

zu zeigen. Berechne modulo 11

$$1 \cdot a_1 + 2 \cdot a_2 + \dots + (j-1) \cdot a_{j-1} + j \cdot p$$
$$+ \, (j+1) \cdot a_{j+1} + \dots + 9 \cdot a_9$$
$$\equiv 1 \cdot a_1 + 2 \cdot a_2 + \dots + (j-1) \cdot a_{j-1} + j \cdot a_j$$
$$+ \, (j+1) \cdot a_{j+1} + \dots + 9 \cdot a_9 + (j \cdot p - j \cdot a_j)$$
$$\equiv p + (j \cdot p - j \cdot a_j).$$

Wir haben im zweiten Schritt benutzt, dass die anfängliche Ausweisnummer gültig ist. Wir zeigen nun mit einem indirekten Beweis (siehe Kapitel I.2), dass

$$1 \cdot a_1 + 2 \cdot a_2 + \dots + (j-1) \cdot a_{j-1}$$
$$+ \, j \cdot p + (j+1) \cdot a_{j+1} + \dots + 9 \cdot a_9$$
$$\not\equiv a_j \pmod{11}$$

gilt. Nehmen wir das Gegenteil an, so würde

$$p + (j \cdot p - j \cdot a_j) \equiv a_j \pmod{11}$$

gelten. Also wäre

$$p + (j \cdot p - j \cdot a_j) - a_j = (j+1)(p - a_j)$$

durch 11 teilbar und damit 11 ein Primfaktor in der Primfaktorzerlegung von $(j+1)(p-a_j)$. Dann wäre $j+1$ oder $p-a_j$ durch 11 teilbar, was nicht sein kann wegen $1 \leq j \leq 9$, $0 \leq a_j \leq 9$, $0 \leq p \leq 10$, $p \neq a_j$. Deshalb ist unsere Annahme falsch. Also hat die neue Nummer die falsche Prüfziffer.

2. Fall: Zwei verschiedene Ziffern a_i, a_j werden vertauscht:

$$a_1 \, a_2 \, \ldots \, a_{i-1} \, a_i \, a_{i+1} \, \ldots \, a_{j-1} \, a_j \, a_{j+1} \, \ldots \, a_9 \, (p)$$

$$\downarrow$$

$$a_1 \, a_2 \, \ldots \, a_{i-1} \, a_j \, a_{i+1} \, \ldots \, a_{j-1} \, a_i \, a_{j+1} \, \ldots \, a_9 \, (p)$$

Wir zeigen, dass p nicht die Prüfziffer von der neuen Ausweisnummer sein kann. Berechne modulo 11

$$1 \cdot a_1 + 2 \cdot a_2 + \ldots + (i-1) \cdot a_{i-1} + i \cdot a_j$$
$$+ \ldots + (j-1) \cdot a_{j-1} + j \cdot a_i + \ldots + 9 \cdot a_9$$
$$\equiv 1 \cdot a_1 + 2 \cdot a_2 + \ldots + (i-1) \cdot a_{i-1} + i \cdot a_i$$
$$+ \ldots + (j-1) \cdot a_{j-1} + j \cdot a_j + \ldots + 9 \cdot a_9$$
$$+ (i \cdot a_j - i \cdot a_i + j \cdot a_i - j \cdot a_j)$$
$$\equiv p + (i \cdot a_j - i \cdot a_i + j \cdot a_i - j \cdot a_j).$$

Wäre

$$p + (i \cdot a_j - i \cdot a_i + j \cdot a_i - j \cdot a_j) \equiv p \quad (\bmod \ 11),$$

so wäre

$$i \cdot a_j - i \cdot a_i + j \cdot a_i - j \cdot a_j = (i-j)(a_j - a_i)$$

durch 11 teilbar. Ähnlich wie im Fall 1 lässt sich begründen, dass das nicht sein kann. Also gehört die neue Nummer nicht zu einem gültigen Ausweis.

5. Unterscheiden sich die Ausweise in ihrer Prüfziffer, so ist klar, dass mindestens einer davon ungültig sein muss. Seien nun die Ausweisnummern von Lisa und Hans von der Form

$$a_1 \, a_2 \, \ldots \, a_{j-1} \, a_j \, a_{j+1} \, \ldots \, a_9 \, (p) \quad \text{und} \quad a_1 \, a_2 \, \ldots \, a_{j-1} \, b_j \, a_{j+1} \, \ldots \, a_9 \, (p)$$

mit $a_j \neq b_j$. Angenommen beide wären gültig, so würde modulo 11 gelten:

$$p - p \equiv 1 \cdot a_1 + 2 \cdot a_2 + \ldots + (j-1) \cdot a_{j-1} + j \cdot a_j$$
$$+ (j+1) \cdot a_{j+1} + \ldots + 9 \cdot a_9$$
$$- (1 \cdot a_1 + 2 \cdot a_2 + \ldots + (j-1) \cdot a_{j-1} + j \cdot b_j$$
$$+ (j+1) \cdot a_{j+1} + \ldots + 9 \cdot a_9)$$
$$\equiv j(a_j - b_j).$$

Das heißt, $j(a_j - b_j)$ wäre durch 11 teilbar. Wie in der Lösung der vierten Teilaufgabe überlegt man sich, dass das nicht gelten kann. Daher ist unsere Annahme, dass beide Ausweisnummern gültig sind, falsch. Also muss einer der Ausweise gefälscht sein.   ▢

3 Lösungsvorschläge zu Thema 3

Andreas Eberl, Theresa Stoiber

Lösung zu Aufgabe 3.1.

1. Wir beschriften die Knoten im Haus vom Nikolaus wie links in Abbildung 3.1.

   (a) Beginnt man bei Knoten A oder B, so kann man eine Lösung *in einem Zug* finden. Startet man bei einem der Knoten C, D oder E, gelingt dies nicht.

   (b) Das *Haus des Nikolaus* hat einen offenen Euler-Weg, da genau zwei Knoten (A und B) ungeraden Grad besitzen. Ein Euler-Weg gelingt nur dann, wenn man bei einem Knoten mit ungeradem Grad startet und endet, da jeder Zwischenknoten (Knoten, der weder Start- noch Endpunkt ist), immer mindestens je einmal betreten und verlassen wird. Die Zwischenknoten müssen also immer geraden Grad haben. Somit kann weder A noch B ein Zwischenknoten sein, sondern A und B müssen Anfangs- und Endknoten sein.

   (c) Bei einem Euler-Kreis müssen alle Knoten einen geraden Grad besitzen, was hier nicht der Fall ist, denn Knoten A und B haben ungeraden Grad.

2. In diesem Doppelhaus kann kein Euler-Weg gefunden werden, da die *vier* Knoten A, B, C und F des rechten Graphen in Abbildung 3.1 ungeraden Grad besitzen. Nach dem Satz von Euler hat ein zusammenhängender Graph aber genau dann einen Euler-Weg, wenn genau *zwei* Knoten ungeraden Grad haben. ◻

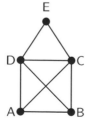
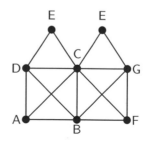

Abbildung 3.1: Wir beschriften die Knoten im Haus vom Nikolaus (links) und im Doppelhaus (rechts)

© Springer-Verlag GmbH Deutschland, ein Teil von Springer Nature 2019
C. Löh et al. (Hrsg.), *Quod erat knobelandum*,
https://doi.org/10.1007/978-3-662-58725-6_24

Lösung zu Aufgabe 3.2. Es gibt 24 verschiedene Wege mit Startknoten A, bei denen jeder Knoten genau einmal passiert wird und man am Ende wieder am Ausgangspunkt A ankommt. Beschriften wir die Knoten wie in Abbildung 3.2, so sind dies die folgenden Wege:

ABCDEA	ABCEDA	ABDCEA	ABDECA	ABEDCA	ABECDA
ACBDEA	ACBEDA	ACDBEA	ACDEBA	ACEBDA	ACEDBA
ADBCEA	ADBECA	ADCBEA	ADCEBA	ADEBCA	ADECBA
AEBCDA	AEBDCA	AECBDA	AECDBA	AEDBCA	AEDCBA ▣

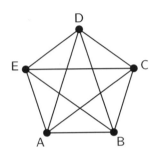

Abbildung 3.2: Wir beschriften die Knoten des Fünfecks

Lösung zu Aufgabe 3.3. Hier gibt mehrere korrekte Lösungen, beispielsweise:

1. (FDCBG)RSHJKLMNPQXWVTY oder
   (FDCBG)RQPNMLKJHSYXWVT

2. (FDC)BGRQPNMLKJHSYXWVT

3. (QXYT)JHBGRS

4. (FDC)KLVTJHSYXWNPQRGB   ▣

Lösung zu Aufgabe 3.4.

1. Ein vollständiger Graph mit fünf Knoten besitzt zehn Kanten, wie man im linken Graph von Abbildung 3.3 oder auch in Abbildung 3.2 leicht nachzählt.

2. Ein vollständiger Graph mit zehn Knoten besitzt 45 Kanten, siehe Abbildung 3.3. Dies kann man auch mit Worten begründen: Multiplizieren wir die Anzahl der Knoten mit der Anzahl der Kanten je Knoten erhalten wir $10 \cdot 9 = 90$. Da wir dabei jede Kante doppelt gezählt haben, müssen wir noch durch 2 teilen und erhalten $90/2 = 45$.

3. Ein vollständiger Graph mit n Knoten besitzt $\frac{n(n-1)}{2}$ Kanten. Das sieht man, da jeder der n Knoten mit $n-1$ anderen Knoten verbunden werden kann. Damit erhalten wir insgesamt $n(n-1)$ gezeichnete Kanten. Da aber zwischen zwei Knoten nur eine Kante existiert, also nur eine Richtung berücksichtigt wird (ungerichteter Graph), muss man den Term $n(n-1)$ noch durch 2 teilen. ▢

 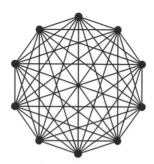

Abbildung 3.3: Der vervollständigte Graph des Haus vom Nikolaus mit fünf Knoten (links) und ein vollständiger Graph mit zehn Knoten (rechts).

Lösung zu Aufgabe 3.5.

1. Die sechs Staaten können als sechs Knoten und die Angrenzungen als Kanten dargestellt werden: Jeder der sechs Knoten hat den Grad drei, d. h. drei Kanten, die von ihm weg- bzw. hinführen. Ein solcher Graph ist zum Beispiel in Abbildung 3.4 zu sehen.

2. Wir nehmen an, dass die Reiseteilnehmer jede Grenze zwischen zwei Staaten genau einmal überquerten. Dann würde dies im Graphen in Abbildung 3.4 bedeuten, dass jede Kante genau einmal durchlaufen wurde. Dies wäre ein Euler-Weg oder ein Euler-Kreis. Der Satz von Euler besagt jedoch, dass ein zusammenhängender Graph genau dann einen Euler- Weg oder einen Euler-Kreis hat, wenn genau zwei Knoten oder keine Knoten einen ungeraden Grad haben. Dies ist hier jedoch nicht der Fall, denn alle sechs Knoten haben ungeraden Grad. Es kann also nicht stimmen, dass die Reiseteilnehmer jede Grenze zwischen zwei Staaten genau einmal überquerten. ▢

Lösung zu Aufgabe 3.6.

1. Um diesen Satz zu beweisen, ist es sinnvoll, sich zunächst den Zusammenhang zwischen der Gesamtanzahl aller Kanten und der Summe aller Knotengrade zu überlegen. Wir betrachten einen beliebigen Graph mit n Knoten und m Kanten. Jede der m Kanten erhöht die Knotengrade der

Abbildung 3.4: Eine mögliche Repräsentation von Atlantis als Graph

beiden Knoten, die durch die Kante verbunden sind, um jeweils 1. Also erhöht jede Kante die Summe aller Knotengrade um 2. Insgesamt gibt es also bei m Kanten eine Gesamtsumme der Knotengrade von $2m$. Dies ist eine gerade Zahl.

Wir bezeichnen nun die Grade der n Knoten mit $x_1, x_2, \ldots, x_n$. Dann gilt also: $2m = x_1 + x_2 + \ldots + x_n$. Auf der linken Seite steht eine gerade Zahl. In der Summe auf der rechten Seite muss also die Anzahl der ungeraden Summanden gerade sein, damit der Wert der Gesamtsumme gerade sein kann. Folglich enthält der betrachtete (beliebige) Graph immer eine gerade Anzahl von Knoten mit ungeradem Grad (auch 0 Knoten mit ungeradem Grad sind in dieser Aussage enthalten).

2. Übersetzt man die Aussage des Reisenden wieder in einen Graphen, erhält man einen Graphen mit sieben Knoten, die jeweils Grad drei, also ungeraden Grad besitzen. Dies widerspricht dem im ersten Teil der Aufgabe bewiesenen Satz, dass in jedem Graph die Anzahl an Knoten mit ungeradem Grad gerade ist. ▣

Lösung zu Aufgabe 3.7. Die kürzeste Route lautet:

Regensburg $\to$ Nürnberg $\to$ Dresden $\to$ Berlin $\to$ Hamburg $\to$

Dortmund $\to$ Köln $\to$ Frankfurt $\to$ Stuttgart $\to$ München $\to$ Regensburg.

Natürlich kann man die Route auch in die andere Richtung durchlaufen. Sie hat eine Gesamtlänge von 2102 km und ist in Abbildung 3.5 eingezeichnet.

Vielleicht seid ihr auf diese Route durch sinnvolles Probieren gekommen. Um sicher zu gehen, dess es sich hier auch wirklich um die kürzeste Route handelt, müssen aber alle möglichen Routen ausprobiert werden. Leider sind das sehr viele Möglichkeiten! Daher geht es kaum ohne die Hilfe eines Computers. Und das wiederum klappt nur, wenn man Programmierkenntnisse besitzt.

Der Computer kann erstens sehr schnell rechnen und man kann ihn so programmieren, dass er systematisch vorgeht: Zunächst müssen im Computer alle Städte mit Namen und den Entfernungen zwischen den Städten gespeichert werden. Dann kann der Computer alle verschiedenen Reihenfolgen nacheinander ausprobieren. Für jede neue Kombination muss er sich die Route und die Entfernung merken. Am Ende überprüft man, bei welcher Route die Entfernung am kürzesten ist. ▣

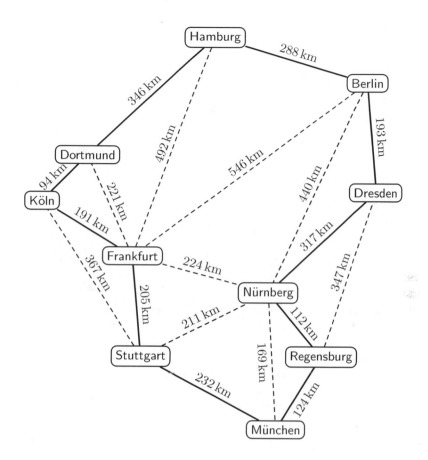

Abbildung 3.5: Die kürzeste Tour durch Deutschland

4 Lösungsvorschläge zu Thema 4

Clara Löh

Lösung zu Aufgabe 4.1.

1. **Induktionsanfang.** Die Behauptung gilt für die natürliche Zahl 0, denn:

$$2 \cdot 0 + 1 = 1 = (0 + 1)^2.$$

Induktionsvoraussetzung. Sei n eine natürliche Zahl, die die Behauptung erfüllt.

Induktionsschritt. Dann gilt die Behauptung auch für $n + 1$, denn: Es gilt

$$1+3+5+\cdots+\big(2\cdot(n+1)+1\big) = \big(1+3+5+\cdots+(2\cdot n+1)\big)+\big(2\cdot(n+1)+1\big).$$

Nach Induktionsvoraussetzung können wir den Term in der ersten Klammer auf der rechten Seite durch $(n + 1)^2$ ersetzen. Insgesamt erhalten wir somit

$$
\begin{aligned}
1 + 3 + \cdots + \big(2 \cdot (n+1) + 1\big) &= \big(1 + 3 + \cdots + (2 \cdot n + 1)\big) + \big(2 \cdot (n+1) + 1\big) \\
&= (n+1)^2 + 2 \cdot (n + 1) + 1 \\
&= \big((n+1) + 1\big)^2.
\end{aligned}
$$

Also ist die Behauptung auch für $n + 1$ erfüllt, was den Induktionsbeweis abschließt.

2. Sei n eine natürliche Zahl. Dann gilt

$$
\begin{aligned}
1 + 3 + 5 + \cdots + (2 \cdot n + 1) &= 1 + 2 + 3 + \cdots + (2 \cdot n + 1) \\
&\quad - (2 + 4 + 6 + \cdots + 2 \cdot n) \\
&= 0 + 1 + 2 + 3 + \cdots + (2 \cdot n + 1) \\
&\quad - 2 \cdot (0 + 1 + 2 + 3 + \cdots + n).
\end{aligned}
$$

Mit Beispiel 4.2 erhalten wir also

$$
\begin{aligned}
1 + 3 + 5 + \cdots + (2 \cdot n + 1) &= \frac{(2 \cdot n + 1) \cdot \big((2 \cdot n + 1) + 1\big)}{2} - 2 \cdot \frac{n \cdot (n+1)}{2} \\
&= \frac{1}{2} \cdot \big(4 \cdot n^2 + 4 \cdot n + 2 \cdot n + 2 - 2 \cdot n^2 - 2 \cdot n\big) \\
&= \frac{1}{2} \cdot (2 \cdot n^2 + 4 \cdot n + 2) \\
&= n^2 + 2 \cdot n + 1 \\
&= (n + 1)^2,
\end{aligned}
$$

wie gewünscht.

© Springer-Verlag GmbH Deutschland, ein Teil von Springer Nature 2019
C. Löh et al. (Hrsg.), *Quod erat knobelandum*,
https://doi.org/10.1007/978-3-662-58725-6_25

Lösung zu Aufgabe 4.2. Der Satz *Da m_n sowohl in A_1 als auch in A_2 liegt, haben also $m_0, \ldots, m_{n+1}$ alle dieselbe Anzahl von Beinen* im Induktionsschritt von Pirkheimers Beweis ist *nicht* korrekt: Im Fall $n = 0$ ist $A_1 = \{m_0\}$ und $A_2 = \{m_1\}$; in diesem Fall ist also m_n *nicht* sowohl in A_1 als auch in A_2 enthalten. Insbesondere kann man somit nicht schließen, dass m_0 und m_1 dieselbe Anzahl von Beinen haben. In anderen Worten: Von der Gültigkeit der Aussage für ein Marsmännchen kann man eben nicht auf die Gültigkeit der Aussage für zwei Marsmännchen schließen.   ⬓

Lösung zu Aufgabe 4.3. Die Werte $Q_0, \ldots, Q_{10}$ lauten

$$0, \ 6, \ 30, \ 84, \ 180, \ 330, \ 546, \ 840, \ 1224, \ 1710, \ 2310.$$

Dies entspricht

$$0 \cdot 0, \ 1 \cdot 6, \ 2 \cdot 15, \ 3 \cdot 28, \ 4 \cdot 45, \ 5 \cdot 66, \ 6 \cdot 91, \ 7 \cdot 120, \ 8 \cdot 153, \ 9 \cdot 190, \ 10 \cdot 231.$$

Wir stellen außerdem fest, dass Q_n für alle $n \in \{1, \ldots, 10\}$ auch noch die Faktoren $n + 1$ und $2 \cdot n + 1$ enthält:

$$0 \cdot 0, \ 1 \cdot 2 \cdot 3, \ 2 \cdot 3 \cdot 5, \ 3 \cdot 4 \cdot 7, \ 4 \cdot 5 \cdot 9, \ 5 \cdot 6 \cdot 11,$$
$$6 \cdot 7 \cdot 13, \ 7 \cdot 8 \cdot 15, \ 8 \cdot 9 \cdot 17, \ 9 \cdot 10 \cdot 19, \ 10 \cdot 11 \cdot 21.$$

Behauptung. Für alle natürlichen Zahlen n ist

$$Q_n = n \cdot (n + 1) \cdot (2 \cdot n + 1).$$

Wir beweisen dies nun durch vollständige Induktion:

Induktionsanfang. Die Behauptung gilt für die natürliche Zahl 0, denn:

$$Q_0 = 6 \cdot 0^2 = 0 = 0 \cdot (0 + 1) \cdot (2 \cdot 0 + 1).$$

Induktionsvoraussetzung. Sei n eine natürliche Zahl, die die Behauptung erfüllt.

Induktionsschritt. Dann gilt die Behauptung auch für $n + 1$, denn: Es ist

$$
\begin{aligned}
Q_{n+1} &= 6 \cdot \left(0^2 + 1^2 + \cdots + (n+1)^2\right) \\
&= 6 \cdot \left(0^2 + 1^2 + \cdots + n^2\right) + 6 \cdot (n+1)^2 \\
&= Q_n + 6 \cdot (n+1)^2.
\end{aligned}
$$

Nach Induktionsvoraussetzung ist $Q_n = n \cdot (n + 1) \cdot (2 \cdot n + 1)$. Wir setzen dies nun ein und erhalten

$$
\begin{aligned}
Q_{n+1} &= \left(n \cdot (n+1) \cdot (2 \cdot n + 1)\right) + 6 \cdot (n+1)^2 \\
&= (n+1) \cdot \left(n \cdot (2 \cdot n + 1) + 6 \cdot (n+1)\right) \\
&= (n+1) \cdot (2 \cdot n^2 + 7 \cdot n + 6) \\
&= (n+1) \cdot (n+2) \cdot (2 \cdot n + 3) \\
&= (n+1) \cdot (n+1+1) \cdot (2 \cdot (n+1) + 1).
\end{aligned}
$$

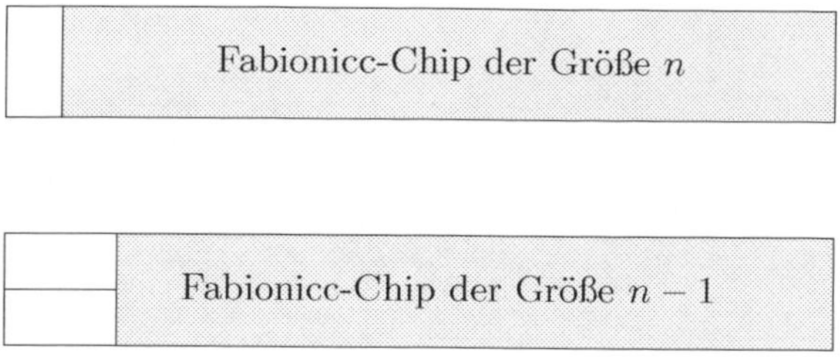

Abbildung 4.1: Induktiver Aufbau von Fabionicc-Chips

Also ist die Behauptung auch für $n + 1$ erfüllt, was den Induktionsbeweis abschließt.   ◻

Lösung zu Aufgabe 4.4.

1. Sei $n > 1$ eine natürliche Zahl. Jeder Fabionicc-Chip der Größe $n + 1$ beginnt entweder mit ☐ oder mit ⊟ und hat somit genau eine der beiden Gestalten aus Abbildung 4.1

   Also ist $C_{n+1} = C_n + C_{n-1}$. (Also ist die Folge der C_n die Folge der sogenannten *Fibonacci-Zahlen*.)

2. Mit der rekursiven Formel aus dem ersten Aufgabenteil und der Tatsache, dass es je genau einen Fabionicc-Chip der Größe 0 bzw. 1 gibt, erhalten wir somit

C_0	C_1	C_2	C_3	C_4	C_5	C_6	C_7	C_8	C_9	C_{10}
1	1	2	3	5	8	13	21	34	55	89

3. Ist n eine natürliche Zahl, so schreiben wir

$$D_n = \frac{\left(\frac{1+\sqrt{5}}{2}\right)^n - \left(\frac{1-\sqrt{5}}{2}\right)^n}{\sqrt{5}}.$$

   Wir behaupten, dass

$$C_n = D_{n+1}$$

   für alle natürlichen Zahlen n gilt, und beweisen dies durch vollständige Induktion (genaugenommen verwenden wir eigentlich das verallgemeinerte Induktionsprinzip aus der folgenden Aufgabe):

   Induktionsanfang. Die Behauptung gilt für die natürlichen Zahlen 0 und 1, denn es ist

$$D_{0+1} = \frac{\left(\frac{1+\sqrt{5}}{2}\right)^1 - \left(\frac{1-\sqrt{5}}{2}\right)^1}{\sqrt{5}} = \frac{\sqrt{5}}{\sqrt{5}} = 1 = C_0$$

und

$$D_{1+1} = \frac{\left(\frac{1+\sqrt{5}}{2}\right)^2 - \left(\frac{1-\sqrt{5}}{2}\right)^2}{\sqrt{5}}$$

$$= \frac{\frac{\sqrt{5}}{2} + \frac{\sqrt{5}}{2}}{\sqrt{5}}$$

$$= 1$$

$$= C_1.$$

Induktionsvoraussetzung. Sei n eine natürliche Zahl, für die $C_n = D_{n+1}$ (und $C_{n-1} = D_n$) gilt.

Induktionsschritt. Dann gilt auch $C_{n+1} = D_{n+2}$, denn: Nach dem ersten Aufgabenteil ist

$$C_{n+1} = C_n + C_{n-1}.$$

Wir wenden nun die Induktionsvoraussetzung an und erhalten

$$C_{n+1} = D_{n+1} + D_n$$

$$= \frac{\left(\frac{1+\sqrt{5}}{2}\right)^{n+1} - \left(\frac{1-\sqrt{5}}{2}\right)^{n+1}}{\sqrt{5}} + \frac{\left(\frac{1+\sqrt{5}}{2}\right)^{n} - \left(\frac{1-\sqrt{5}}{2}\right)^{n}}{\sqrt{5}}$$

$$= \frac{\left(\frac{1+\sqrt{5}}{2}\right)^{n} \cdot \left(\frac{1+\sqrt{5}}{2} + 1\right) - \left(\frac{1-\sqrt{5}}{2}\right)^{n} \cdot \left(\frac{1-\sqrt{5}}{2} + 1\right)}{\sqrt{5}}.$$

Wegen

$$\left(\frac{1+\sqrt{5}}{2}\right)^2 = \frac{1 + 2 \cdot \sqrt{5} + 5}{4} = \frac{3 + \sqrt{5}}{2} = \frac{1+\sqrt{5}}{2} + 1$$

und

$$\left(\frac{1-\sqrt{5}}{2}\right)^2 = \frac{1 - 2 \cdot \sqrt{5} + 5}{4} = \frac{3 - \sqrt{5}}{2} = \frac{1-\sqrt{5}}{2} + 1$$

folgt

$$C_{n+1} = \frac{\left(\frac{1+\sqrt{5}}{2}\right)^{n} \cdot \left(\frac{1+\sqrt{5}}{2} + 1\right) - \left(\frac{1-\sqrt{5}}{2}\right)^{n} \cdot \left(\frac{1-\sqrt{5}}{2} + 1\right)}{\sqrt{5}}$$

$$= \frac{\left(\frac{1+\sqrt{5}}{2}\right)^{n+2} - \left(\frac{1-\sqrt{5}}{2}\right)^{n+2}}{\sqrt{5}}$$

$$= D_{n+2}$$

$$= D_{n+1+1}.$$

Also gilt die Behauptung auch für $n + 1$, was den Induktionsbeweis abschließt. □

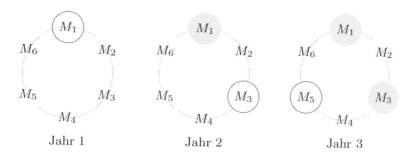

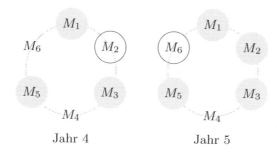

Abbildung 4.2: Die ersten fünf Jahre der Monde um Sphejous$_6$. (Der im entsprechenden Jahr besiedelte Mond ist eingekreist, die grauen Monde sind bereits besiedelt.)

Lösung zu Aufgabe 4.5. Es sei M eine Menge natürlicher Zahlen mit den obigen Bedingungen, d. h. es ist 0 in M und für alle natürlichen Zahlen n gilt: Sind $0, 1, \ldots, n$ in M, so ist auch $n + 1$ in M.

Wir betrachten die Menge

$$N := \left\{ n \in \mathbb{N} \mid \text{für alle } k \in \{0, \ldots, n\} \text{ ist } k \in M \right\}$$

und zeigen nun mit dem gewöhnlichen Induktionsprinzip, dass N dann bereits alle natürlichen Zahlen enthält:

Induktionsanfang. Es ist 0 in N, da nach Voraussetzung 0 in M ist.

Induktionsvoraussetzung. Sei n eine natürliche Zahl, die in N liegt.

Induktionsschritt. Dann ist auch $n+1$ in N, denn: Dass n in N liegt, bedeutet nach Definition von N, dass $0, 1, \ldots, n$ in M sind. Nach Voraussetzung an M ist dann aber auch $n + 1$ in M. Also sind $0, 1, \ldots, n + 1$ in M. Nach Definition von N heißt dies aber gerade, dass $n + 1$ in N liegt.

Mit dem gewöhnlichen Induktionsprinzip folgt somit, dass N alle natürlichen Zahlen enthält. Aus der Definition von N erhalten wir damit aber auch, dass alle natürlichen Zahlen in M sein müssen.

Lösung zu Aufgabe 4.6. Dieses Problem ist als **Josephus-Problem** bekannt.

1. Als letzter Mond von Sphejous$_6$ wird der Mond mit der Nummer 4 besiedelt wie man an Abbildung 4.2 ablesen kann.

2. Wie hängen $L_{2 \cdot n}$ und L_n zusammen? In den ersten n Jahren werden um Sphejous$_{2 \cdot n}$ der Reihe nach die Monde mit den Nummern $1, 3, 5, \dots, 2 \cdot n - 1$ besiedelt.

   Danach verbleiben also noch die Monde $2, 4, 6, \dots, 2 \cdot n$ und im Jahr $n + 1$ wird der Mond mit der Nummer 2 besiedelt (Abbildung 4.3).

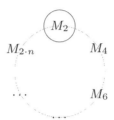

Abbildung 4.3: Zusammenhang zwischen $L_{2 \cdot n}$ und L_n, Jahr $n + 1$

   Diese Situation entspricht der Situation um Sphejous$_n$ im ersten Jahr – mit dem einzigen Unterschied, dass die Nummern der Monde verdoppelt sind. Damit folgt

   $$L_{2 \cdot n} = 2 \cdot L_n.$$

3. Wie hängen $L_{2 \cdot n + 1}$ und L_n zusammen? In den ersten $n + 1$ Jahren werden um Sphejous$_{2 \cdot n + 1}$ der Reihe nach die Monde mit den Nummern $1, 3, 5, \dots, 2 \cdot n + 1$ besiedelt.

   Danach verbleiben also noch die Monde $2, 4, 6, \dots, 2 \cdot n$ und im Jahr $n + 2$ wird der Mond mit der Nummer 4 (da dieser der übernächste noch unbesiedelte Mond nach dem Mond mit der Nummer $2 \cdot n + 1$ ist) besiedelt (Abbildung 4.4).

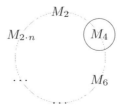

Abbildung 4.4: Zusammenhang zwischen $L_{2 \cdot n + 1}$ und L_n, Jahr $n + 2$

Diese Situation entspricht der Situation um Sphejous$_n$ im ersten Jahr – mit den Unterschieden, dass die Nummern der Monde verdoppelt sind und

n	L_n	m_n	k_n
1	1	–	–
2	2	0	1
3	2	1	1
4	4	1	2
5	2	2	1
6	4	2	2
7	6	2	3
8	8	2	4
9	2	3	1

n	L_n	m_n	k_n
10	4	3	2
11	6	3	3
12	8	3	4
13	10	3	5
14	12	3	6
15	14	3	7
16	16	3	8
17	2	4	1

Tabelle 4.1: Zerlegung der Zahlen $L_1, \dots, L_{17}$

dass im ersten Jahr nicht der Mond mit der Nummer 1 (bzw. 2), sondern der mit der Nummer 2 (bzw. 4) besiedelt wird. Damit folgt

$$L_{2 \cdot n + 1} = \begin{cases} 2 \cdot L_n + 2 & \text{falls } L_n \neq n, \\ 2 & \text{falls } L_n = n. \end{cases}$$

4. Für alle natürlichen Zahlen $n > 1$ ist

$$L_n = 2 \cdot k_n,$$

wobei k_n die eindeutig bestimmte natürliche Zahl ist, für die es eine natürliche Zahl m_n gibt, sodass

$$n = 2^{m_n} + k_n$$

und $1 \leq k_n \leq 2^{m_n}$ ist; man kann k_n auch in der Form

$$k_n = n - 2^{\lfloor \log_2(n-1) \rfloor}$$

ausdrücken, wobei $\lfloor \cdot \rfloor$ die Abrundungsfunktion ist. Für Sphejous$_1$ bis Sphejous$_{17}$ erhalten wir die Werte aus Tabelle 4.1.

Man kann diese Behauptung mit den Erkenntnissen aus dem zweiten und dritten Aufgabenteil durch vollständige Induktion beweisen (genaugenommen durch das verallgemeinerte Induktionsprinzip aus der vorherigen Aufgabe), indem man zeigt, dass k_n in der obigen Darstellung $n = 2^{m_n} + k_n$ dieselbe Rekursion wie die Folge der L_n erfüllt. ☐

5 Lösungsvorschläge zu Thema 5

Christian Nerf, Niki Kilbertus

Lösung zu Aufgabe 5.1. Es ist eine gute Idee, sich die Strategie zuerst anhand eines Spielfelds zu überlegen, welches man sich auch vorstellen kann. Zum Beispiel kann man ein regelmäßiges 10-Eck wie in Abbildung 5.1 noch einfach zeichnen. Die Idee besteht nun darin, die Symmetrie des Spielfelds zu nutzen. Dazu

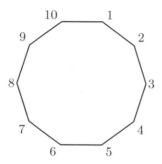

Abbildung 5.1: Das Spielfeld zur Aufgabe 5.1

zeichnet Alice im ersten Zug eine Symmetrieachse ein wie in Abbildung 5.2. Jedes mal wenn Bob eine Diagonale einzeichnet (Ping!), kann Alice die an der

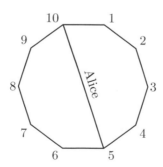

Abbildung 5.2: Der erste Zug teilt das Spielfeld entzwei

Symmetrieachse gespiegelte Diagonale einzeichnen (Pong!), wie in Abbildung 5.3 für ein paar mögliche Züge dargestellt.

Da Alice somit die Letzte ist, die einen Zug macht, kann sie mit dieser Strategie gezielt gewinnen.

Das Spielfeld ist nun bewusst so groß gewählt, dass es unmöglich ist, es zu zeichnen. Die Aufgabe soll also nicht „graphisch" zu lösen sein. Ziel ist es, die

© Springer-Verlag GmbH Deutschland, ein Teil von Springer Nature 2019
C. Löh et al. (Hrsg.), *Quod erat knobelandum*,
https://doi.org/10.1007/978-3-662-58725-6_26

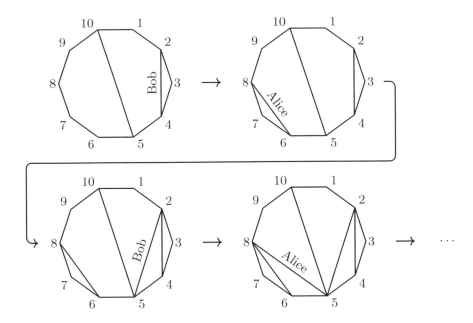

Abbildung 5.3: Der Anfang eines möglichen Spielverlaufs

eben vorgestellte Strategie mit Worten präzise zu beschreiben, und dabei das 10-Eck durch ein 2012-Eck zu ersetzen. Der Vorteil liegt darin, dass wir auch Situationen handhaben können, die wir uns eben nicht mehr vorstellen oder zeichnen können.

Wir stellen nun eine Strategie vor, mit der Alice das Spiel immer gewinnen kann. Dazu nummerieren wir die Ecken nacheinander von 1 bis 2012 durch. Die Diagonale, welche die Ecken a und b miteinander verbindet, bezeichnen wir mit $D(a, b)$. Alice kann nun folgende Strategie nutzen:

Zug 1:   Zeichne die Diagonale

$$A := D\left(\frac{2012}{2}, 2012\right) = D(1006, 2012).$$

Anschaulich formuliert halbiert die Diagonale A das Spielfeld in zwei Hälften. Wird nun eine Diagonale $D(a, b)$ eingezeichnet, so darf diese A nicht schneiden und muss daher vollständig in einer der beiden Hälften des durch A halbierten Spielfelds liegen. Das heißt $a, b \in \{1, \ldots, 1006, 2012\}$ oder $a, b \in \{1006, \ldots, 2012\}$. Das Beispiel mit dem 10-Eck zeigt anschaulich, warum 2012 in der ersten Menge enthalten sein muss. Jedes Mal wenn nun Bob regulär im $2k$-ten Zug des Spiels (für $k \in \{1, 2, \ldots\}$) eine Diagonale $D(a, b)$ eingezeichnet hat, kann Alice den folgenden Zug durchführen.

Zug $2k + 1$:   Ist $D(a, b)$ die im vorhergehenden $2k$-ten Zug von Bob eingezeichnete Diagonale, so zeichnet Alice die an A gespiegelte Diagonale

$D(2012 - a, 2012 - b)$ ein. Falls $a = 2012$ oder $b = 2012$, so ersetzen wir das Ergebnis $2012 - 2012 = 0$ durch 2012. Da die Ecken 1006 und 2012 auf der Diagonalen A liegen, bleiben sie unter Spiegelungen an A unverändert.

Da Alice nach jedem Zug von Bob selbst einen regulären Zug durchführen kann und das Spiel nach endlich vielen Zügen endet, ist sie auf jeden Fall die Letzte, die eine Diagonale einzeichnet und gewinnt daher. ▢

Lösung zu Aufgabe 5.2. Alice hat die Regeln unklug gewählt, da Bob das Spiel mit diesen Regeln gezielt gewinnen kann. Dazu stellen wir uns den fertigen Turm vor, und teilen die 30 Münzen in fünf Gruppen zu jeweils sechs Münzen ein wie links in Abbildung 5.4. Bobs Strategie ist nun, in jedem seiner Züge eine solche Gruppe zu vervollständigen.

Einen beispielhaften Spielverlauf siehst du rechts in Abbildung 5.4. Die dunkelgrauen Münzen sind von Alice und die hellgrauen von Bob. Egal wie viele Münzen Alice pro Zug stapelt (Ping!), Bob kann die Sechsergruppe immer vervollständigen (Pong!). Da pro Zug nur maximal fünf Münzen gestapelt werden dürfen, kann Alice keine Gruppe vervollständigen, insbesondere nicht die oberste. Damit vervollständigt immer Bob den Stapel, bringt den Turm also als erstes auf die Zielhöhe.

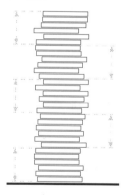 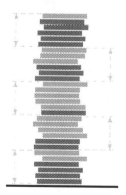

Abbildung 5.4: Der fertige Turm aus 30 Münzen (links) und ein möglicher Spielverlauf mit Bobs Gewinnstrategie (rechts)

Wenn derjenige verliert, der den Turm vervollständigen muss, gibt es eine Gewinnstrategie für Alice. Sie stapelt in ihrem ersten Zug fünf Münzen und unterteilt den verbleibenden Stapel dann gedanklich in vier Sechsergruppen und eine zusätzliche Münze ganz oben. Die Gruppierung und einen beispielhaften Spielverlauf siehst du in Abbildung 5.5. Mit der gleichen Strategie wie Bob vorhin, kann sie nun immer die Sechsergruppen vervollständigen bis für Bob schlussendlich nur noch die oberste Münze übrig bleibt. Da in jedem Zug mindestens eine Münze gestapelt werden muss, muss Bob den Turm vervollständigen und verliert somit.

Betrachten wir die Gewinnstrategie nun allgemeiner. Sei die Turmhöhe n und die maximale Anzahl an Münzen pro Zug sei k. Die Gruppengröße ist dann $k+1$,

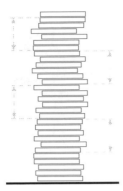 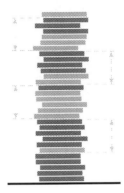

Abbildung 5.5: Eine Gewinnstrategie für Alice bei der zweiten Spielvariante mit einem möglichen Spielverlauf

damit Bob unabhängig von Alices Zug immer eine Gruppe vervollständigen kann. Bob kann nun mit obiger Strategie gewinnen, falls die Zielhöhe n durch die Gruppengröße $k+1$ teilbar ist. In unserem Fall gilt $n = 30$ und $k = 5$. Wegen $n = 30 = 5 \cdot 6 = 5 \cdot (k+1)$ konnte Bob gezielt gewinnen.

Immer wenn man in die Position kommt, dass sich die Anzahl der noch fehlenden Münzen nach seinem eigenen Zug ohne Rest in Gruppen der Größe $k+1$ einteilen lässt, kann man ab diesem Moment gezielt gewinnen.

Verliert derjenige, der den Turm vervollständigt, so kann man immer dann gezielt gewinnen, wenn nach dem eigenen Zug die Anzahl der noch fehlenden Münzen minus 1 ohne Rest durch $k+1$ teilbar ist. Für $k = 5$ und $n = 30$ kann Alice nach ihrem ersten Zug (in dem sie fünf Münzen stapelt) erreichen, dass noch 25 Münzen fehlen. Wegen $25 - 1 = 24 = 4 \cdot 6 = 4 \cdot (k+1)$, kann sie das Spiel dann gezielt gewinnen.   ▣

Lösung zu Aufgabe 5.3. Das Spielfeld ist wieder bewusst so groß gewählt, dass es so gut wie unmöglich ist, es zu zeichnen. Es ist daher wieder ratsam, sich die Strategie für ein kleineres Spielfeld klar zu machen. Wir können zum Beispiel einen 5×12-Bereich an Häuserblocks wählen. (Es ist in vielen mathematischen Bereichen üblich, bei Tabellen oder Matrizen die Anzahl der Zeilen zuerst zu nennen. Ein $n \times m$-Bereich hat bei uns demnach n Zeilen und m Spalten. Natürlich kann man auch mit der umgekehrten Definition arbeiten.) In jedem Zug dürfen dann maximal zehn Blocks ausradiert werden. Die Idee ist nun, dass Godzilla jene Symmetrieachse des Gitters nutzt, welche den Stadtbereich in zwei 5×6-Bereiche trennt, siehe Abbildung 5.6.

Dazu zerstört Godzilla im ersten Zug jenen 5×2-Bereich, der die beiden Spalten 6 und 7 überdeckt wie in Abbildung 5.7.

Jeder zusammenhängende, noch unzerstörte Bereich der Stadt liegt nun in einer der beiden Hälften, das heißt immer wenn King Kong einen Bereich ausradiert (Ping!), zum Beispiel wie in Abbildung 5.8, so kann Godzilla den an der Symmetrieachse gespiegelten Bereich platt machen (Pong!), siehe Abbildung 5.9.

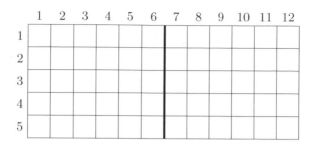

Abbildung 5.6: Wir teilen das Spielfeld gedanklich in zwei Hälften

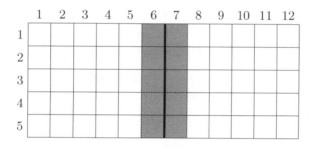

Abbildung 5.7: Der erste Zug teilt die Stadt in zwei Bereiche

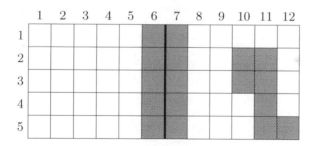

Abbildung 5.8: Ein möglicher Antwortzug muss gänzlich in einer der beiden Hälften liegen

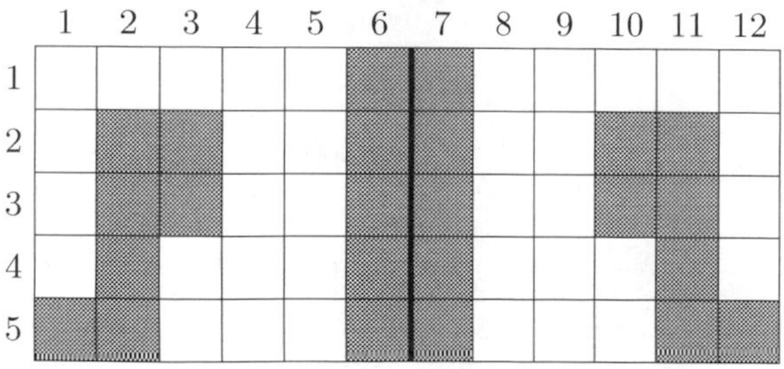

Abbildung 5.9: Durch Spiegelung kann Godzilla auf jeden gültigen Zug von King Kong antworten

Da Godzilla auf jeden gültigen Zug von King Kong mit einem weiteren gültigen Zug reagieren kann und irgendwann der gesamte Stadtbereich zerstört ist,
gewinnt er. Im Lösungsvorschlag für das große Spielfeld beschreiben wir diese
Strategie nun mit Worten.

Wir beschreiben die einzelnen Blocks mit Koordinaten

$$(x,y) \in \{1, \ldots, 4444\} \times \{1, \ldots, 2013\}.$$

Beachte, dass x für die Nummer der Spalte und y für die Nummer der Zeile
steht. Während wir Koordinaten mit (x,y) – also die Spalte zuerst – angeben,
schreiben wir bei Bereichen wie $n \times m$ die Anzahl der Zeilen zuerst. Sei A die
Symmetrieachse, welche das Spielfeld in zwei 2013×2222-Bereiche trennt, das
heißt A ist die Linie, welche senkrecht zwischen den Spalten 2222 und 2223
verläuft. Um zu gewinnen kann Godzilla nun folgende Strategie nutzen:

Zug 1: Godzilla zerstört zuerst die beiden Spalten 2222 und 2223, also insgesamt 4026 Blocks. Dieser erste Zug bringt ihm die symmetrische Aufteilung der verbleibenden Häuserblocks in zwei Bereiche und damit den entscheidenden Vorteil. Jeder zusammenhängende Bereich aus maximal 4026
Häuserblocks liegt nun vollständig in einer der beiden Hälften und kann
an A in die jeweils andere Hälfte gespiegelt werden.

Godzilla kann daher im Anschluss immer folgenden Zug durchführen:

Zug $2k+1$: Ist B der im vorhergehenden $2k$-ten Zug (für $k \in \{1, 2, \ldots\}$) von
King Kong ausradierte Bereich, so spiegelt Godzilla den Bereich B an
der Linie A und macht den entsprechenden Bereich in der anderen Hälfte
platt.

Da Godzilla nach jedem Zug von King Kong selbst einen regulären Zug
durchführen kann und das Spiel nach endlich vielen Zügen endet, zerstört er
auf jeden Fall den letzten Häuserblock.   ⬚

Lösung zu Aufgabe 5.4. Wir nehmen an, dass jeder Punkt bereits mit jedem
anderen durch gestrichelte oder durchgehende Linien verbunden wurde. Wir
betrachten einen beliebigen Punkt, zum Beispiel Punkt A in Abbildung 5.10.

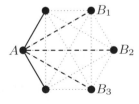

Abbildung 5.10: Wir betrachten die Kanten des Punktes ganz links

Dieser Punkt ist mit den fünf anderen durch gestrichelte oder durchgehende
Linien verbunden. Es ist klar, dass davon entweder mindestens drei gestrichelt

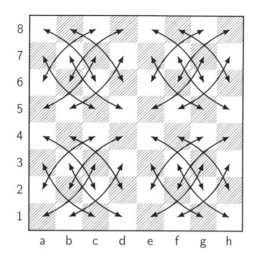

Abbildung 5.11: Die Doppelpfeile zeigen die Züge der Gewinnstrategie

oder mindestens drei durchgehend sind. Wir nehmen im Folgenden an, dass es mindestens drei gestrichelte Linien gibt. (Wenn es drei durchgehende sind, so vertauschen wir „gestrichelt" und „durchgehend" in der folgenden Argumentation.) Wenn Punkt A mehr als drei gestrichelte Linien hat, so wählen wir drei beliebige davon aus.

Diese drei gestrichelten Linien verbinden den Punkt A nun mit drei weiteren Punkten, wir nennen sie B_1, B_2 und B_3. Wir unterscheiden dann zwei Fälle. Entweder es sind mindestens zwei dieser drei Punkte durch eine gestrichelte Linie verbunden, dann bilden diese beiden gemeinsam mit A ein Dreieck aus gestrichelten Linien. Oder aber alle Verbindungslinien zwischen B_1, B_2 und B_3 sind durchgehend, dann haben wir ein Dreieck aus durchgehenden Kanten gefunden.

Egal wie die beiden also spielen, spätestens wenn alle Verbindungslinien gezeichnet wurden, gibt es ein Dreieck und einer der beiden Spieler hat gewonnen. (Sie können nicht gleichzeitig ein Dreieck vervollständigen, da ja abwechselnd gezogen wird.)

Diese Tatsache ist eine Illustration des Ergebnisses aus der **Kombinatorik** (einem Teilgebiet der diskreten Mathematik), dass die sogenannte Ramsey-Zahl von $(3,3)$ gleich 6 ist.   ▣

Lösung zu Aufgabe 5.5. Wir zeichnen Doppelpfeile im Spielfeld ein, wie in Abbildung 5.11. Die Pfeile entsprechen dabei den Burgherrzügen. Jedes Spielfeld ist mit genau einem anderen Spielfeld durch einen Doppelpfeil verbunden, die Pfeile definieren also Feldpaare. Angenommen Alice hat im ersten Zug den Burgherr auf ein beliebiges Spielfeld gesetzt. Dann kann Bob folgende Strategie nutzen um zu gewinnen. (Beachte, dass der k-te Zug von Bob der $2k$-te Zug des Spiels ist für $k \in \{1, 2, \ldots\}$.)

Im $2k$-ten Zug zieht Bob den Burgherr auf jenes Feld, welches mit dem aktuellen Standfeld des Burgherren durch einen Doppelpfeil verbunden ist. Da Alice nun nicht mehr auf das mit dem Standfeld des Burgherren verbundene Feld zurückziehen kann, muss sie auf ein Feld ziehen, das mit dem aktuellen Standfeld nicht verbunden ist. Bob kann daher jedes mal den beschriebenen Zug ausführen.

Da Bob nach jedem Zug von Alice (Ping!) selbst einen regulären Zug durchführen kann (Pong!) und das Spiel nach endlich vielen Zügen endet, ist er auf jeden Fall der Letzte, der den Burgherren bewegt.   ▢

Lösung zu Aufgabe 5.6. Wir führen einen Widerspruchsbeweis. Angenommen der Spieler mit den schwarzen Figuren, den wir im Folgenden nur Spieler Schwarz nennen werden, hat eine Gewinnstrategie. Dann kann Spieler Weiß im ersten Zug seinen Springer von b1 auf c3 bewegen und dann sofort wieder zurückziehen wie in Abbildung 5.12.

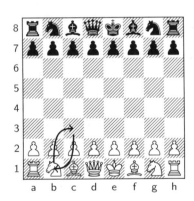

Abbildung 5.12: Der erste Doppelzug vertauscht die Rollen der Spieler

Dadurch ist die Ausgangslage wiederhergestellt, nur dass jetzt Spieler Schwarz an der Reihe ist, das heißt die Rollen von Schwarz und Weiß sind vertauscht. Wenn man nun in der Gewinnstrategie von Schwarz ebenfalls die Rollen von Schwarz und Weiß vertauscht, erhält man eine Gewinnstrategie für Weiß. Dies ist ein Widerspruch, da höchstens einer der beiden Spieler gezielt gewinnen kann. Damit ist die Annahme, Spieler Schwarz könne gezielt gewinnen, falsch.   ▢

6 Lösungsvorschläge zu Thema 6

Stefan Krauss

Lösung zu Aufgabe 6.1.

1. Die neue Zahl ist durch Multiplikation der zweiziffrigen Zahl mit 1001 entstanden. In unserem Beispiel gilt $23023 = 23 \cdot 1001$. Die Zahl 1001 ist aber durch 7 teilbar ($1001 = 7 \cdot 143$), somit ist (nach **B 1**) auch die neue Zahl durch 7 teilbar. Zusätzlich gilt wegen $1001 = 7 \cdot 11 \cdot 13$, dass alle Zahlen dieser Form nicht nur durch 7, sondern auch durch 11 und durch 13 teilbar sind.

2. In diesem Fall wird zur neuen Zahl (aus Teilaufgabe 1) noch 700 dazu gezählt. Somit werden zwei Zahlen addiert, die beide durch 7 teilbar sind, also ist (nach **B 2**) auch die Summe durch 7 teilbar.   ◻

Lösung zu Aufgabe 6.2. In diesem Fall ist die neue Zahl durch Multiplikation der zweiziffrigen Zahl mit 10101 entstanden. In unserem Beispiel gilt $232323 = 23 \cdot 10101$. Die Zahl 10101 ist durch 7 teilbar ($10101 = 7 \cdot 1443$), somit ist auch die neue Zahl durch 7 teilbar.   ◻

Lösung zu Aufgabe 6.3.

1. Die Umkehrung gilt im Fall des Produkts nicht. Ein Gegenbeispiel ist das Produkt $5 \cdot 4 = 20$, denn: Die Zahl 20 ist durch 10 teilbar, aber weder 5 noch 4 sind durch 10 teilbar.

2. Die Umkehraussage würde lauten: Wenn die Summe zweier Zahlen m und n durch k teilbar ist, dann sind auch immer beide Zahlen m und n durch k teilbar. Auch diese Aussage ist falsch. Ein Gegenbeispiel ist die Summe $11 + 4 = 15$, denn: Die Zahl 15 ist durch 5 teilbar, aber weder 11 noch 4 sind durch 5 teilbar.   ◻

Lösung zu Aufgabe 6.4. Das Jahr 2014 war kein Schaltjahr, hatte also 365 Tage. Die Zahl 364 ist durch 7 teilbar und somit ist 365 gleich 1 (mod 7), vgl. Thema II.2 und Thema II.11. Somit fiel Weihnachten 2014 auf den Wochentag nach Dienstag, also auf einen Mittwoch.   ◻

Lösung zu Aufgabe 6.5. Heißt die Ausgangszahl $x = 10a + b$, so ist hier immer $a + b = 7$ vorausgesetzt. Man kann die drei Regeln nun allgemein beweisen, indem man entweder $a = 7 - b$ oder $b = 7 - a$ in die aus x neu gebildete Zahl y einsetzt.

© Springer-Verlag GmbH Deutschland, ein Teil von Springer Nature 2019
C. Löh et al. (Hrsg.), *Quod erat knobelandum*,
https://doi.org/10.1007/978-3-662-58725-6_27

1. Es gilt

$$y = 10x + a = 10(10a + b) + a = 100a + 10b + a = 101a + 10b$$
$$= 101(7 - b) + 10b = 707 - 101b + 10b = 707 - 91b.$$

Sowohl 707 ($707 = 7 \cdot 101$) als auch 91 ($91 = 7 \cdot 13$) sind durch 7 teilbar.

2. Man sieht

$$y = 100x + 10b + b = 100(10a + b) + 11b = 1000a + 100b + 11b$$
$$= 1000a + 111b = 1000(7 - b) + 111b = 7000 - 1000b + 111b$$
$$= 7000 - 889b.$$

Sowohl 7000 ($7000 = 7 \cdot 1000$) als auch 889 ($889 = 7 \cdot 127$) sind durch 7 teilbar.

3. Es ist

$$y = 11100a + x = 11100a + (10a + b) = 11110a + 7 - a = 11109a + 7.$$

Sowohl 11109 ($11109 = 7 \cdot 1587$) als auch 7 sind durch 7 teilbar. ⬚

Lösung zu Aufgabe 6.6. Sei $z = 10a + b$ eine durch 7 teilbare Zahl. Man bildet

$$z_1 = 100a + 10(a + b) + b = 100a + 10a + 10b + b = 110a + 11b$$
$$= 11(10a + b).$$

Somit ist mit z auch z_1 durch 7 teilbar. Fügt man die Summe $a + b$ ein zweites Mal ein, erhält man

$$z_2 = 1000a + 100(a + b) + 10(a + b) + b = 1000a + 100a + 10a + 100b + 10b + b$$
$$= 1110a + 111b = 111(10a + b).$$

Also ist auch z_2 durch 7 teilbar.

Fügt man die Summe $a + b$ nun n mal ein, erhält man mithilfe des Summenzeichens Σ (s. Thema II.15) den folgenden Ausdruck:

$$z_n = 10^{n+1}a + \sum_{i=1}^{n} 10^i(a + b) + b$$
$$= 10^{n+1}a + \sum_{i=1}^{n} 10^i a + \sum_{i=1}^{n} 10^i b + b$$
$$= \sum_{i=1}^{n+1} 10^i a + \sum_{i=0}^{n} 10^i b$$
$$= \sum_{i=0}^{n} 10^{i+1} a + \sum_{i=0}^{n} 10^i b$$
$$= (10a + b) \sum_{i=0}^{n} 10^i.$$

Also ist auch z_n durch 7 teilbar. ⬚

Lösung zu Aufgabe 6.7.

1. Durch Probieren mit kleinen n (z. B. $n = 1, 2, 3$) gelangt man zu folgender Behauptung: Für alle natürlichen Zahlen n gilt

$$6^{n+1} + 6^n = 6^n \cdot 7.$$

Dies sieht man mit folgender Rechnung:

$$6^{n+1} + 6^n = 6^n(6^1 + 6^0) = 6^n(6 + 1) = 6^n \cdot 7.$$

2. Wir müssen zeigen, dass für alle natürlichen Zahlen n und k die Zahl $8^{n+k} - 8^n$ durch 7 teilbar ist. Seien dazu n und k natürliche Zahlen. Dann ist

$$8^{n+k} - 8^n = 8^n(8^k - 1).$$

Da $8 \equiv 1 \pmod 7$ (das bedeutet, dass bei der Division von 8 durch 7 der Rest 1 bleibt, zum Modulorechnen siehe Thema II.2), ist $8^k \equiv 1^k$ $\pmod 7$. Somit ist der Faktor $(8^k - 1)$ durch 7 teilbar.   ◍

Lösung zu Aufgabe 6.8.

1. Im Folgenden ist a immer die erste Ziffer der Sequenzzahl und n bezeichnet die Schrittweite der Sequenz (n kann auch negativ sein). Die aus einer dreiziffrigen Sequenzzahl nach der Angabe neu gebildete Zahl hat die Form

$$100000a + 10000(a + n) + 1000(a + 2n) + 111(a + 2n)$$
$$= 111111a + 10000n + 2000n + 222n$$
$$= 111111a + 12222n.$$

Sowohl $111111 = 7 \cdot 15873$ als auch $12222 = 7 \cdot 1746$ sind durch 7 teilbar.

2. Die aus einer fünfziffrigen Sequenzzahl nach der Angabe neu gebildete Zahl hat die Form

$$100000a + 10000(a + n) + 1000(a + 2n)$$
$$+ 100(a + 3n) + 10(a + 4n) + a + n$$
$$= 111111a + 10000n + 1000 \cdot 2n + 100 \cdot 3n + 10 \cdot 4n + n$$
$$= 111111a + 12341n.$$

Sowohl $111111 = 7 \cdot 15873$ als auch $12341 = 7 \cdot 1763$ sind durch 7 teilbar.

3. Wir hängen an eine vierziffrige Sequenzzahl zum Beispiel die zweite und die vierte Zahl an

$$100000a + 10000(a + n) + 1000(a + 2n)$$
$$+ 100(a + 3n) + 10(a + n) + a + 3n$$
$$= 111111a + 10000n + 1000 \cdot 2n + 100 \cdot 3n + 10n + 3n$$
$$= 111111a + 12313n.$$

Sowohl $111111 = 7 \cdot 15873$ als auch $12313 = 7 \cdot 1759$ sind durch 7 teilbar.

Gehen wir für eine sechsziffrige Sequenzzahl analog wie bisher vor, so erhalten wir

$$z = 111111a + 12345n.$$

Aber 12345 ist nicht durch 7 teilbar. Die Zahl 111111111111 ist durch 7 teilbar, wir probieren also

$$10^6 \cdot z + 111111a = 111111111111a + 12345000000n.$$

Nun ist 12345000000 wieder nicht durch 7 teilbar, aber 12345000003 wäre durch 7 teilbar. Also ist $10^6 \cdot z + 111111a + 3n$ durch 7 teilbar. Dies lässt sich aber schreiben als $10^6 \cdot z + 111110a + (a + 3n)$. Der zweite Summand ($111110a$) bedeutet hierbei, dass an z fünfmal die erste Ziffer angehängt wird. Der letzte Summand $(a+3n)$ bedeutet, dass zum Schluss noch einmal die vierte Ziffer angehängt wird.

Beispiele sind 123456111114 oder 876543888885. An eine sechsziffrige Sequenzzahl kann man also z. B. fünfmal die erste Ziffer und einmal die vierte Ziffer anhängen.   ⬭

7 Lösungsvorschläge zu Thema 7

Clara Löh

Lösung zu Aufgabe 7.1. Wir wenden zunächst die dritte und vierte lokale Lösungsstrategie an und analysieren dann die vier Ecken des Slitherlink-Puzzles. Dies liefert die Situation in Abbildung 7.1.(a).

Nun betrachten wir den oberen Dreierblock und ergänzen die Informationen zu den mit 1 beschrifteten Feldern (Abbildung 7.1.(b)).

Da Lösungskurven geschlossen sind, wissen wir daher wie der untere rechte Dreierblock und dessen Umgebung aussehen müssen und wie das rechte Ende des oberen Dreierblocks fortgesetzt wird (Abbildung 7.1.(c)).

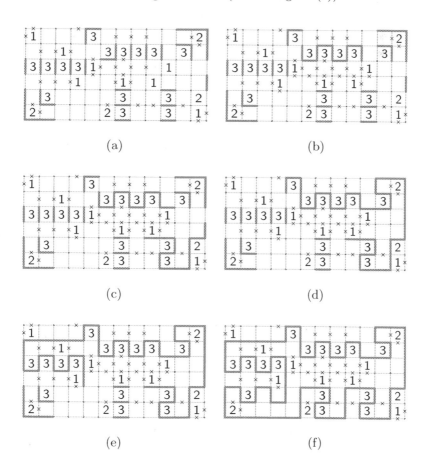

Abbildung 7.1: Lösung des Slitherlink-Puzzles aus Aufgabe 7.1

© Springer-Verlag GmbH Deutschland, ein Teil von Springer Nature 2019
C. Löh et al. (Hrsg.), *Quod erat knobelandum*,
https://doi.org/10.1007/978-3-662-58725-6_28

0	1	1	1	0	1	1	1	0	1	0	1	1	1	0
1	3	2	2	2	2	1	2	2	3	2	3	2	2	1
0	2	3	2	2	1	0	1	2	2	1	1	3	2	1
1	2	2	2	2	1	0	1	2	2	1	1	3	1	1
1	2	3	2	2	1	0	1	3	2	2	1	3	2	1
1	2	2	2	2	1	1	1	2	1	2	2	2	2	1
0	1	1	1	1	1	1	1	1	1	1	1	1	1	0

Abbildung 7.2: Lösung des „umgekehrten" Slitherlink-Puzzles aus Aufgabe 7.2

Mit dem Jordanschen Kurvensatz (bzw. den Folgerungen daraus) sehen wir jetzt, dass die Felder oberhalb des oberen Dreierblocks außerhalb des von jeder Lösungskurve eingeschlossenen Gebiets liegen. Also erhalten wir den Verlauf in Abbildung 7.1.(d).

Betrachtet man nun die mit 1 beschrifteten Felder im linken oberen Viertel genauer, so sieht man, wie Lösungskurven den linken Dreierblock durchqueren müssen (Abbildung 7.1.(e)).

Es bleibt nur noch, die Lösungen in der linken unteren Ecke zu verfolgen und mit dem mit 2 beschrifteten Feld in der Mitte der unteren Zeile zu kombinieren (Abbildung 7.1.(f)). Diese Kurve ist somit die (einzige) Lösung des angegebenen Slitherlink-Puzzles.   ▢

Lösung zu Aufgabe 7.2. Wir tragen in jedes Feld dieses Quadratgitters ein, wie-viele Kanten der vorgegebenen Kurve zu diesem Feld gehören; dies ergibt das Slitherlink-Puzzle in Abbildung 7.2.

Nach Konstruktion löst die vorgegebene Kurve dieses Slitherlink-Puzzle. Mit analogen Argumenten wie in der Lösung von Aufgabe 7.1 kann man nun einse-hen, dass dieses Slitherlink-Puzzle außer der vorgegebenen Kurve keine weiteren Lösungen besitzt. (Man kann nun natürlich noch aus vielen Feldern die Zahlen entfernen ohne die eindeutige Lösbarkeit zu zerstören.)   ▢

Lösung zu Aufgabe 7.3.

1. Die erste Konfiguration kann *nicht* auftreten, denn: Aus der vierten loka-len Strategie erhalten wir, dass die Kurven aus Abbildung 7.3 Teil jeder Lösung sein müssen.

Abbildung 7.3: Lösung des ersten Teils von Aufgabe 7.3

Insbesondere wären dann aber vier der Kanten des zentralen Feldes Teil jeder Lösung, was nicht sein kann.

2. Die zweite Konfiguration kann auftreten, denn: Das Slitherlink-Puzzle links in Abbildung 7.4 wird zum Beispiel von der Kurve rechts in Abbildung 7.4 gelöst.

2	2	2		2	2	2
2	2	2		2	2	2
2	2	2		2	2	2

Abbildung 7.4: Lösung des zweiten Teils von Aufgabe 7.3

3. Die dritte Konfiguration kann *nicht* auftreten, denn: Ähnlich zur vierten lokalen Strategie sieht man, dass die Kurvenstücke aus Abbildung 7.5 Teil jeder Lösungskurve sein müssen.

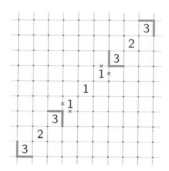

Abbildung 7.5: Lösung des dritten Teils von Aufgabe 7.3

Also ist entweder die rechte oder die obere Kante des unteren mit 1 beschrifteten Feldes Teil jeder Lösungskurve; analog ist entweder die linke oder die untere Kante des oberen mit 1 beschrifteten Feldes Teil jeder Lösungskurve. Dann ist aber sowohl die untere oder die linke als auch die obere oder die rechte Kante des zentralen Feldes Teil jeder Lösungskurve. Dies kann aber nicht sein, da nur genau eine der Kanten des zentralen Feldes Teil einer Lösung sein darf.

4. Die vierte Konfiguration kann *nicht* auftreten, denn: Die mit 0 bzw. 1 beschrifteten Felder liefern die Sequenz in Abbildung 7.6.

Nun gibt es aber keine Möglichkeit mehr, das rechte, mit 3 beschriftete Feld korrekt in eine Lösungskurve einzubinden.   ▣

Lösung zu Aufgabe 7.4.

1. Die Länge jeder Lösungskurve ist

$$\frac{1}{2} \cdot \text{Summe der Zahlen in allen Feldern,}$$

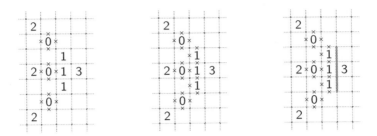

Abbildung 7.6: Lösung des vierten Teils von Aufgabe 7.3

denn: Da die Randfelder mit 0 beschriftet sind, ist jede Kante jeder Lösungskurve Kante von genau zwei Feldern des Slitherlink-Puzzles. Also wird in der Summe der Zahlen aller Felder jede Kante genau zweimal gezählt.

2. Nein, denn: Wir betrachten das Slitherlink-Puzzle links in Abbildung 7.7.

Abbildung 7.7: Lösung von Aufgabe 7.4

Dann ist $\frac{1}{2} \cdot (3 + 2 + 2 + 3) = 5$ die Hälfte der Summe aller Zahlen in diesem Slitherlink-Puzzle, aber die Kurve rechts in Abbildung 7.7 ist eine Lösungskurve dieses Puzzles mit der Länge 8.

Lösung zu Aufgabe 7.5.

1. Nein, denn: Der pathologische Fall, dass in allen Feldern 0 steht und die Lösungskurve die Länge 0 hat, sei hierbei ignoriert. Wir nehmen also an, dass jede Lösungskurve mindestens eine Kante enthält. Jede geschlossene Schleife in einem Quadratgitter besitzt eine vertikale Kante, die unter den vertikalen Kanten am weitesten rechts und unter diesen rechtesten Kanten am weitesten oben liegt. Da es sich um die oberste rechteste Kante handelt, kann die Schleife am oberen Ende dieser vertikalen Kante nicht nach oben oder rechts fortgesetzt werden. Das Feld, das links an diese vertikale Kante angrenzt, enthält also mindestens zwei Kanten dieser Lösungsschleife und ist somit *nicht* mit 0 oder 1 beschriftet.

2. Ein solches Slitherlink-Puzzle gibt es genau im Fall $n = 2 = m$, denn: Das Slitherlink-Puzzle links in Abbildung 7.8 besitzt die Kurve rechts als Lösungskurve.

Wieso kann es für $n \neq 2$ oder $m \neq 2$ kein solches Slitherlink-Puzzle geben? Ohne Einschränkung sei $n \geq m$. Ist $m < 2$, so besitzt das entsprechende Slitherlink-Puzzle offenbar keine Lösung. Sei also nun $m \geq 2$

Abbildung 7.8: Der Fall $n = 2 = m$ in Aufgabe 7.5

und $n > 2$. Wir betrachten zunächst die linke untere Ecke des Slitherlink-Puzzles. Dort muss jede Lösungskurve einen der beiden Ecktypen aus Abbildung 7.9 haben.

A   B

Abbildung 7.9: Die zwei Ecktypen

Im Fall A folgt induktiv mit der fünften lokalen Strategie, dass die entsprechende Lösungskurve die Form aus Abbildung 7.10 hat.

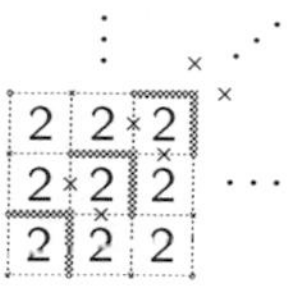

Abbildung 7.10: Lösungsstruktur im Fall A

Fall B können wir wieder in zwei Fälle unterteilen (Abbildung 7.11).

B1   B2

Abbildung 7.11: Fallunterscheidung für Typ B

Im Fall B1 muss die Lösungskurve dann jedoch die Gestalt aus Abbildung 7.12 haben, im Widerspruch zu $n > 2$.

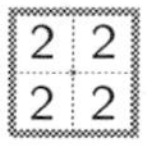

Abbildung 7.12: Lösungsstruktur im Fall B1

Also liegt Fall B2 vor. In diesem Fall erhalten wir dann induktiv mit demselben Argument, dass die entsprechende Lösungskurve die Form aus Abbildung 7.13 hat.

Abbildung 7.13: Lösungsstruktur im Fall B2

Analoge Argumente treffen auch auf die rechte untere Ecke des Slitherlink-Puzzles zu.

Wegen $n \geq m$ treffen sich die von der linken unteren Ecke bzw. der rechten unteren Ecke ausgehenden Diagonalen in einem Feld oder es gibt einen 2×2-Bereich in diesem Slitherlink-Puzzle, sodass die eine Diagonale auf der von der linken unteren Ecke ausgehenden Diagonale liegt und die andere auf der von der rechten unteren Ecke ausgehenden Diagonalen liegt (Abbildung 7.14).

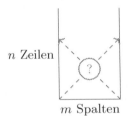

Abbildung 7.14: Zusammentreffen der Winkelketten

Da jedes dieser Felder aber auch nur genau zwei Kanten jeder Lösungskurve enthalten darf, widerspricht dies der obigen Tatsache, dass jede Lösung auf diesen beiden Diagonalen „Winkelketten" wie in Fall A bzw. B2 enthält.   ◫

Lösung zu Aufgabe 7.6.

1. Verklebung vom Typ T liefert einen sogenannten **Torus** (sozusagen die Oberfläche eines Schwimmrings): Verkleben der linken und rechten Kante liefert zuerst eine Röhre; das Verkleben der verbleibenden beiden Kanten ergibt dann den Torus (Abbildung 7.15).

Abbildung 7.15: Typ T: Vom Quadrat zum Torus

Verklebung vom Typ S liefert ein „aufgeblasenes" Dreieck; bis auf Dehnen etc. ist dies nichts anderes als die Oberfläche einer Kugel (Abbildung 7.16).

Abbildung 7.16: Typ S: Vom Quadrat zur Kugeloberfläche

2. Nein, denn: Zum Beispiel zerlegt die einfach geschlossene Kurve aus Abbildung 7.17 den Torus nicht in zwei Gebiete: Durch die Verklebung der rechten und linken Kante bleibt es bei einem zusammenhängenden Gebilde (das – nach Verkleben der oberen und unteren Kante – aussieht wie eine Röhre).

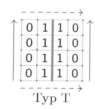

Typ T

Abbildung 7.17: Eine Kurve, die den Torus nicht in zwei Gebiete zerlegt

3. Ja, denn: Wir stellen uns Flächen vom Verklebungstyp S als Kugeloberfläche vor und nehmen an, dass unsere einfach geschlossene Kurve nicht durch den Nordpol geht. Entfernt man nun den Nordpol, so kann man das restliche Gebilde an diesem Loch aufweiten und plattdrücken und erhält so bis auf Dehnen etc. die Ebene. Mit dem Jordanschen Kurvensatz folgt, dass unsere Kurve auf der Kugeloberfläche diese Ebene in genau zwei Gebiete zerlegt. Nun machen wir die Entfernung des Nordpols rückgängig und sehen so, dass auch die Kugeloberfläche durch die einfach geschlossene Kurve in genau zwei Gebiete zerlegt wird.

Die in dieser Aufgabe behandelten Fragestellungen stammen aus dem mathematischen Teilgebiet **Topologie**, in dem man sich allgemeiner mit der Geometrie deformierbarer Objekte beschäftigt.

8 Lösungsvorschläge zu Thema 8

Alexander Voitovitch, Clara Löh

Lösung zu Aufgabe 8.1.

1. Michis Behauptung ist falsch. Wenn Michis Aufzählmethode stimmen würde, so könnte man die natürlichen Zahlen mit den Zahlen $1, 2, 3, \ldots, 2000$ durchnumerieren. Dann wäre die Menge der natürlichen Zahlen $\mathbb{N}$ endlich. Aber in Beispiel 1 haben wir gesehen, dass diese Menge nicht endlich (das heißt unendlich) ist.

2. Die Menge $\mathbb{Q}$ der rationalen Zahlen hat die unendliche Teilmenge $\mathbb{N}$ und ist damit nach Beispielaufgabe 8.5 selbst unendlich. ⬚

Lösung zu Aufgabe 8.2. Es gibt viele solcher Mengen, zum Beispiel: Wir betrachten die Menge

$$-\mathbb{N} := \{0, -1, -2, -3, \ldots\}$$

aller natürlichen Zahlen mit geändertem Vorzeichen.

Diese Menge besitzt ein größtes Element, nämlich 0.

Außerdem sehen wir, dass diese Menge unendlich ist, indem wir den Beweis für die Unendlichkeit der natürlichen Zahlen $\mathbb{N}$ ein wenig abändern: Wir ersetzen „echt kleiner" durch „echt größer" und wir ersetzen „$+1$" durch „-1"; anschaulich entspricht dies der „Spiegelung" an der 0. Dass $-\mathbb{N}$ unendlich ist, kann man alternativ auch aus der Unendlichkeit von $\mathbb{N}$ folgern: Wäre $-\mathbb{N}$ endlich, d. h. für eine natürliche Zahl n ließen sich die Elemente von $-\mathbb{N}$ durch $x_1, x_2, \ldots, x_n$ aufzählen, so wäre $-x_1, -x_2, -x_3, \ldots, -x_n$ eine Aufzählung der Menge $\mathbb{N}$. Dies würde bedeuten, dass $\mathbb{N}$ endlich wäre, was nicht sein kann.

Ein anderes naheliegendes Beispiel einer unendlichen Menge, die ein größtes Element besitzt, ist die Menge $\{1/1, 1/2, 1/3, \ldots\}$, die nach Aufgabe 8.3 unendlich ist, und $1/1$ als größtes Element enthält. ⬚

Lösung zu Aufgabe 8.3. Der Buchstabe M stehe für die Menge $\{\frac{1}{1}, \frac{1}{2}, \frac{1}{3}, \ldots\}$. Jedes Element von M lässt sich als ein Bruch $\frac{1}{m+1}$ für eine eindeutige natürliche Zahl m schreiben und umgekehrt ist für jedes m von $\mathbb{N}$ der Bruch $\frac{1}{m+1}$ ein Element von M. Also korrespondieren die Elemente von $\mathbb{N}$ und M durch

m	0	1	2	3	4	$\ldots$
$\frac{1}{m+1}$	$\frac{1}{1}$	$\frac{1}{2}$	$\frac{1}{3}$	$\frac{1}{4}$	$\frac{1}{5}$	$\ldots$

zueinander.

© Springer-Verlag GmbH Deutschland, ein Teil von Springer Nature 2019
C. Löh et al. (Hrsg.), *Quod erat knobelandum*,
https://doi.org/10.1007/978-3-662-58725-6_29

Wir führen nun die Annahme, dass M endlich ist, zu einem Widerspruch: Ließen sich die Elemente von M für eine natürliche Zahl n mit $1, 2, 3, \ldots, n$ durchnumerieren, dann gäbe es eine Aufzählung von M der Form

$$\frac{1}{m_1 + 1}, \frac{1}{m_2 + 1}, \frac{1}{m_3 + 1}, \ldots, \frac{1}{m_n + 1}$$

für gewisse natürliche Zahlen $m_1, m_2, m_3, \ldots, m_n$. Weil diese Aufzälung alle Elemente von M erreicht, ist nach obiger Korrespondenz $m_1, m_2, m_3, \ldots, m_n$ eine Aufzählung der natürlichen Zahlen. Dies widerspricht der Tatsache, dass $\mathbb{N}$ nicht endlich ist. Damit ist die Annahme, dass M endlich ist, falsch, also ist M unendlich.

Alternativ kann man auch wie im Beweis der Unendlichkeit von $\mathbb{N}$ vorgehen und zeigen, dass das Element $1/(m_1 + \cdots + m_n + 1 + 1)$ aus M *nicht* in der angenommenen endlichen Aufzählung $1/(m_1 + 1), \ldots, 1/(m_n + 1)$ von M enthalten sein kann.   ◨

Lösung zu Aufgabe 8.4.

1. Sei T eine unendliche Teilmenge von $\mathbb{N}$. Wäre T beschränkt, so gäbe es eine positive ganze Zahl m, sodass jedes Element von T im Bereich von $-m$ bis m liegen würde. Dann wäre T eine Teilmenge der Menge

   $$\{-m, -m + 1, -m + 2, \ldots, m - 2, m - 1, m\},$$

   welche endlich ist (denn $-m, -m+1, -m+2, \ldots, m-2, m-1, m$ liefert eine endliche Aufzählung dieser Menge). Nach Beispielaufgabe 8.5 kann aber T keine Teilmenge einer endlichen Menge sein. Also ist T nicht beschränkt.

2. Sei T eine nicht beschränkte Teilmenge von $\mathbb{N}$. Wäre T endlich, so gäbe es eine natürliche Zahl n und eine endliche Aufzählung $x_1, x_2, x_3, \ldots, x_n$ von T. Dann wäre jedes Element von T kleiner oder gleich der Zahl $m :=$ $x_1 + x_2 + x_3 + \ldots + x_n$, würde also zwischen $-m$ und m liegen. Das kann aber nicht sein, denn T ist nicht beschränkt. Also ist T unendlich.

In der ersten Teilaufgabe kann man auf die Voraussetzung, dass T eine Teilmenge von $\mathbb{N}$ ist, nicht ohne weiteres verzichten. Zum Beispiel ist die Menge $\{\frac{1}{1}, \frac{1}{2}, \frac{1}{3}, \frac{1}{4}, \ldots\}$ aus Aufgabe 8.3 (keine Teilmenge von $\mathbb{N}$) beschränkt, aber nicht endlich.   ◨

Lösung zu Aufgabe 8.5.
Jeder Hotelgast wird angewiesen in die dreifache Zimmernummer weiterzuziehen. Das heißt, der Gast aus Zimmer 1 zieht ins Zimmer 3, der Gast aus Zimmer 2 zieht ins Zimmer 6, der Gast aus Zimmer 3 zieht ins Zimmer 9, und so weiter. Dann sind die Zimmer mit den Nummern $3m + 1$ und $3m + 2$ für alle natürliche Zahlen m frei. Die Fahrgäste des ersten Busses bekommen die Zimmer mit den Nummern $3m + 1$: Der Fahrgast vom Sitz 1 bekommt Zimmer $0 + 1 = 1$, der Fahrgast vom Sitz 2 bekommt Zimmer $3 + 1 = 4$, der Fahrgast vom Sitz 3 bekommt Zimmer $6 + 1 = 7$, und so weiter. In die

restlichen Zimmer können die Fahrgäste des zweiten Busses ziehen: Der Fahrgast vom Sitz 1 bekommt Zimmer $0 + 2 = 2$, der Fahrgast vom Sitz 2 bekommt Zimmer $3 + 2 = 5$, der Fahrgast vom Sitz 3 bekommt Zimmer $6 + 2 = 8$, und so weiter.

Alternativ kann man auch wie bei der Ankunft unendlich vieler Busse oder folgendermaßen vorgehen: Wir haben bereits gesehen, dass durch Umziehen der Hotelgäste genug Zimmer frei werden, dass die Fahrgäste des ersten Busses einziehen können. Wenn diese es sich bequem gemacht haben und nun zu den Hotelgästen gehören, lassen wir alle Hotelgäste nochmal umziehen, damit auch die Fahrgäste des zweiten Busses Platz finden.   🔲

Lösung zu Aufgabe 8.6.

1. Sei U eine unendliche Menge. Wir zeigen, dass U dann verschiedene Elemente $u_0, u_1, u_2, \ldots$ (für jede natürliche Zahl m ein Element u_m) besitzt. Dabei bedeutet verschieden, dass je zwei dieser Elemente mit unterschiedlicher Nummer nicht gleich sind. Dazu gehen wir wie bei einer vollständigen Induktion vor (Thema II.4).

   Zuerst wählen wir ein Element u_0 in U.

   Induktionsvoraussetzung. Sei m eine natürliche Zahl und seien bereits verschiedene Elemente $u_0, u_1, \ldots, u_m$ gefunden.

   Induktionsschritt. Dann finden wir ein u_{m+1} in U, welches nicht in der Menge $\{u_0, u_1, \ldots, u_m\}$ liegt. Denn gäbe es außerhalb dieser Menge kein Element von U, so wäre $u_0, u_1, \ldots, u_m$ eine Aufzählung von U und U wäre endlich.

   Damit haben wir verschiedene Elemente $u_0, u_1, u_2, \ldots$ von U gefunden. Die Teilmenge $\{u_0, u_1, u_2, \ldots\}$ von U, welche wir ab jetzt mit T bezeichnen, ist unendlich, denn: Wir können die Mengen $\mathbb{N}$ und T miteinander identifizieren, indem wir jeder natürlichen Zahl m das Element u_m von T zuordnen. Wie in der Lösung von Aufgabe 8.3 folgt dann aus der Unendlichkeit von $\mathbb{N}$, dass T unendlich ist.

   Also ist T eine abzählbar unendliche Teilmenge von U.

   Der Einfachheit halber haben wir diesen Beweis in der Sprache der sogenannten naiven Mengenlehre formuliert. Eine rigorose Beweisführung in der abstrakten Mengenlehre erfordert jedoch noch ein weiteres subtiles Instrument, nämlich ein geeignetes Auswahlaxiom (das garantiert, dass T tatsächlich auch wieder eine zulässige Menge ist).

2. Wir bezeichnen mit $P(\mathbb{N})$ die Menge, deren Elemente die Teilmengen von $\mathbb{N}$ sind. Diese Menge heißt auch **Potenzmenge von** $\mathbb{N}$. Zum Beispiel sind etwa $\{0\}$, $\{2, 200\}$, und $\mathbb{N}$ Elemente von $P(\mathbb{N})$, aber 1 ist kein Element von $P(\mathbb{N})$, weil 1 keine Teilmenge von $\mathbb{N}$ ist.

Die Menge $P(\mathbb{N})$ ist nach Beispielaufgabe 8.5 unendlich, denn sie enthält
die Teilmenge

$$\{\{0\},\{1\},\{2\},\{3\},\dots\},$$

der einelementigen Teilmengen von $\mathbb{N}$, welche eine Korrespondenz zur
Menge $\mathbb{N}$ besitzt (analog zur Lösung von Aufgabe 8.2) und damit unendlich ist.

Um zu zeigen, dass $P(\mathbb{N})$ nicht abzählbar ist, verwenden wir ein sogenanntes Diagonalargument wie bei der Ankunft des letzten Busses in Hilberts
Hotel:

Wäre $P(\mathbb{N})$ abzählbar unendlich, so gäbe es Teilmengen $M_0, M_1, M_2, \dots$
von $\mathbb{N}$, sodass jede Teilmenge von $P(\mathbb{N})$ gleich M_m für eine natürliche
Zahl m ist. Sei $M_0, M_1, M_2, \dots$ eine solche Aufzählung. Wir zeigen, dass
dies zu einem Widerspruch führt. Betrachte dazu die Menge M aller
natürlichen Zahlen n, für die gilt, dass n kein Element von M_n ist. Das
heißt

$$M = \{n \in \mathbb{N} \mid n \notin M_n\}.$$

Dann gibt es eine natürliche Zahl m mit der Eigenschaft $M_m = M$, da
M ja eine Teilmenge von $\mathbb{N}$ ist. Die Zahl m kann nicht in M liegen, denn
sonst wäre m ein Element von M_m, im Widerspruch zu der Eigenschaft
der Elemente von M. Also ist m kein Element von M, woraus nach Definition von M folgt, dass m in M_m liegt. Dies ist ein Widerspruch. Also
ist die Annahme, dass obige Aufzählung existiert, falsch, das heißt $P(\mathbb{N})$
ist überabzählbar.

Im Rahmen der abstrakten Mengenlehre beschäftigt man sich mit verschiedenen Größenbegriffen für unendliche Mengen. Dies führt zu den Begriffen der
(unendlichen) Kardinal- und Ordinalzahlen. Das obige Diagonalargument geht
auf einen der Begründer der modernen Mengenlehre zurück, nämlich auf Georg Cantor. Georg Cantors Frage, ob es unendliche Mengen gibt, die (im Sinne
von Kardinalzahlen) „größer" als $\mathbb{N}$ und „kleiner" als $P(\mathbb{N})$ sind, führt zu interessanten Fragen über die Fundamente der Mathematik. Eine zufriedenstellende
Antwort auf dieses sogenannte **Kontinuumsproblem** konnte erst vor wenigen
Jahrzehnten gegeben werden. Fragen dieser Art betreffen unmittelbar die Fundamente der Mathematik, nämlich die Mengenlehre und die Logik.

9 Lösungsvorschläge zu Thema 9

Theresa Stoiber, Niki Kilbertus

Lösung zu Aufgabe 9.1.

1. (a) Aussage

    (b) keine Aussage

    (c) Aussage

    (d) Aussage

    (e) Aussage

    (f) Aussage

2. (a) Drachen sind blau.

    (b) Es gilt $x \leq 0{,}5$ oder $5 \leq x$.

3. Wir bezeichnen die Aussage „Ist ein Pinguin" mit dem Buchstaben A, „Ist ein alter Film" mit dem Buchstaben B und „Ist schwarz-weiß" mit dem Buchstaben C.

    Die Aussage „Pinguine sind schwarz-weiß" kann man als $A \Rightarrow C$ in Symbolsprache übersetzen und die zweite Aussage als $B \Rightarrow C$.

    Die Folgerung „Pinguine sind alte Filme" würde in Symbolen $A \Rightarrow B$ bedeuten. Dies können wir aus den obigen beiden Aussagen $A \Rightarrow C$ und $B \Rightarrow C$ aber nicht folgern. Es wird in diesem Beispiel fälschlicherweise von einer Äquivalenz ausgegangen: $A \Leftrightarrow C$ und $B \Leftrightarrow C$, woraus man $A \Leftrightarrow B$ folgern kann und daraus folgt $A \Rightarrow B$. ⬚

Lösung zu Aufgabe 9.2. Die zweite und die dritte Aussage können gleichzeitig wahr sein: Ist nämlich die zweite Aussage wahr, dann ist es auch die dritte. Die zweite und die dritte Aussage können gleichzeitig auch nicht wahr sein, und zwar in dem Fall, wenn die erste Aussage wahr ist.

Die erste und die zweite Aussage können beide gleichzeitig nicht wahr sein, und zwar in dem Fall, wenn Logikus keinen einzigen Planeten von Tautologis entdeckt hat. Es ist jedoch offensichtlich, dass diese beiden Aussagen nicht gleichzeitig wahr sein können. ⬚

Lösung zu Aufgabe 9.3.

1. Allen ist bekannt, dass es eine Auswahl von drei roten und zwei blauen Perücken gibt. Sehen wir uns die verschiedenen Fälle einmal an (du kannst sie dir auch farbig aufzeichnen):

© Springer-Verlag GmbH Deutschland, ein Teil von Springer Nature 2019
C. Löh et al. (Hrsg.), *Quod erat knobelandum*,
https://doi.org/10.1007/978-3-662-58725-6_30

(a) Die erste und die zweite Person haben beide eine blaue Perücke auf: hier wüsste die hinterste Person sofort, dass sie selbst nur eine rote Perücke aufhaben kann, da lediglich zwei blaue Perücken vorhanden sind. Die hinterste Person würde die Frage also in diesem Fall nicht verneinen.

(b) Die erste Person hat eine blaue Perücke auf, die zweite Person eine rote Perücke: die hinterste Person kann auch hier nicht wissen, ob sie selbst eine rote oder eine blaue Perücke trägt. Sie verneint also auch in diesem Fall die Antwort. Die mittlere Person, die als nächstes gefragt wird, sieht, dass die vorderste Person eine blaue Perücke trägt und hat gehört, dass die hintere Person nicht weiß, welche Perücke sie trägt. Daraus kann sie schließen, dass sie selbst eine rote Perücke aufhaben muss, da sonst die hinterste Person gewusst hätte, welche Perückenfarbe sie selbst trägt.

(c) Nun gibt es noch zwei weitere Fälle, die wir im Folgenden gleichzeitig betrachten: die erste Person hat eine rote Perücke auf und die zweite Person trägt entweder eine blaue oder eine rote Perücke. Die hinterste Person kann auch hier (in beiden Fällen) nicht wissen, ob sie selbst eine rote oder eine blaue Perücke trägt. Sie verneint die Antwort. Die mittlere Person, die als nächstes gefragt wird, sieht, dass die vorderste Person eine rote Perücke trägt und hat gehört, dass die hintere Person nicht weiß, welche Perücke sie trägt. Leider hilft ihr das nicht weiter und auch sie kann die Frage über ihre eigene Perückenfarbe nicht beantworten. Nun weiß aber die vorderste Person sofort, dass sie selbst eine rote Perücke tragen muss, da in allen anderen Fällen eine der anderen beiden Personen die Frage über ihre eigene Perückenfarbe bereits zuvor beantworten hätte können.

2. Nennen wir die drei Personen P_1, P_2 und P_3.

Generell gibt es drei Möglichkeiten für die Perückenverteilung: alle drei tragen rote Perücken, oder zwei Personen haben rote Perücken und einer eine blaue Perücke auf, oder eine Person trägt eine rote Perücke und zwei eine blaue.

Wäre nur eine rote Perücke dabei, wüsste derjenige mit der roten Perücke sofort seine eigene Perückenfarbe, da er die anderen beiden einzigen blauen Perücken bereits auf den Köpfen der anderen beiden Personen sieht. Und da die Personen erst nach einer Weile und alle gleichzeitig antworten, können wir annehmen, dass mindestens zwei rote Perücken dabei sind.

P_1 überlegt sich Folgendes: „Meine beiden Kameraden haben rote Perücken auf. Meine ist entweder rot oder blau." Ist sie blau, müsste P_2 Folgendes sagen:

„P_1 hat eine blaue Perücke, P_3 eine rote. Demnach trage ich auch eine rote, denn wäre sie blau, würde P_3, der dann die beiden einzigen blauen Perücken auf den Köpfen seiner Kameraden sehen würde, sofort ausrufen, dass seine rot ist. Folglich habe ich eine rote Perücke auf. P_2 jedoch schweigt. Folglich kann meine eigene Perücke unmöglich blau sein: Sie ist rot."

Jeder der anderen beiden konnte eine ähnliche Überlegung anstellen, indem er sich auf die hohen logischen Fähigkeiten seiner beiden Kameraden verließ. Sie erkennen also alle drei nach einer Weile, dass sie alle rote Perücken tragen müssen.   ▢

Lösung zu Aufgabe 9.4. Am besten legen wir uns eine Tabelle wie in Abbildung 9.1 an, in der als erstes die Hausreihenfolge und die Oberbegriffe der zugehörigen Merkmale eingetragen werden: Nun gehen wir schrittweise vor und

	Haus 1	Haus 2	Haus 3	Haus 4	Haus 5
Nationalität					
Getränk					
Speise					
Hausfarbe					
Haustier					

Abbildung 9.1: Diese Tabelle hilft uns bei der Darstellung der Information

tragen die gewonnene Information jeweils in der Tabelle ein, siehe Abbildung 9.2.

1. Hinweis 7 können wir sofort eintragen.

2. Hinweis 9 können wir sofort eintragen.

3. Da der Finne im ersten Haus wohnt (Hinweis 9) und die Häuser in einer Reihe nebeneinander stehen, sagt uns Hinweis 13, dass Haus Nr. 2 das blaue Haus sein muss.

4. Hinweis 4 sagt uns, dass entweder Haus Nr. 3 oder Haus Nr. 4 grün sein muss und Haus Nr. 4 oder 5 weiß. Dies können wir vorläufig mit Fragezeichen in die Tabelle eintragen.

5. Mit Hinweis 5 wissen wir, dass Haus Nr. 4 das grüne sein muss, da wir das Lieblingsgetränk Milch des Besitzers von Haus Nr. 3 bereits eingetragen haben.

6. Nun ist klar, dass Haus Nr. 5 weiß sein muss.

7. Hinweis 1 hilft uns, das dritte Haus als rot und im Besitz des Schweden zu erkennen, da nur noch bei Haus Nr. 1 und Haus Nr. 3 die Farbe unklar ist, in Haus Nr. 1 jedoch bereits der Finne wohnt.

8. Da nun nur noch die Farbe des ersten Hauses offen ist, gibt uns Hinweis 8 sowohl die Farbe (gelb) als auch die Lieblingsspeise (Fisch) des darin lebenden Finnen an.

9. Hinweis 11 verrät uns nun das Haustier, das in Haus Nr. 2 wohnt.

10. Um Hinweis 15 eintragen zu können, sehen wir uns zuerst Hinweis 3 und 12 gleichzeitig an. Der teetrinkende Däne kann in Haus Nr. 2 oder Nr. 5 wohnen. Der Kaffeetrinker, der gerne Pizza isst, kann ebenso nur in Haus Nr. 2 oder Nr. 5 wohnen. Wir können nun noch nicht sagen, wer davon in Haus Nr. 2 oder Nr. 5 wohnt, deshalb tragen wir die Merkmale vorerst mit Fragezeichen ein. Da nun aber auf alle Fälle zu Haus Nr. 2 und Nr. 5 bereits jeweils ein Getränk (entweder Tee oder Kaffee) zugeordnet wurde, wissen wir, dass das Wasser (Hinweis 15) nur noch in Haus Nr. 1 eingetragen werden kann.

11. Nun können wir mit Hinweis 15 den Salat dem Haus Nr. 2 zuordnen.

12. Für die Pizza (Hinweis 12) kommt nur noch Haus Nr. 5 in Frage.

13. Hinweis 12 und 3 können wir nun sicher zu Haus Nr. 2 und Nr. 5 zuordnen.

14. Hinweis 14 passt nur zum vierten Haus.

15. Nun bleibt noch Haus Nr. 5 für den Polen (Hinweis 2) übrig.

16. Hinweis 6 können wir dem dritten Haus zuordnen, da alle anderen Lieblingsspeisen bereits ausgefüllt sind.

17. Für Hinweis 10 bleibt nun das erste Haus übrig.

18. Da nur noch das Haustierfeld von Haus Nr. 4 leer ist, wissen wir, dass der Brite als Haustier einen Pinguin haben muss.   ▣

	Haus 1	Haus 2	Haus 3	Haus 4	Haus 5
Nationalität	Finne (2)	Däne? (10) Däne (13)	Schwede (7)	Brite (14)	Däne? (10) Pole (15)
Getränk	Wasser (10)	Tee? (10) Kaffee? (10) Tee (13)	Milch (1)	Bier (5)	Tee? (10) Kaffee? (10) Kaffee (13)
Speise	Fisch (8)	Pizza? (10) Salat (11)	Nudeln (16)	Reis (14)	Pizza? (10) Pizza (12)
Hausfarbe	gelb (8)	blau (3)	grün? (4) rot (7)	grün? (4) weiß? (4) grün (5)	weiß? (4) weiß (5)
Haustier	Katze (17)	Hund (9)	Vogel (16)	Pinguin (18)	Pferd (15)

Abbildung 9.2: Die Lösung des Logicals mit Zwischenschritten in grau

Lösung zu Aufgabe 9.5.

1. Um Bob zu entlarven, kann eine vollständige Wahrheitstafel für die Aussagen

   A: Alex war am Raub beteiligt.

   B: Bob war am Raub beteiligt.

   C: Charly war am Raub beteiligt.

aufgestellt werden.

Insgesamt gibt es acht mögliche Kombinationen von Wahrheitswerten, siehe Abbildung 9.3.

A	B	C
w	w	w
w	w	f
w	f	w
f	w	w
w	f	f
f	w	f
f	f	w
f	f	f

Abbildung 9.3: Alle acht Möglichkeiten für die Aussagen von Alex, Bob und Charly

Stellen wir nun die drei Aussagen der Verdächtigen mit logischen Operatoren dar. Jeder von ihnen behauptete, dass er selber unschuldig sei, und beschuldigt einen oder zwei seiner Kumpel:

- Alex' Aussage: $\neg A \wedge B \wedge C$.
- Bobs Aussage: $\neg B \wedge A \wedge \neg C$.
- Charlys Aussage: $\neg C \wedge A \wedge B$.

Wir ergänzen nun obige Tabelle mit den drei Aussagen (Spalten 3 bis 6) und tragen darin die jeweiligen Wahrheitswerte ein, wodurch wir die Tabelle in Abbildung 9.4 erhalten.

In der letzten Spalte, die wir mit „sinnvoll?" bezeichnet haben, wird die Annahme codiert, dass jeder Schuldige lügt und jeder Unschuldige die Wahrheit sagt. Das heißt, dass der Wahrheitswert der Aussage von Alex genau der umgekehrte der Aussage A sein muss. Entsprechendes gilt für Bobs und Charlys Aussagen.

A	B	C	Alex: $\neg A \wedge B \wedge C$	Bob: $\neg B \wedge A \wedge \neg C$	Charly: $\neg C \wedge A \wedge B$	sinnvoll?
w	w	w	f	f	f	**ja**
w	w	f	f	f	w	**ja**
w	f	w	f	f	f	nein
f	w	w	w	f	f	**ja**
w	f	f	f	w	f	nein
f	w	f	f	f	f	nein
f	f	w	f	f	f	nein
f	f	f	f	f	f	nein

Abbildung 9.4: Mit der vollständigen Tabelle kann man die möglichen Szenarien herausfiltern

Untersuchen wir dies in jeder Zeile der Tabelle, bleiben nur drei Zeilen übrig, in denen das für alle drei Verdächtigen der Fall ist. Da in diesen drei Zeilen die Aussage B immer wahr ist, können wir daraus schließen, dass Bob auf jeden Fall an dem Bankraub beteiligt war.

2. Die zweite und die dritte der möglichen Zeilen entsprechen den Aussagen von Alex und Charly, nämlich dass jeweils die beiden anderen den Raub begangen haben. Da Bob verraten hat, dass sowohl Alex als auch Charly nicht die Wahrheit gesagt haben, bleibt nur noch die erste Zeile übrig: es waren also alle drei Gauner an dem Einbruch beteiligt. ⬚

Lösung zu Aufgabe 9.6. Eine mögliche Frage lautet: „Bist du Pfundmann?"

Da Schillinger lügt, wird er diese Frage mit „ja" beantworten. Sowohl Pfundmann, da er lügt, als auch Kronberg, da er die Wahrheit sagt, beantworten diese Frage mit „nein".

Erhält die Prinzessin als Antwort auf ihre Frage nun ein „Ja", weiß sie, dass sie Schillinger vor sich hat. Ein „Nein" dagegen verrät ihr, dass es sich nicht um Schillinger, sondern um Pfundmann oder Kronberg handeln muss. ⬚

10 Lösungsvorschläge zu Thema 10

Clara Löh, Niki Kilbertus

Lösung zu Aufgabe 10.1. Numerakles sollte sich für die Reihenfolge

$$\text{Größter – Kleinster – Größter}$$

enscheiden, denn so hat er zwei Gelegenheiten, sein Glück gegen den größten Vogel zu versuchen. Etwas genauer: Seien $p, q \in [0, 1]$ die Gewinnwahrscheinlichkeiten beim Kampf gegen den kleinsten bzw. den größten Vogel. Da das Kämpfen gegen den kleinsten und den größten unabhängig voneinander ist, erhalten wir als Wahrscheinlichkeiten für (mindestens) zwei aufeinanderfolgende Siege:

- Bei der Reihenfolge Kleinster – Größter – Kleinster:

$$p \cdot q + (1 - p) \cdot q \cdot p = p \cdot q \cdot (2 - p).$$

- Bei der Reihenfolge Größter – Kleinster – Größter:

$$q \cdot p + (1 - q) \cdot p \cdot q = p \cdot q \cdot (2 - q).$$

Wegen $p > q$ (der größte Vogel ist gefährlicher und kämpft besser als der kleinste) ist

$$p \cdot q \cdot (2 - q) \geq p \cdot q \cdot (2 - p)$$

Also ist die Erfolgswahrscheinlichkeit bei der Reihenfolge

$$\text{Größter – Kleinster – Größter}$$

größer (außer im Fall $q = 0$, in dem aber noch Gleichheit vorliegt). 🖒

Lösung zu Aufgabe 10.2. Sei B die Augenzahl des schwarzen Würfels, S die Augenzahl des silbernen Würfels und G die Augenzahl des goldenen Würfels. Das Endergebnis E nach der angegebenen Vorschrift ist dann

$$E = \big((2 \cdot B + 5) \cdot 5 + S\big) \cdot 10 + G = 100 \cdot B + 10 \cdot S + G + 250.$$

Dies ist äquivalent zu

$$E - 250 = 100 \cdot B + 10 \cdot S + G.$$

Wegen $B, S, G \subset \{1, \dots, 6\}$ folgt aus der Eindeutigkeit der Dezimaldarstellung, dass B, S und G durch diese Gleichung eindeutig bestimmt sind. Dies beantwortet die zweite Frage positiv.

© Springer-Verlag GmbH Deutschland, ein Teil von Springer Nature 2019
C. Löh et al. (Hrsg.), *Quod erat knobelandum*,
https://doi.org/10.1007/978-3-662-58725-6_31

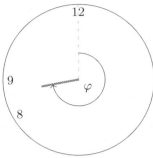

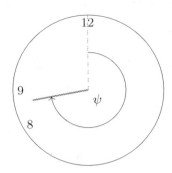

Stundenzeiger   Minutenzeiger

Abbildung 10.1: Winkel des Stunden- bzw. Minutenzeigers

Zur ersten Frage: In diesem Fall ist $E = 484$ bzw.

$$100 \cdot B + 10 \cdot S + G = 481 - 250 = 234,$$

und damit $B = 2$, $S = 3$, $G = 4$.

Lösung zu Aufgabe 10.3. Es bezeichne x die gesuchte Minutenzahl nach 8 Uhr. Außerdem sei φ der Winkel des Stundenzeigers zur Zeit x nach 8 (gemessen in Grad ab 12 Uhr, im Uhrzeigersinn) und ψ der Winkel des Minutenzeigers zur Zeit x nach 8 (Abbildung 10.1).

Also ist

$$\varphi = \frac{x}{60} \cdot \frac{360}{12} + 8 \cdot \frac{360}{12} = \frac{x}{2} + 240,$$
$$\psi = \frac{x}{60} \cdot 360 = 6 \cdot x.$$

Zum Zeitpunkt x stimmen φ und ψ überein. Also erhalten wir

$$\frac{x}{2} + 240 = \varphi = \psi = 6 \cdot x$$

bzw.

$$x = \frac{480}{11} = 43 + \frac{7}{11}.$$

Also beginnt das Nickerchen um 8 Uhr und $43 + \frac{7}{11}$ Minuten.

Lösung zu Aufgabe 10.4. Anzahl der Augen: Die gesuchte Anzahl der Augen A hat die folgende Eigenschaft: Sei x die Zahl, die aus den ersten fünf Stellen von A besteht. Dann ist $A = 10 \cdot x + 7$ und damit

$$(10 \cdot x + 7) \cdot 5 = A \cdot 5 = 700000 + x.$$

Dies ist äquivalent zu

$$x = \frac{700000 - 35}{50 - 1} = 14285.$$

Also ist $A = 10 \cdot x + 7 = 142857$.

Anzahl der Köpfe: Die gesuchte Anzahl der Köpfe K hat die folgende Eigenschaft: Sei y die Zahl, die aus den letzten fünf Stellen von K besteht. Dann ist $K = 100000 + y$ und damit

$$(100000 + y) \cdot 3 = K \cdot 3 = 10 \cdot y + 1$$

bzw.

$$y = \frac{300000 - 1}{10 - 3} = 42857.$$

Also ist $K = 100000 + y = 142857$.   ◙

Lösung zu Aufgabe 10.5. Sei n die Anzahl der Stufen der Rolltreppe, wenn die Rolltreppe stillstehen würde. Sei v die Geschwindigkeit von Numerakles. Hier messen wir die Geschwindigkeit in Stufen pro Zeiteinheit, die nötig ist, damit die Rolltreppe eine Stufe weiterrückt.

- Dann ist

$$v = \frac{90}{90 - n},$$

  denn während Numerakles (entgegen der Fahrtrichtung) die Rolltreppe hochgeht, zählt er 90 Stufen (das ist also die Strecke, die er zurücklegt) und es vergeht genau die Zeit, die nötig ist, damit die Rolltreppe $90 - n$ Stufen weiterrückt.

- Analog gilt

$$v = \frac{60}{n - 60}.$$

Also ist

$$\frac{90}{90 - n} = v = \frac{60}{n - 60},$$

und damit $n = 72$. Also müsste Numerakles 72 Stufen steigen, wenn die Rolltreppe stillstehen würde.   ◙

Lösung zu Aufgabe 10.6. Die minimale Anzahl von Würfen, die maximal nötig ist, um das höchste Stockwerk zu finden, von dem aus die gegebenen Eier den Flug nach unten unbeschadet überstehen, ist 14, denn:

Zu $n \in \mathbb{N}$ sei $E_1(n)$ die maximale Anzahl von Stockwerken, die man mit einem Ei in höchstens n Würfen sicher überprüfen kann; außerdem sei $E_2(n)$ die maximale Anzahl von Stockwerken, die man mit zwei Eiern in höchstens n Würfen sicher überprüfen kann.

- Es ist klar, dass $E_1(n) = n$ für alle $n \in \mathbb{N}$ gilt, da man jedes Stockwerk, von unten angefangen, überprüfen muss.

- Offenbar ist $E_2(1) = 1$. Für alle $n \in \mathbb{N}$ ist

$$E_2(n+1) \geq E_2(n) + E_1(n) + 1,$$

denn: Wir werfen das erste Ei vom Stockwerk $E_1(n) + 1$. Geht das Ei kaputt, so können wir mit dem zweiten Ei die $E_1(n)$ unteren Stockwerke überprüfen. Bleibt das Ei intakt, so können wir die $E_2(n)$ höheren Stockwerke mit höchstens n Würfen der beiden Eier überprüfen.

Umgekehrt kann man sich analog auch leicht überlegen, dass

$$E_2(n+1) \leq E_2(n) + E_1(n) + 1$$

ist: Das erste Ei werde vom Stockwerk $k+1$ geworfen. Falls das Ei kaputtgeht, müssen wir die k unteren Stockwerke mit einem Ei in höchstens n Würfen sicher überprüfen können. Also ist $k \leq E_1(n)$. Bleibt das Ei intakt, so müssen wir die $E_2(n+1) - (k+1)$ oberen Stockwerke mit zwei Eiern in höchstens n Würfen sicher überprüfen können. Also ist $E_2(n+1) - (k+1) \leq E_2(n)$. Zusammen ergibt sich

$$E_2(n+1) \leq E_2(n) + k + 1 \leq E_2(n) + E_1(n) + 1.$$

Somit ist $E_2(n+1) = E_2(n) + E_1(n) = E_2(n) + n + 1$ für alle $n \in \mathbb{N}$. Induktion zeigt nun, dass

$$E_2(n) = 1 + 2 + \cdots + n = \frac{n \cdot (n+1)}{2}$$

für alle $n \in \mathbb{N}$ gilt.

Wegen

$$\min\{n \in \mathbb{N} \mid E_2(n) \geq 100\} = \min\left\{n \in \mathbb{N} \ \middle| \ \frac{n \cdot (n+1)}{2} \geq 100\right\} = 14$$

folgt die Behauptung.   □

11 Lösungsvorschläge zu Thema 11

Timo Keller

Lösung zu Aufgabe 11.1.

1. Die Primfaktorzerlegungen von a und b sind

$$a = 1200 = 12 \cdot 100 = 2^2 \cdot 3 \cdot 2^2 \cdot 5^2 = 2^4 \cdot 3 \cdot 5^2$$

und

$$b = 1400 = 2^3 \cdot 5^2 \cdot 7.$$

Mit Lemma 11.8 berechnet man

$$\mathrm{ggT}(a,b) = 2^3 \cdot 5^2 = 8 \cdot 25 = 200$$

und

$$\mathrm{kgV}(a,b) = 2^4 \cdot 3 \cdot 5^2 \cdot 7 = 16 \cdot 3 \cdot 25 \cdot 7 = 8400.$$

Tatsächlich gilt

$$ab = 1200 \cdot 1400 = 1680000 = 200 \cdot 8400 = \mathrm{ggT}(a,b)\,\mathrm{kgV}(a,b).$$

2. Es gilt $\mathrm{ggT}(2340, 1800) = 180$, und eine mögliche Lösung ist $a = -3$, $b = 4$. Dazu führen wir den euklidischen Algorithmus aus:

$$2340 = 1 \cdot 1800 + 540$$
$$1800 = 3 \cdot 540 + 180$$
$$540 = 3 \cdot 180 + 0.$$

Zurückrechnen wie in der Beispielrechnung zum RSA-Verfahren ergibt $-3 \cdot 2340 + 4 \cdot 1800 = 180$:

$$180 = 1800 - 3 \cdot 540$$
$$= 1800 - 3 \cdot (2340 - 1 \cdot 1800)$$
$$= (1 + 3) \cdot 1800 - 3 \cdot 2340$$
$$= 4 \cdot 1800 - 3 \cdot 2340.$$

3. Ein Inverses ist 14. (Alle Inversen sind von der Form $14 + k \cdot 31$ mit einer ganzen Zahl k.) Wir führen den euklidischen Algorithmus aus:

$$31 = 1 \cdot 20 + 11$$
$$20 = 1 \cdot 11 + 9$$
$$11 = 1 \cdot 9 + 2$$
$$9 = 4 \cdot 2 + 1$$
$$2 = 2 \cdot 1 + 0.$$

© Springer-Verlag GmbH Deutschland, ein Teil von Springer Nature 2019
C. Löh et al. (Hrsg.), *Quod erat knobelandum*,
https://doi.org/10.1007/978-3-662-58725-6_32

Zurückrechnen ergibt $14 \cdot 20 + (-9) \cdot 31 = 1$:

$$
\begin{aligned}
1 &= 9 - 4 \cdot 2 \\
&= 9 - 4 \cdot (11 - 1 \cdot 9) \\
&= 5 \cdot 9 - 4 \cdot 11 \\
&= 5 \cdot (20 - 1 \cdot 11) - 4 \cdot 11 \\
&= 5 \cdot 20 - 9 \cdot 11 \\
&= 5 \cdot 20 - 9 \cdot (31 - 1 \cdot 20) \\
&= 14 \cdot 20 - 9 \cdot 31.
\end{aligned}
$$

Lösung zu Aufgabe 11.2.

1. Wir berechnen die Eulersche φ-Funktion für

n	1	2	3	4	5	6	7	8	9	10
$\varphi(n)$	1	1	2	2	4	2	6	4	6	4

n	11	12	13	14	15	16	17	18	19	20
$\varphi(n)$	10	4	12	6	8	8	16	6	18	8

n	21	22	23	24	25	26	27	28	29	30
$\varphi(n)$	12	10	22	8	20	12	18	12	28	8

2. Es ist

$$\varphi(10) = \varphi(2 \cdot 5) = (2-1)(5-1) = 4.$$

Wir haben

$$\{a \mid 1 < a < 10,\ \mathrm{ggT}(a, 10) = 1\} = \{3, 7, 9\}$$

und man berechnet

$$
\begin{aligned}
a = 3 &\Rightarrow a^{\varphi(10)} = 81 \equiv 1 \pmod{10} \\
a = 7 &\Rightarrow a^{\varphi(10)} = 2401 \equiv 1 \pmod{10} \\
a = 9 &\Rightarrow a^{\varphi(10)} = 6561 \equiv 1 \pmod{10}.
\end{aligned}
$$

Hier sind die Zahlen 81, 2401 und 6561 gleich 1 modulo 10, da die letzte Dezimalstelle jeweils 1 ist.

Lösung zu Aufgabe 11.3. Wir beweisen alle Lemmata der Reihe nach.

Lemma 11.3. Aus $b = na, c = ma$ mit ganzen Zahlen n, m folgt $b + c = na + ma = (n + m)a$; aus $b = na$ folgt $bc = (nc)a$; aus $n = xa, m = yb$ folgt $nm = (xy)ab$.

Lemma 11.7. Sei $p > 1$ prim und $p \mid ab$. Wäre $p \nmid a, b$, so wären $v_p(a) = 0 = v_p(b)$, also aus der eindeutigen Primfaktorzerlegung (Satz 11.6) $v_p(ab) = 0$, also $p \nmid ab$, ein Widerspruch zur Annahme. Sei umgekehrt $p = nm$ mit $n, m > 1$ nicht prim. Dann gilt $p \mid nm = p$, aber $p \nmid n, m$ wegen $1 < n, m < p$.

Lemma 11.8. Wenn $p^k \mid n, m$, so ist $k \leq v_p(n), v_p(m)$. Das maximale solche k ist also $\min(v_p(n), v_p(m))$. Daraus folgt die behauptete Formel

$$\mathrm{ggT}(n, m) = p_1^{\min(n_1, m_1)} \cdot \ldots \cdot p_k^{\min(n_k, m_k)}$$

aus der eindeutigen Primfaktorzerlegung, siehe Satz 11.6. Die analoge Aussage für das kleinste gemeinsame Vielfache ist

$$\mathrm{kgV}(n, m) = p_1^{\max(n_1, m_1)} \cdot \ldots \cdot p_k^{\max(n_k, m_k)}.$$

Lemma 11.9. Es ist $\min(n, m) + \max(n, m) = n + m$, und dann folgt die Behauptung aus Lemma 11.8 und der eindeutigen Primfaktorzerlegung.

Lemma 11.10.

1. Aus $n \mid a$ folgt $v_p(n) \leq v_p(a)$, analog $v_p(n) \leq v_p(b)$ für alle Primzahlen p. Also $v_p(n) \leq \min(v_p(a), v_p(b))$, also $n \mid \mathrm{ggT}(a, b)$ nach Lemma 11.8.

2. Aus $a \mid bc$ folgt $v_p(a) \leq v_p(b) + v_p(c)$ für alle Primzahlen p, und aus $\mathrm{ggT}(a, b) = 1$ folgt $v_p(a) = 0$ oder $v_p(b) = 0$ für alle Primzahlen p. In beiden Fällen hat man $v_p(a) \leq v_p(c)$ für alle Primzahlen p.

3. Die Bedingungen sind äquivalent zu

$$v_p(a) \leq v_p(m), \tag{1}$$
$$v_p(b) \leq v_p(m), \tag{2}$$
$$v_p(a) = 0 \quad \text{oder} \quad v_p(b) = 0 \tag{3}$$

für alle Primzahlen p. Aus (1), (2) und (3) folgt $v_p(a) + v_p(b) \leq v_p(m)$ für alle Primzahlen p, also $v_p(ab) \leq v_p(m)$ (siehe Vorbemerkung zu den Aufgaben), und damit $ab \mid m$.

Lemma 11.12. Es ist

$$(a \pm c) - (b \pm d) = (a - b) \pm (c - d)$$

durch n teilbar nach Lemma 11.3. Weiterhin gilt $n \mid (a - b)$, $n \mid (c - d)$, also auch $n \mid c(a - b)$, $n \mid b(c - d)$, also auch

$$n \mid (c(a - b) + b(c - d)) = ca - cb + bc - bd = ac - bd$$

nach Lemma 11.3. Somit haben wir $m \mid n \mid (a - b)$, also

$$(a - b) = xn = x(ym) = (xy)m,$$

und daher $m \mid (a - b)$.

Lemma 11.15. Das folgt unmittelbar aus Lemma 11.7.   ⬡

Lösung zu Aufgabe 11.4.

Modulares Invertieren. Wegen $\mathrm{ggT}(a,n) = 1$ existieren nach dem Lemma von
Bézout ganze Zahlen b, m mit $ab + nm = 1$. Also ist $ab \equiv 1 \pmod{n}$.

Kürzungsregel. Sei $ax \equiv bx \pmod{n}$ und $\mathrm{ggT}(x,n) = 1$. Nach modularem
Invertieren existiert eine ganze Zahl y mit $xy \equiv 1 \pmod{n}$. Also ist $a \equiv
axy \equiv bxy \equiv b \pmod{n}$.

Notwendigkeit der Voraussetzungen. Wir betrachten zunächst das modulare
Invertieren: Sei $n = 4$ und sei $a = 2$. Dann ist für $b = 0, 1, 2, 3$ jeweils
$ab \equiv 0, 2, 0, 2 \not\equiv 1 \pmod{4}$.

Nun zur Kürzungsregel: Sei $n = 4$ und $a = 0, b = 2, x = 2$. Dann ist
$ax \equiv 0 \equiv bx \pmod{4}$, aber $a = 0 \not\equiv 2 = b \pmod{4}$.   ⬡

Lösung zu Aufgabe 11.5.

1. Ordne die Zahlen $0, 1, \ldots, nm - 1$ in einem Rechteck in Zeilen zu je n Zahlen mit erster Zeile $0, 1, \ldots, n-1$, zweiter Zeile $n, n+1, \ldots, 2n-1, \ldots, m$-
   ter Zeile $(m-1)n, (m-1)n+1, \ldots, mn-1$ an. In jeder Zeile von $1, 2, \ldots, m$
   gibt es genau $\varphi(n)$ zu n teilerfremde Zahlen. In jeder Spalte stehen die m
   Zahlen $a, a + n, \ldots, a + (m - 1)n$. Diese bilden ein vollständiges Restsys-
   tem modulo m (d. h. sie sind paarweise nicht-kongruent modulo m), da n
   und m teilerfremd sind. Von diesen sind $\varphi(m)$ zu m teilerfremd. Also gibt
   es $\varphi(n)\varphi(m)$ zu nm teilerfremde Zahlen im Quadrat.

   Zur Frage, was passiert, wenn $\mathrm{ggT}(n,m) \neq 1$, seien etwa $m = p = n$ nicht
   teilerfremd. Dann ist

   $$\varphi(nm) = \varphi(p^2) = (p-1)p \neq (p-1)(p-1) = \varphi(n)\varphi(m).$$

2. Wegen der Multiplikativität von φ reicht es zu zeigen, dass $\varphi(p^n) = (p -
   1)p^{n-1}$ für p prim. Die zu p nicht teilerfremden Zahlen $\{0, \ldots, p^n\}$ sind
   gerade die durch p teilbaren Zahlen, also $0, p, 2p, \ldots, p^n$. Das sind p^{n-1}
   viele. Also ist
   $$\varphi(p^n) = p^n - p^{n-1} = (p-1)p^{n-1}.$$

3. Ist $m > 2$, so hat m einen Primteiler $p > 2$ oder 4 als Teiler. In beiden
   Fällen folgt aus Satz 11.17, dass $\varphi(mn) > \varphi(n)$. Ist $n \geq 2$ gerade mit n, m
   teilerfremd, so ist $m > 1$ ungerade, also $\varphi(m) > 1$ und daher $\varphi(mn) =
   \varphi(m)\varphi(n) > \varphi(n)$. Ist $d = \mathrm{ggT}(n,m) > 1$, so kann man $n = dn', m = dm'$
   mit $\mathrm{ggT}(n', m') = 1$ schreiben. Dann ist
   $$\varphi(nm) = \varphi(d^2 n' m') = \varphi(d^2 n')\varphi(m')$$
   $$> \varphi(dn')\varphi(m') = \varphi(n)\varphi(m') \geq \varphi(n),$$

denn es ist $\varphi(d^2 n') > \varphi(dn')$ wegen $d > 1$: Da $d > 1$, existiert eine Primzahl p mit $v_p(d) \geq 1$ (Notation wie in Aufgabe 11.3). Dann ist der zu p gehörige Faktor in $\varphi(d^2 n')$ gleich $(p-1)p^{v_p(d^2 n')-1}$ und der in $\varphi(dn')$ gleich $(p-1)p^{v_p(dn')-1}$. Wegen $v_p(d) \geq 1$ ist aber der Faktor in $\varphi(d^2 n')$ echt größer als der in $\varphi(dn')$. Die zu anderen Primzahlen gehörigen Faktoren sind für $\varphi(d^2 n')$ alle größer oder gleich denen für $\varphi(dn')$ (beobachte: $\varphi(a) \mid \varphi(ab)$). ◫

Lösung zu Aufgabe 11.6. Es ist nach Satz 11.17 für p prim $\varphi(p) = p-1$. Nach dem Satz 11.18 von Euler-Fermat ist für $\mathrm{ggT}(a,p) = 1$ dann $a^{p-1} \equiv 1 \pmod{p}$. Nach Multiplikation mit a folgt $a^p \equiv a \pmod{p}$ für $\mathrm{ggT}(a,p) = 1$. Wenn $\mathrm{ggT}(a,p) \neq 1$, folgt $p \mid a$ nach Lemma 11.8, also $a \equiv 0 \pmod{p}$. Dann ist aber $a^p \equiv 0^p = 0 \equiv a \pmod{p}$. Also gilt in allen Fällen $a^p \equiv a \pmod{p}$. ◫

Lösung zu Aufgabe 11.7. Es ist $\varphi(13) = 12$. Also ist

$$7^7 = 7^{4+2+1} = (7^2)^2 \cdot 7^2 \cdot 7 \equiv 1^2 \cdot 1 \cdot 7 = 7 \pmod{12}$$

wegen $49 = 48 + 1 \equiv 1 \pmod{12}$. Wegen $7^7 \equiv 7 \pmod{12}$ gibt es ein $k \in \mathbb{N}$ mit $7^7 = 12k + 7$, also ist

$$7^{(7^7)} = (7^{12})^k \cdot 7^7 \equiv 7^7 \pmod{13}$$

nach dem Satz 11.18 von Euler-Fermat und damit $7^{(7^7)} - 7^7$ durch 13 teilbar.

Die Anzahl der Dezimalstellen einer Zahl $n > 0$ ist ungefähr $\log_{10}(n)$, wobei $\log_{10}$ den dekadischen Logarithmus bezeichnet. Es ergibt sich

$$\log_{10}(7^{(7^7)}) = 7^7 \cdot \log_{10}(7) \approx 700000 \quad \text{(genauer: 695975)}.$$

Andererseits hat 7^7 ungefähr $7 \cdot \log_{10}(7) \approx 6$ Stellen und ist daher vernachlässigbar. ◫

Lösung zu Aufgabe 11.8.

1. Wenn $m \geq n$ ist, kann man beim Entschlüsseln nicht zwischen m und $m - n \geq 0$ unterscheiden. Will man eine größere Zahl verschlüsseln, muss man die Zahl in Blöcke der Größe $< n$ aufteilen und diese separat verschlüsseln und versenden.

2. Man hat die Gleichung

$$\begin{aligned} \varphi(n) &= (p-1)(q-1) \\ &= pq - p - q + 1 \\ &= n - p - q + 1 \\ &= n - p - \frac{n}{p} + 1. \end{aligned}$$

Nach Multiplikation mit p folgt

$$np - p^2 - n + p - p\varphi(n) = 0.$$

Das ist eine quadratische Gleichung in p mit Lösungen

$$\frac{1}{2}\left(\pm \sqrt{(n - \varphi(n) + 1)^2 - 4n} + n - \varphi(n) + 1 \right).$$

Für die Beispielwerte ergeben sich $\{p, q\} = \{3989, 9839\}$.

3. Wenn A und B beide den privaten Schlüsselteil $(n, p, q, \varphi(n))$ haben und die öffentlichen Schlüsselteile e_A und e_B, dann kann etwa A den privaten Schlüsselteil d_B von B berechnen: d_B ist das modulare Inverse von e_B (mod $\varphi(n)$).

4. Man berechnet (etwa mit Wolfram Alpha)

$$n = 29 \cdot 31 = 899, \ \varphi(n) = 28 \cdot 30 = 840, \ d = -221.$$

AFFE $= 214$ wird verschlüsselt zu $214^{19} \equiv 856$ (mod 899). Die Zahl $c = 838$ wird entschlüsselt zu $838^{-221} \equiv 838^{-221+840} \equiv 466$ (mod 899), und 466 entspricht

$$2 \cdot 6^3 + 0 \cdot 6^2 + 5 \cdot 6^1 + 4 \cdot 6^0 = \textsf{CAFE},$$

denn $466 \equiv 4$ (mod 6) entspricht **E**; $466 = 6 \cdot 77 + 4$; $77 \equiv 5$ (mod 6) entspricht **F**; $77 = 6 \cdot 12 + 5$; $6 \equiv 0$ (mod 6) entspricht **A**; $12 = 2 \cdot 6 + 0$; $2 \equiv 2$ (mod 6) entspricht **C**. $\qquad\qquad$ ◙

Lösung zu Aufgabe 11.9. Genüge n der Bedingung in der Aufgabe. Wir zeigen zuerst, dass n quadratfrei ist. Wäre $p^2 \mid n$ für eine Primzahl p, so wäre $p^{n+1} \not\equiv p$ (mod n), denn sonst hätte man nach Lemma 11.12, dritter Teil, $0 \equiv p^{n+1} \equiv p \not\equiv 0$ (mod p^2) wegen $n + 1 \geq 2$.

Also kann man $n = p_1 \cdot \ldots \cdot p_r$ mit paarweise verschiedenen Primzahlen $p_1 < p_2 < \ldots < p_r$ schreiben. Aus dem kleinen Satz von Fermat folgt, dass n genau dann der Bedingung in der Aufgabe genügt, wenn $(p_i - 1) \mid n$ für alle $i \in \{1, \ldots, r\}$: Es gilt für alle p_i: $a^n \equiv 1$ (mod p_i), also $p_i - 1 = \varphi(p_i) \mid n$. Dies ist äquivalent zu $(p_i - 1) \mid p_1 \cdot \ldots \cdot p_{i-1}$ für alle $i \in \{1, \ldots, r\}$.

Für $i = 1$ folgt $(p_1 - 1) \mid 1$, also $p_1 = 2$. Für $i = 2$ folgt dann $(p_2 - 1) \mid p_1 = 2$, also $p_2 = 3$. Für $i = 3$ folgt dann $(p_3 - 1) \mid p_1 p_2 = 6 = 2 \cdot 3$, also wegen $p_3 > p_2 = 3$ dann $p_3 = 7$. Für $i = 4$ folgt dann $(p_4 - 1) \mid p_1 p_2 p_3 = 42 = 2 \cdot 3 \cdot 7$, also $p_4 = 43$ wegen $p_4 > p_3 = 7$. Für $i = 5$ folgt dann $(p_5 - 1) \mid p_1 p_2 p_3 p_4 = 2 \cdot 3 \cdot 7 \cdot 43 = 1806$, aber so ein $p_5 > p_4 = 43$ existiert nicht, da $1, 2, 6, 42$ die einzigen Teiler d von 1806 mit $d + 1$ prim sind. Also ist $r \leq 4$, und alle Lösungen sind $1, 2, 6, 42, 1806$. $\qquad\qquad$ ◙

12 Lösungsvorschläge zu Thema 12

Alexander Engel

Lösung zu Aufgabe 12.1. In Abbildung 12.1 siehst du zwei Beispiellösungen; es gibt auch noch viele weitere Lösungsvarianten. Beachte, dass manche Seitenflächen des linken Polyeders nach innen geneigt sind.

 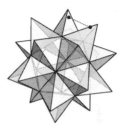

Abbildung 12.1: Die gestrichelte Linie verläuft jeweils nicht innerhalb des Polyeders

Lösung zu Aufgabe 12.2. In Abbildung 12.2 ist links die Lösung für den Tetraeder und rechts die für die gestreckte fünfseitige Pyramide. Bei der gestreckten fünfseitigen Pyramide haben wir die untere fünfseitige Fläche entfernt – entfernt man eine andere Fläche, so erhält man auch ein anderes Bild.

 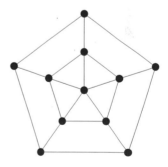

Abbildung 12.2: Planare Graphen für den Tetraeder und die gestreckte fünfseitige Pyramide

Lösung zu Aufgabe 12.3. Wir brauchen nur einen einzigen Knoten zu verschieben. In Abbildung 12.3 sehen wir links noch einmal die ursprüngliche Zeichnung des Graphen, wobei der zu verschiebende Knoten und die damit verbundenen Kanten gekennzeichnet sind. Rechts haben wir den Knoten so verschoben, dass es keine überkreuzten Kanten mehr gibt.

© Springer-Verlag GmbH Deutschland, ein Teil von Springer Nature 2019
C. Löh et al. (Hrsg.), *Quod erat knobelandum*,
https://doi.org/10.1007/978-3-662-58725-6_33

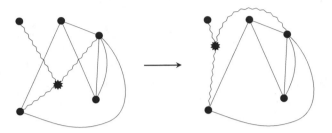

Abbildung 12.3: Wir können den Graphen auch ohne Überkreuzungen zeichnen

Lösung zu Aufgabe 12.4. Eine mögliche Lösung siehst du in Abbildung 12.4. Wir haben die jeweils neu hinzugefügten Knoten und Kanten markiert.   ⬜

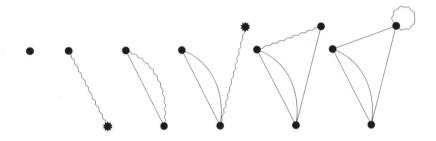

Abbildung 12.4: Die einzelnen Konstruktionsschritte von links nach rechts

Lösung zu Aufgabe 12.5. Wir nehmen zuerst an, dass unser Graph zusätzlich zu dem äußeren Gebiet noch mindestens ein weiteres hat.

Wir entfernen von unserem Graphen nun alle herausstehenden Wege, wie in Abbildung 12.5 skizziert. Die gekennzeichneten Knoten und Kanten würden wir in diesem Fall als herausstehende Wege entfernen.

Abbildung 12.5: Die hervorgehobenen Teile dieses Beispielgraphen sind herausstehende Wege

Jedes Gebiet wird von mindestens drei Kanten umgeben. Dies gilt auch für das äußere Gebiet, wobei hier mit „umgebende Kanten" nun die äußersten Kanten des Graphen gemeint sind (die also nicht im Inneren des Graphen liegen). Wir haben also die Ungleichung

$$\#(\text{Kanten, die ein Gebiet umgeben}) \geq 3.$$

Genau für diese Ungleichung benötigen wir die Voraussetzung, dass unser Graph einfach ist. Hätten wir nämlich mehrere Kanten zwischen zwei Knoten, so wären die dadurch definierten Gebiete nur von zwei Kanten umgeben, und hätten wir eine Schleife, so hätten wir ein Gebiet, das nur von einer Kante umgeben wird.

Wir bezeichnen die Gebiete des Graphen (das äußere Gebiet mit eingeschlossen) mit G_1, G_2, ... und summieren für alle diese Gebiete nun die linke Seite der obigen Ungleichung auf. Wir betrachten also

$$\sum_i \#(\text{Kanten, die das Gebiet } G_i \text{ umgeben}).$$

Falls du das Summenzeichen Σ noch nicht kennst, kannst du in Thema II.15 nachlesen, was es damit auf sich hat. In dieser Summe haben wir alle Kanten genau zwei mal gezählt, denn links und rechts von einer Kante befinden sich unterschiedliche Gebiete (hier an dieser Stelle benötigen wir, dass wir herausstehende Wege entfernt haben, denn links und rechts eines herausstehenden Weges befindet sich dasselbe Gebiet). Wir haben also die Gleichung

$$\sum_i \#(\text{Kanten, die das Gebiet } G_i \text{ umgeben}) = 2 \cdot \#(\text{Kanten}).$$

Nun kombinieren wir diese Gleichung mit obiger Ungleichung und erhalten

$$2 \cdot \#(\text{Kanten}) = \sum_i \#(\text{Kanten, die das Gebiet } G_i \text{ umgeben})$$
$$\geq \sum_i 3$$
$$= \#(\text{Gebiete}) \cdot 3,$$

denn der Index i läuft ja über alle Gebiete des Graphen.

Nun benutzen wir den Eulerschen Polyedersatz für planare Graphen, um in obiger Abschätzung $\#(\text{Gebiete})$ durch $2 + \#(\text{Kanten}) - \#(\text{Knoten})$ zu ersetzen (dies ist die Stelle, an der wir die Voraussetzung benötigen, dass unser Graph zusammenhängend und planar ist). Wir erhalten

$$2 \cdot \#(\text{Kanten}) \geq \#(\text{Gebiete}) \cdot 3$$
$$= (2 + \#(\text{Kanten}) - \#(\text{Knoten})) \cdot 3$$

und dies formt sich um zu

$$\#(\text{Kanten}) \leq 3 \cdot \#(\text{Knoten}) - 6,$$

was genau die zu beweisende Ungleichung ist.

Nun erinnern wir uns, dass wir ja am Anfang die herausstehenden Wege unseres Graphen entfernt haben. Diese fügen wir jetzt wieder ein. Wir sehen, dass dabei genau so viele Knoten wie Kanten eingefügt werden, und deswegen ist die Ungleichung $\#(\text{Kanten}) \leq 3 \cdot \#(\text{Knoten}) - 6$ immer noch erfüllt (denn die rechte Seite dieser Ungleichung erhöht sich bei diesem Prozess um drei mal so viel wie die linke Seite).

Wir haben also die Ungleichung für alle Graphen gezeigt, die zusätzlich zum äußeren Gebiet noch mindestens ein weiteres haben (dies war ja ganz am Anfang unsere Annahme). Wir müssen die Ungleichung also noch für Graphen zeigen, die nur ein Gebiet besitzen, nämlich das äußere. In diesem Fall besitzt der Graph keine Schleifen, ist also ein Baum, wie in Abbildung 12.6 beispielhaft gezeigt. Für solch einen Graphen sieht man, dass die Ungleichung #(Kanten) $\leq$

Abbildung 12.6: Ein Graph mit nur einem Gebiet

$3 \cdot$ #(Knoten) $- 6$ gilt, sobald der Graph drei oder mehr Knoten hat, denn wir haben genau einen Knoten mehr, als wir Kanten haben. Dies ist die Stelle, an der wir die Voraussetzung benötigen, dass unser Graph mindestens drei Knoten hat. ▢

Lösung zu Aufgabe 12.6. Der Graph hat fünf Knoten und zehn Kanten. Außerdem ist er einfach (zwischen jedem Paar von Knoten existiert genau eine Kante und er enthält auch keine Schleifen), zusammenhängend und hat mindestens drei Knoten. Wäre er also planar, so müsste er die Ungleichung #(Kanten) $\leq 3 \cdot$ #(Knoten) $- 6$ erfüllen. Die erfüllt er aber nicht, da er ja fünf Knoten und zehn Kanten hat und $10 > 9 = 3 \cdot 5 - 6$. Also kann er nicht planar sein. ▢

Lösung zu Aufgabe 12.7. Der Graph hat drei Knoten, sieben Gebiete (das äußere Gebiet wird wie immer mitgezählt) und sieben Kanten. Wir haben also

$$\text{\#(Knoten)} + \text{\#(Gebiete)} - \text{\#(Kanten)} = 3 + 7 - 7 = 3 \neq 2.$$

Die Voraussetzung im Eulerschen Polyedersatz, dass der Graph zusammenhängend sein muss, ist also wirklich notwendig. ▢

Lösung zu Aufgabe 12.8. Wir behaupten, dass folgende Formel

$$\text{\#(Knoten)} + \text{\#(Gebiete)} - \text{\#(Kanten)} = 1 + \text{\#(Zusammenhangskomponenten)}$$

für planare Graphen gilt.

Wir sehen zuerst, dass diese Formel für zusammenhängende Graphen die ursprüngliche Formel ergibt. Für einen zusammenhängenden Graphen ist nämlich die Anzahl der Zusammenhangskomponenten gleich eins und auf der rechten Seite obiger Gleichung steht demnach eine 2 – das ist genau die schon bewiesene ursprüngliche Formel.

In der vorherigen Aufgabe ist die Rechnung #(Knoten) + #(Gebiete) − #(Kanten) = 3 aufgetaucht. Dies passt zu unserer Behauptung, da der dort betrachtete Graph zwei Zusammenhangskomponenten hat.

Kommen wir nun zum Beweis unserer behaupteten Formel. Er geht fast genauso wie der Beweis der ursprünglichen Formel, weswegen wir hier nur erklären, an welcher Stelle man diesen Beweis abändern muss.

Wir müssen lediglich einen zusätzlichen Konstruktionsschritt erlauben, bei dem nur ein einzelner Knoten hinzugefügt wird ohne ihn durch eine Kante mit einem schon vorhandenen Knoten zu verbinden. Damit ist es uns jetzt auch möglich, Graphen zu konstruieren, die mehr als eine Zusammenhangskomponente haben. Mit jedem Knoten, den wir ohne Kante hinzufügen, erhöhen wir die Anzahl der Zusammenhangskomponenten des bisher konstruierten Graphen um eins.

Man könnte auch das Verbinden zweier Knoten in unterschiedlichen Zusammenhangskomponenten durch eine Kante als neuen Konstruktionsschritt hinzufügen. Man kann sich aber schnell überlegen, dass man darauf auch verzichten kann, d. h. wenn man einen Graphen mithilfe dieses Konstruktionsschritts konstruieren kann, so kann man den Graphen auch ohne Benutzung dieses Schritts konstruieren.

Nun müssen wir uns nur noch anschauen, welche Auswirkung dieser zusätzlich mögliche Konstruktionsschritt auf den Term #(Knoten) + #(Gebiete) − #(Kanten) hat: Der Term wird einfach nur um eins erhöht, da nur ein einzelner Knoten ohne neue Kante hinzukommt und die Anzahl der Gebiete dadurch nicht verändert wird. Also jedes Mal, wenn wir einen neuen Knoten ohne Kante hinzufügen, müssen wir entsprechend die rechte Seite der zu beweisenden Gleichung um eins erhöhen, damit die Gleichung noch stimmt. Da jeder so hinzugefügte Knoten die Anzahl der Zusammenhangskomponenten um genau eins erhöht, kommen wir somit am Ende bei der behaupteten Formel an.

Wir haben also die Voraussetzung, dass der Graph zusammenhängend sein muss, aus dem Eulerschen Polyedersatz entfernt. Dafür mussten wir die Formel ein wenig abändern, indem wir die rechte Seite der Gleichung angepasst haben.

$\square$

Lösung zu Aufgabe 12.9. In die Gleichung #(Ecken) · #(Kanten pro Ecke) = 2 · #(Kanten) setzen wir zuerst die Eulersche Polyederformel umgestellt nach #(Ecken) ein:

$$\big(2 - \#(\text{Flächen}) + \#(\text{Kanten})\big) \cdot \#(\text{Kanten pro Ecke}) = 2 \cdot \#(\text{Kanten}).$$

Jetzt ersetzen wir in dieser Gleichung den Term #(Flächen) indem wir die Gleichung #(Flächen) · #(Kanten pro Fläche) = 2 · #(Kanten) benutzen:

$$\Big(2 - \frac{2 \cdot \#(\text{Kanten})}{\#(\text{Kanten pro Fläche})} + \#(\text{Kanten})\Big) \cdot \#(\text{Kanten pro Ecke}) = 2 \cdot \#(\text{Kanten}).$$

Benutzen von #(Kanten pro Fläche) = #(Ecken einer Fläche) und dividieren durch #(Kanten pro Ecke) ergibt

$$2 - \frac{2 \cdot \#(\text{Kanten})}{\#(\text{Ecken einer Fläche})} + \#(\text{Kanten}) = 2 \cdot \frac{\#(\text{Kanten})}{\#(\text{Kanten pro Ecke})}$$

und dividieren durch $2 \cdot \#(\text{Kanten})$ führt zu

$$\frac{1}{\#(\text{Kanten})} - \frac{1}{\#(\text{Ecken einer Fläche})} + \frac{1}{2} = \frac{1}{\#(\text{Kanten pro Ecke})}.$$

Bringen wir $\frac{1}{\#(\text{Ecken einer Fläche})}$ auf die andere Seite, so ist dies dann genau die zu zeigende Gleichung.   ⬚

Lösung zu Aufgabe 12.10. Hätten wir $\#(\text{Kanten pro Ecke}) = 2$, so würde dies keinen dreidimensionalen Körper ergeben, sondern einen Weg aus Kanten.

Im Fall $\#(\text{Kanten pro Ecke}) = 1$ hätten wir einfach nur eine einzige Kante, die von ihren beiden Ecken begrenzt wird, und somit wieder keinen Körper.   ⬚

13 Lösungsvorschläge zu Thema 13

Theresa Stoiber, Stefan Krauss

Lösung zu Aufgabe 13.1.

1. $(a_n)_{n\in\mathbb{N}}$ ist eine arithmetische Folge mit $d = -11$. Damit ist

$$a_{75} = 7 + (75 - 1) \cdot (-11) = -807.$$

2. $(b_n)_{n\in\mathbb{N}}$ ist eine geometrische Folge mit $q = \frac{31}{6}$. Damit ist

$$b_4 = 36 \cdot \left(\frac{31}{6}\right)^3 = 4965,1666\ldots$$

3. $(c_n)_{n\in\mathbb{N}}$ ist eine geometrische Folge mit $q = -5$. Damit ist

$$c_8 = -5 \cdot (-5)^7 = (-5)^8 = 390625.$$

4. $(d_n)_{n\in\mathbb{N}}$ ist eine arithmetische Folge mit $d = \frac{1}{3}$. Damit ist

$$d_{16} = \frac{1}{2} + 15 \cdot \frac{1}{3} = 5\frac{1}{2}. \qquad \square$$

Lösung zu Aufgabe 13.2.

1. Es wird die Formel zur Bestimmung von einzelnen Folgengliedern arithmetischer Folgen verwendet: $a_n = 12 + (n-1)\cdot 22 = 12 + 22n - 22 = 22n - 10$. Es gilt

$$22n - 10 > 10000$$
$$\Leftrightarrow \qquad 22n > 10010$$
$$\Leftrightarrow \qquad n > 455.$$

   Damit ist das 456. Folgenglied das erste Glied dieser arithmetischen Folge, das größer als 10000 ist.

2. Eine geometrische Folge $(b_n)_{n\in\mathbb{N}} = 1, b_2, b_3, b_4, 256, \ldots$ ist gegeben. Somit ist das fünfte Folgenglied $b_5 = 256$ bekannt. Nun kann der Quotient q der geometrischen Folge mit der Formel zur Bestimmung einzelner Folgenglieder bestimmt werden: $256 = 1 \cdot q^{5-1} \Leftrightarrow 256 = q^4 \Leftrightarrow q = 4$ oder $q = -4$. Die gesuchten Zahlen b_2, b_3, b_4 können nun mit derselben Formel berechnet werden:

$$b_2 = 1 \cdot (\pm 4)^{2-1} = \pm 4,$$
$$b_3 = 1 \cdot (\pm 4)^{3-1} = 16,$$
$$b_4 = 1 \cdot (\pm 4)^{4-1} = \pm 64.$$

© Springer-Verlag GmbH Deutschland, ein Teil von Springer Nature 2019
C. Löh et al. (Hrsg.), *Quod erat knobelandum*,
https://doi.org/10.1007/978-3-662-58725-6_34

3. Wird die Fibonacci-Folge fortgesetzt

$$(f_n)_{n\in\mathbb{N}} = (1,1,2,3,5,8,13,21,34,55,89,144,233,377,\dots),$$

sieht man, dass die Differenz zwischen f_{14} und f_{13} erstmalig größer als 100 ist. Da die Differenz zweier Folgenglieder der Fibonacci-Folge stets dem vorhergehenden Folgenglied entspricht, erhält man dieses Ergebnis auch dadurch, dass man das erste Folgenglied sucht, das größer als 100 ist (nämlich $f_{12} = 144$). ▢

Lösung zu Aufgabe 13.3.

1. Explizite Bildungsgesetze lauten zum Beispiel

   - $a_n = \frac{n+1}{2n}$ und
   - $b_n = 2n^4$.

2.
   - Ein explizites Bildungsgesetz lautet $c_n = 1 + (n-1)\cdot(-5)$ und ein rekursives ist durch $c_{n+1} = c_n - 5$ mit $c_1 = 1$ gegeben.
   - Ein explizites Bildungsgesetz lautet $d_n = \frac{1}{2^{n-1}}$ und ein rekursives ist durch $d_{n+1} = \frac{1}{2}\cdot d_n$ mit $d_1 = 1$ gegeben.

3. Gegeben ist die Folge $(e_n)_{n\in\mathbb{N}} = (1,3,5,7,9,\dots)$. Eine explizite Form für diese Folge ist $e_n = 1 + 2\cdot(n-1)$. ▢

Lösung zu Aufgabe 13.4.

1. Die Folge $a_n = \frac{n}{2n+3}$ ist gegeben. Berechnet man die ersten Folgenglieder, so erhält man: $a_1 = \frac{1}{5}, a_2 = \frac{2}{7}, a_3 = \frac{3}{9} = \frac{1}{3}$. Damit ist also $a_3 > a_2 > a_1$. Die Vermutung ist nun, dass: $\frac{n}{2n+3} \geq \frac{1}{5}$. Durch Umformen erhält man:

$$\frac{n}{2n+3} - \frac{1}{5} \geq 0$$
$$\Leftrightarrow \quad \frac{5n}{5(2n+3)} - \frac{2n+3}{5(2n+3)} \geq 0$$
$$\Leftrightarrow \quad 5n - (2n+3) \geq 0$$
$$\Leftrightarrow \quad 3n - 3 \geq 0$$
$$\Leftrightarrow \quad n - 1 \geq 0.$$

Dies gilt für alle $n \in \mathbb{N}$. Somit ist $a_1 = \frac{1}{5}$ eine untere Schranke.

Wegen $a_n < \frac{n}{2n} = \frac{1}{2}$ ist $\frac{1}{2}$ eine obere Schranke.

2. Die Folge $b_n = \frac{n^2}{n+1}$ ist gegeben. Die ersten Folgenglieder lauten

$$b_1 = \frac{1}{2}, \quad b_2 = \frac{4}{3}, \quad b_3 = \frac{9}{4}.$$

Es gilt also $b_3 > b_2 > b_1$. Man kann nun vermuten: $\frac{n^2}{n+1} \geq \frac{1}{2}$. Durch Umformen erhält man:

$$\frac{n^2}{n+1} - \frac{1}{2} \geq 0$$

$$\Leftrightarrow \quad \frac{2n^2-(n+1)}{2(n+1)} \geq 0$$

$$\Leftrightarrow \quad 2n^2 - n - 1 \geq 0$$

$$\Leftrightarrow \quad n(2n - 1) \geq 1.$$

Und dies gilt für alle $n \in \mathbb{N}$. Somit ist $b_1 = \frac{1}{2}$ eine untere Schranke.

Da der Zähler schneller wächst als der Nenner, wird die Folge $b_n = \frac{n^2}{n+1}$ „beliebig groß". Formal korrekt sieht man dies, da

$$b_n = \frac{n^2-1+1}{n+1} = \frac{(n-1)(n+1)}{n+1} + \frac{1}{n+1} > n - 1$$

über alle Schranken wächst. Die Folge $(b_n)_{n\in\mathbb{N}}$ besitzt also keine obere Schranke.

3. Die Folge nimmt abwechselnd nur die Werte -1 und 1 an. Damit ist 1 eine obere Schranke und -1 eine untere Schranke und die Folge somit natürlich auch nach oben und nach unten beschränkt.   ◨

Lösung zu Aufgabe 13.5.

1. Behauptung: $(a_n)_{n\in\mathbb{N}}$ ist eine streng monoton steigende Folge.
   Beweis: Man sieht

   $$a_{n+1} - a_n = \frac{(n+1)^2+2}{2} - \frac{n^2+2}{2} = \frac{n^2+2n+1+2-n^2-2}{2} = \frac{2n+1}{2} = n + \frac{1}{2}.$$

   Da $n + \frac{1}{2} > 0$ für alle $n \in \mathbb{N}$ gilt, ist die Folge $(a_n)_{n\in\mathbb{N}}$ streng monoton steigend.

2. Behauptung: Die Folge $(b_n)_{n\in\mathbb{N}}$ ist weder monoton steigend noch monoton fallend.
   Beweis: Wir haben

   $$b_n = \frac{n^2-10n+25}{n^2+4n+4} = \frac{(n-5)^2}{(n+2)^2}.$$

   Berechnet man einige Folgenglieder, so erhält man zum Beispiel

   $$b_1 = \frac{16}{9}, \quad b_2 = \frac{9}{16}, \quad b_3 = \frac{4}{25}, \quad b_{10} = \frac{25}{144}.$$

   Also gilt: $b_1 > b_2$ aber $b_3 < b_{10}$. Die Folge $(b_n)_{n\in\mathbb{N}}$ ist daher weder monoton steigend noch monoton fallend.

3. Behauptung: Die Folge $(c_n)_{n\in\mathbb{N}}$ ist eine streng monoton fallende Folge.
   Beweis: Wir bemerken

   $$c_n = \frac{2^{(n+1)}}{3^n} = 2 \cdot \left(\frac{2}{3}\right)^n.$$

Bilden wir den Quotienten aus c_{n+1} und c_n, so erhalten wir

$$\frac{2 \cdot (\frac{2}{3})^{n+1}}{2 \cdot (\frac{2}{3})^n} = \frac{(\frac{2}{3})^{n+1}}{(\frac{2}{3})^n} = \frac{2}{3}.$$

Da $\frac{2}{3} < 1$ ist, gilt $c_{n+1} < c_n$. Damit ist die Folge $(c_n)_{n \in \mathbb{N}}$ eine streng monoton fallende Folge.   ◎

Lösung zu Aufgabe 13.6. ′

1. Wir berechnen zuerst

$$s_7 = 1 - \tfrac{1}{2} + \tfrac{1}{3} - \tfrac{1}{4} + \tfrac{1}{5} - \tfrac{1}{6} + \tfrac{1}{7} = \tfrac{319}{420}.$$

Wegen

$$s_1 = 1, \quad s_2 = 1 - \tfrac{1}{2} = \tfrac{1}{2}, \quad s_3 = 1 - \tfrac{1}{2} + \tfrac{1}{3} = \tfrac{5}{6},$$

gilt $s_1 > s_2$ und $s_2 < s_3$. Demnach ist die alternierende harmonische Reihe weder monoton steigend noch monoton fallend.

2. Behauptung: Die harmonische Reihe $s_n = 1 + \frac{1}{2} + \frac{1}{3} + \frac{1}{4} + \ldots + \frac{1}{n}$ besitzt keine obere Schranke. Dies kann gezeigt werden, indem man die Reihe abschnittsweise mit $\frac{1}{2}$ nach unten abschätzt:

Für beliebiges $k \in \mathbb{N}$ und $n = 2^k$ gilt:

$$
\begin{aligned}
s_n &= 1 + \tfrac{1}{2} + \tfrac{1}{3} + \ldots + \tfrac{1}{n} \\
&\geq 1 + \tfrac{1}{2} + (\tfrac{1}{3} + \tfrac{1}{4}) + (\tfrac{1}{5} + \cdots + \tfrac{1}{8}) + \cdots + (\tfrac{1}{2^{k-1}+1} + \cdots + \tfrac{1}{2^k}) \\
&\geq 1 + \tfrac{1}{2} + 2 \cdot \tfrac{1}{4} + 4 \cdot \tfrac{1}{8} + \cdots + 2^{k-1} \cdot \tfrac{1}{2^k} \\
&= 1 + \tfrac{k}{2}.
\end{aligned}
$$

Die harmonische Reihe wächst somit zwar „immer langsamer", aber unbegrenzt über jede Schranke hinaus.

3. Die n-te Partialsumme der geometrischen Reihe lässt sich wie folgt berechnen:

$$s_n = a_1 + a_1 \cdot q + a_1 \cdot q^2 + a_1 \cdot q^3 + \cdots + a_1 \cdot q^{n-1}$$
$$\Leftrightarrow \quad s_n = a_1 \cdot (1 + q + q^2 + q^3 + \cdots + q^{n-1}). \qquad \text{(I)}$$

Multipliziert man auf beiden Seiten mit q, ergibt sich:

$$q \cdot s_n = a_1 \cdot (q + q^2 + q^3 + \cdots + q^n) \qquad \text{(II)}$$

Zieht man die beiden Gleichungen (I) und (II) voneinander ab, ergibt sich (I) − (II):

$$s_n - qs_n = a_1(1 + q + q^2 + q^3 + \cdots + q^{n-1})$$
$$- a_1(q + q^2 + q^3 + \cdots + q^n)$$

$$\Leftrightarrow \quad s_n - qs_n = a_1(1 - q^n)$$

$$\Leftrightarrow \quad s_n(1 - q) = a_1(1 - q^n)$$

$$\Leftrightarrow \quad s_n = \frac{a_1(1-q^n)}{1-q}, \qquad\qquad \text{für } q \neq 1$$

$$\Leftrightarrow \quad s_n = a_1 \cdot \frac{1-q^n}{1-q}, \qquad\qquad \text{für } q \neq 1.$$

4. Die Folge $a_n = n$ ist gegeben. Damit ist s_{100} die Summe der ersten 100 natürlichen Zahlen, also $1 + 2 + \cdots + 100$. Addiert man (wie der Mathematiker Carl Friedrich Gauß bereits in seiner Kindheit) immer zwei Summanden, die in der Summe 100 ergeben, kommt man schnell zur Lösung:

$$(1+99)+(2+98)+(3+97)+\cdots+(49+51)+50+100 = 49 \cdot 100 + 150 = 5050.$$

Alternative: Kennt man die entsprechende sogenannte Gauß'sche Summenformel für die Summe der ersten n aufeinanderfolgenden Zahlen

$$s_n = \frac{n \cdot (n+1)}{2},$$

ergibt sich damit für $n = 100$: $s_{100} = \frac{100 \cdot 101}{2} = 5050$.

5. Die letzte Folge in Aufgabe 13.3 – $(e_n)_{n \in \mathbb{N}} = (1, 3, 5, 7, 9, \dots)$ – ist die Folge der ungeraden natürlichen Zahlen. Die dazugehörige Reihe ist die Summe der ungeraden natürlichen Zahlen. Die Partialsummen sind daher

$$s_1 = 1, \quad s_2 = 1 + 3 = 4, \quad s_3 = 1 + 3 + 5 = 9, \quad s_4 = 1 + 3 + 5 + 7 = 16,$$

also $(1, 4, 9, 16, \dots)$. Das ist gerade die Folge $(1^2, 2^2, 3^2, 4^2, \dots)$ der Quadratzahlen. Einen Beweis kann man zum Beispiel mit „vollständiger Induktion" führen, siehe Thema II.4.

14 Lösungsvorschläge zu Thema 14

Clara Löh

Lösung zu Aufgabe 14.1.

1. In diesem Fall ist $\bigcirc$ der langweilige Zauberspruch, denn: Laut Tabelle gilt

$$\bigcirc \circ \bigcirc = \bigcirc, \quad \bigcirc \circ \ominus = \ominus, \quad \bigcirc \circ \oslash = \oslash, \quad \bigcirc \circ \oplus = \oplus,$$
$$\bigcirc \circ \bigcirc = \bigcirc, \quad \ominus \circ \bigcirc = \ominus, \quad \oslash \circ \bigcirc = \oslash, \quad \oplus \circ \bigcirc = \oplus.$$

   Alternativ kann man auch wie folgt vorgehen: Sei ℓ der langweilige Zauberspruch dieser Trickkiste und sei $\bullet$ der Anti-Zauberspruch von $\bigcirc$. Laut der Tabelle gilt

$$\bigcirc \circ \bigcirc = \bigcirc.$$

   Verknüpfen wir beide Seiten dieser Gleichung von links mit $\bullet$, so erhalten wir $\bullet \circ (\bigcirc \circ \bigcirc) = \bullet \circ \bigcirc$, und damit

$$\bigcirc = \ell \circ \bigcirc = (\bullet \circ \bigcirc) \circ \bigcirc = \bullet \circ (\bigcirc \circ \bigcirc) = \bullet \circ \bigcirc = \ell.$$

   (Wegen der Eindeutigkeit langweiliger Zaubersprüche kann es natürlich in dieser Trickkiste keinen weiteren langweiligen Zauberspruch geben.)

2. Der Anti-Zauberspruch von $\oplus$ ist $\oplus$, denn: Nach dem ersten Teil ist $\bigcirc$ der langweilige Zauberspruch und laut der Tabelle gilt

$$\oplus \circ \oplus = \bigcirc.$$

3. Der Zauberspruch $\ominus$ hat die Stärke 2, denn: Es ist $\ominus$ nicht der langweilige Zauberspruch (denn $\bigcirc$ ist nach dem ersten Teil der langweilige Zauberspruch); also ist die Stärke von $\ominus$ größer als 1. Andererseits ist laut der Tabelle

$$\ominus^2 = \ominus \circ \ominus = \bigcirc,$$

   und damit hat $\ominus$ höchstens Stärke 2. Also hat $\ominus$ die Stärke 2.

4. Diese Trickkiste ist *keine* Kopie von T_4, denn: *Angenommen*, diese Trickkiste wäre eine Kopie von T_4. Da die Stärke von Zaubersprüchen unter Kopien erhalten bleibt und T_4 einen Zauberspruch der Stärke 4 enthält, müsste dann auch diese Trickkiste einen Zauberspruch der Stärke 4 enthalten. Analog zum dritten Teil kann man sich aber überlegen, dass $\oslash$ und $\oplus$ die Stärke 2 haben. Da der langweilige Zauberspruch auch nicht Stärke 4 hat, folgt, dass diese Trickkiste keinen Zauberspruch der Stärke 4 enthält. Also ist diese Trickkiste keine Kopie von T_4. $\quad\square$

© Springer-Verlag GmbH Deutschland, ein Teil von Springer Nature 2019
C. Löh et al. (Hrsg.), *Quod erat knobelandum*,
https://doi.org/10.1007/978-3-662-58725-6_35

Lösung zu Aufgabe 14.2. *Angenommen,* es handelt sich bei diesen Tabellen um Teile von Trickkisten. Dann gibt es jeweils einen langweiligen Zauberspruch ℓ und zu jedem Zauberspruch z einen zugehörigen Anti-Zauberspruch $\overline{z}$ in der jeweiligen Trickkiste.

In beiden Tabellen folgt dann wegen $\mathsf{a} \circ \mathsf{k} = \mathsf{a}$, dass

$$\mathsf{k} = \ell \circ \mathsf{k} = (\overline{\mathsf{a}} \circ \mathsf{a}) \circ \mathsf{k} = \overline{\mathsf{a}} \circ (\mathsf{a} \circ \mathsf{k}) = \overline{\mathsf{a}} \circ \mathsf{a} = \ell.$$

Also wäre in beiden Fällen k jeweils der langweilige Zauberspruch.

1. In der ersten Tabelle würde dann aber

$$\mathsf{d} = \mathsf{d} \circ \mathsf{k} = \mathsf{b}$$

   folgen, im Widerspruch dazu, dass d und b als verschieden vorausgesetzt sind.

2. In der zweiten Tabelle folgt analog zu oben aus $\mathsf{d} = \mathsf{d} \circ \mathsf{a}$, dass auch a ein langweiliger Zauberspruch ist. Da aber jede Trickkiste nur genau einen langweiligen Zauberspruch enthält, wäre dann bereits $\mathsf{a} = \mathsf{k}$, im Widerspruch dazu, dass a und k als verschieden vorausgesetzt sind.

Also können die beiden Tabellen nicht zu Trickkisten vervollständigt werden.

$\square$

Lösung zu Aufgabe 14.3.

1. Sei z ein Zauberspruch aus T. Nach Definition von Trickkisten besitzt z mindestens einen Anti-Zauberspruch $\overline{z}$ in T. Warum kann es nur einen Anti-Zauberspruch von z geben? Sei $x \in T$ ein Anti-Zauberspruch von z. Dann gilt

$$x = x \circ \ell = x \circ (z \circ \overline{z}) = (x \circ z) \circ \overline{z} = \ell \circ \overline{z} = \overline{z}.$$

   Also ist $x = \overline{z}$, d.h. außer $\overline{z}$ kann z keinen weiteren Anti-Zauberspruch in T besitzen.

2. Wegen $\ell \circ \ell = \ell$ folgt, dass ℓ sein eigener Anti-Zauberspruch ist. $\square$

Lösung zu Aufgabe 14.4.

1. Offenbar erfüllen die Trickkisten T_3, T_4, T_5 und die Trickkiste aus Aufgabe 14.1 die geforderte Vertauschungseigenschaft.

   In T_3 gilt $0^2 = 0$, $1^2 = 2$, $2^2 = 1$, und damit

$$0^2 \circ 1^2 \circ 2^2 = 0 \circ 2 \circ 1 = 2 \circ 1 = 0.$$

   In T_4 gilt
$$0^2 \circ 1^2 \circ 2^2 \circ 3^2 = 0 \circ 2 \circ 0 \circ 2 = 2 \circ 2 = 0.$$

In T_5 gilt

$$0^2 \circ 1^2 \circ 2^2 \circ 3^2 \circ 4^2 = 0 \circ 2 \circ 4 \circ 1 \circ 3 = 2 \circ 4 \circ 1 \circ 3 = 0.$$

In der Trickkiste aus Aufgabe 14.1 gilt (und $\bigcirc$ ist der langweilige Zauberspruch)

$$\bigcirc^2 \circ \ominus^2 \circ \oslash^2 \circ \oplus^2 = \bigcirc \circ \bigcirc \circ \bigcirc \circ \bigcirc = \bigcirc.$$

2. Zu $j \in \{1, \ldots, n\}$ sei $\bar{j} \in \{1, \ldots, n\}$ so gewählt, dass $z_{\bar{j}}$ der Anti-Zauberspruch von z_j in T ist. Da jeder Zauberspruch in T nach Aufgabe 14.3 genau einen Anti-Zauberspruch besitzt und der Anti-Anti-Zauberspruch wieder der Zauberspruch selbst ist, folgt, dass in der Folge $\bar{1}, \ldots, \bar{n}$ jede der Zahlen $1, \ldots, n$ genau einmal auftritt.

Da es nach Voraussetzung keine Rolle spielt, in welcher Reihenfolge Zaubersprüche aus T ausgeführt werden (und da die Verknüpfung assoziativ ist), erhalten wir somit

$$
\begin{aligned}
z_1^2 \circ \cdots \circ z_n^2 &= z_1 \circ z_1 \circ \cdots \circ z_n \circ z_n \\
&= (z_1 \circ z_2 \circ \cdots \circ z_n) \circ (z_1 \circ z_2 \circ \cdots \circ z_n) \\
&= (z_1 \circ z_2 \circ \cdots \circ z_n) \circ (z_{\bar{1}} \circ z_{\bar{2}} \circ \cdots \circ z_{\bar{n}}) \\
&= z_1 \circ z_{\bar{1}} \circ \cdots \circ z_n \circ z_{\bar{n}} \\
&= \ell \circ \cdots \circ \ell \\
&= \ell.
\end{aligned}
$$

wie behauptet. $\boxed{}$

Lösung zu Aufgabe 14.5. Sei ℓ der langweilige Zauberspruch von T.

1. Die Zaubersprüche $z^0, \ldots, z^n$ liegen alle in T. Da T genau n Zaubersprüche enthält und diese Auflistung $n+1$ Zaubersprüche enthält, müssen mindestens zwei dieser Zaubersprüche gleich sein. Also gibt es $j, k \in \{0, \ldots, n\}$ mit $j < k$ und

$$z^k = z^j.$$

Daher folgt, dass $k - j$ eine natürliche Zahl größer als 0 mit

$$z^{k-j} = z^{k-j} \circ \ell = z^{k-j} \circ z^j \circ \overline{z^j} = z^k \circ \overline{z^j} = z^k \circ \overline{z^k} = \ell$$

ist. Somit ist die Stärke von z endlich (genauer gesagt ist die Stärke von z höchstens $k - j \leq n$).

2. In diesem Beispiel ist

$$z^0 = 0, \quad z^1 = 2, \quad z^2 = 4, \quad z^3 = 0,$$

Also hat z die Stärke 3 und es ist

$$(T_6)_0 = \{0 \circ z^0, 0 \circ z^1, 0 \circ z^2\}$$
$$= \{0 \circ 0, 0 \circ 2, 0 \circ 4\} = \{0, 2, 4\}$$
$$(T_6)_1 = \{1 \circ 0, 1 \circ 2, 1 \circ 4\} = \{1, 3, 5\}$$
$$(T_6)_2 = \{2 \circ 0, 2 \circ 2, 2 \circ 4\} = \{2, 4, 0\} = \{0, 2, 4\}$$
$$(T_6)_3 = \{3 \circ 0, 3 \circ 2, 3 \circ 4\} = \{3, 5, 1\} = \{1, 3, 5\}$$
$$(T_6)_4 = \{4 \circ 0, 4 \circ 2, 4 \circ 4\} = \{4, 0, 2\} = \{0, 2, 4\}$$
$$(T_6)_5 = \{5 \circ 0, 5 \circ 2, 5 \circ 4\} = \{5, 1, 3\} = \{1, 3, 5\}.$$

3. Falls T_x und T_y ein gemeinsames Element enthalten, so gibt es nach Definition dieser Mengen $k_x, k_y \in \{0, \ldots, s-1\}$ mit

$$x \circ z^{k_x} = y \circ z^{k_y}.$$

Sei nun $k \in \{0, \ldots, s-1\}$. Wir zeigen, dass dann $x \circ z^k$ auch in T_y liegt: Da $s \geq 1$ ist, gibt es eine natürliche Zahl r_x mit

$$k + r_x \cdot s \geq k_x;$$

also gibt es eine natürliche Zahl m mit $k + r_x \cdot s = k_x + m$. Dann folgt

$$z^k = z^k \circ \ell^{r_x} = z^k \circ (z^s)^{r_x} = z^k \circ z^{r_x \cdot s} = z^{k + r_x \cdot s} = z^{k_x + m} = z^{k_x} \circ z^m.$$

Andererseits gibt es (Division mit Rest von $k_y + m$ durch s) natürliche Zahlen $k' \in \{0, \ldots, s-1\}$ und r_y mit

$$k_y + m = k' + r_y \cdot s$$

und analog zu eben folgt

$$z^{k_y} \circ z^m = z^{k'}.$$

Wegen $x \circ z^{k_x} = y \circ z^{k_y}$ erhalten wir insgesamt

$$x \circ z^k = x \circ z^{k_x} \circ z^m = y \circ z^{k_y} \circ z^m = y \circ z^{k'}.$$

Nach Definition von T_y liegt somit $x \circ z^k = y \circ z^{k'}$ in T_y.

Analog zeigt man, dass jedes Element von T_y in T_x liegt. Also sind die Mengen T_x und T_y gleich.

4. Ist x ein Zauberspruch von T, so enthält T_x genau s Elemente, denn: Nach Definition enthält T_x höchstens s Elemente. Sind $j, k \in \{0, \ldots, s-1\}$ mit $j < k$, so ist $z^k \neq z^j$, denn sonst kann man wie im ersten Teil argumentieren und folgern, dass $z^{k-j} = \ell$ ist, obwohl $k - j > 0$ echt kleiner als die Stärke s von z ist. Dann ist auch $x \circ z^k \neq x \circ z^j$ wie man leicht sieht, indem man mit dem Anti-Zauberspruch von x von links verknüpft. Also enthält T_x genau s Elemente.

Ist x ein Zauberspruch von T, so liegt $x = x \circ z^0$ in T_x. Nach dem dritten Teil gibt es somit Zaubersprüche $x_1, \ldots, x_r$ in T, sodass Folgendes gilt: Jeder Zauberspruch von T liegt in genau einer der Mengen $T_{x_1}, \ldots, T_{x_r}$.

Damit folgt aber, dass T genau $r \cdot s$ Elemente enthält, d. h. $n = r \cdot s$. Insbesondere ist s ein Teiler von n. ▢

Lösung zu Aufgabe 14.6. Es gibt (bis auf Kopien) nur genau eine Trickkiste mit genau 17 Zaubersprüchen, nämlich T_{17}, denn: Sei T eine Trickkiste mit genau 17 Zaubersprüchen. Insbesondere enthält T dann einen Zauberspruch z, der *nicht* langweilig ist. Sei s die Stärke von z. Nach Aufgabe 14.5 ist dann s ein Teiler von 17. Da 17 eine Primzahl ist, können nur die Fälle $s = 1$ oder $s = 17$ auftreten. Nach Wahl von z ist z nicht langweilig, und somit $s \neq 1$. Also ist $s = 17$.

Analog zum ersten Teil von Aufgabe 14.5 kann man nun zeigen, dass die Zaubersprüche $z^0, \ldots, z^{16}$ alle verschieden sind. Die Umbenennung

$$T_{17} \longrightarrow T$$
$$j \longmapsto z^j$$

zeigt dann, dass T eine Kopie von T_{17} ist.

Ist nun T' eine weitere Trickkiste mit genau 17 Zaubersprüchen, so ist auch T' eine Kopie von T_{17}, und man überzeugt sich leicht davon, dass dann auch T und T' Kopien voneinander sind.

Insbesondere ist die Trickkiste von Zuklys eine Kopie der Trickkiste von Zyklus, d. h. Zyklus hat Recht. ▢

15 Lösungsvorschläge zu Thema 15

Andreas Eberl

Lösung zu Aufgabe 15.1. Sei also $a_n = \frac{2n-1}{n+1}$ für $n \in \mathbb{N}$.

1. Für die ersten zehn Glieder der Folge ergibt sich folgende Entwicklung:

n	1	2	3	4	5	6	7	8	9	10
a_n	$\frac{1}{2}$	1	$\frac{5}{4}$	$\frac{7}{5}$	$\frac{3}{2}$	$\frac{11}{7}$	$\frac{13}{8}$	$\frac{5}{3}$	$\frac{17}{10}$	$\frac{19}{11}$

   Die Entwicklung des Zählers (wird immer um 2 größer) im Vergleich zum Nenner (erhöht sich jeweils nur um 1) lässt einen Grenzwert von 2 für die Folge vermuten.

2. Wenn man die Folgenglieder weiter einzeln ausrechnet, erkennt man, dass der Wert von $a_{29} = \frac{57}{30} = \frac{19}{10}$ genau 0,1 vom vermuteten Grenzwert 2 entfernt liegt. Ab dem Index $n_0 = 30$ sind alle weiteren Folgenglieder dann weniger als 0,1 von der Zahl 2 entfernt.

   Genauer erhält man durch Äquivalenzumformungen: Für alle $n \in \mathbb{N}$ gilt

$$|2 - a_n| = \left|2 - \frac{2n-1}{n+1}\right| = \left|\frac{2(n+1) - (2n-1)}{n+1}\right| = \left|\frac{2n+2 - 2n+1}{n+1}\right|$$
$$= \left|\frac{3}{n+1}\right|.$$

   Wegen $n > 0$ gilt genau dann $|2 - a_n| = \left|\frac{3}{n+1}\right| = \frac{3}{n+1} < 0{,}1$, wenn $3 < 0{,}1 \cdot (n+1)$ bzw. genau dann, wenn $n > 29$ ist. Wir wählen also $n_0 = 30$. □

Lösung zu Aufgabe 15.2. Sei $\varepsilon > 0$ und $n_0 = \left\lceil \frac{3}{\varepsilon} \right\rceil$. Dann gilt für alle $n \geq n_0$:

$$|2 - a_n| = \left|2 - \frac{2n-1}{n+1}\right| = \left|\frac{3}{n+1}\right| = \frac{3}{n+1} < \frac{3}{n} \leq \frac{3}{n_0} \leq \frac{3}{\frac{3}{\varepsilon}} = \varepsilon.$$

Damit konvergiert die Folge gegen den Grenzwert 2. □

Lösung zu Aufgabe 15.3.

1. • Es gilt $\sum_{i=1}^{6}(i^2 - 2^i) = (1-2) + (4-4) + (9-8) + (16-16) + (25-32) + (36-64) = -35$.

© Springer-Verlag GmbH Deutschland, ein Teil von Springer Nature 2019
C. Löh et al. (Hrsg.), *Quod erat knobelandum*,
https://doi.org/10.1007/978-3-662-58725-6_36

- Es gilt $\sum_{k=1}^{100} k = (1 + 100) + (2 + 99) + (3 + 98) + \ldots + (50 + 51) = 101 \cdot 50 = 5050$.

  Alternative Lösung ohne Verwendung der Pünktchenschreibweise: Es gilt

$$\sum_{k=1}^{100} k = \sum_{k=1}^{50} k + \sum_{k=51}^{100} k = \sum_{k=1}^{50} k + \sum_{k=1}^{50} (101 - k) = \sum_{k=1}^{50} (k + 101 - k)$$
$$= 50 \cdot 101 = 5050.$$

2.
   - Es gilt $\frac{1}{2} + \frac{1}{4} + \frac{1}{6} + \frac{1}{8} + \ldots + \frac{1}{20} = \sum_{k=1}^{10} \frac{1}{2k}$.
   - Es gilt $0{,}2 + 0{,}02 + 0{,}002 + \ldots + 0{,}0000002 = \sum_{k=1}^{7} \frac{2}{10^k}$.

   Hinweis. Natürlich sind auch noch andere Darstellungen möglich! 🗗

Lösung zu Aufgabe 15.4.

1. Zu zeigen ist: Die Zahlenfolge $0{,}9$, $0{,}99$, $0{,}999$, $0{,}9999, \ldots$ besitzt den Grenzwert 1. Zunächst geben wir eine anschauliche Begründung: Für $n \in \mathbb{N}$ sei also $a_n := 0,\underbrace{99\ldots9}_{n\text{-mal}}$. Dann gilt für den Abstand von a_n zur Zahl 1:

$$|1 - a_n| = |1 - 0,\underbrace{99\ldots9}_{n\text{-mal}}| = |0, \underbrace{00\ldots0}_{(n-1)\text{-mal}} 1| = \frac{1}{10^n}.$$

Diese (positiven) Abstände kommen der Zahl 0 beliebig nahe, wählt man den Index n groß genug. Also werden die Abstände ab einem bestimmten Index $n \in \mathbb{N}$ insbesondere kleiner als jedes vorgegebene $\varepsilon > 0$.

Nun zum formalen Beweis, für den man den Begriff des **(dekadischen) Logarithmus**, abgekürzt mit log, benötigt. Dieser ist für $x > 0$ folgendermaßen definiert:

$$y = \log x \text{ gilt genau dann, wenn } 10^y = x.$$

Damit gilt also insbesondere $10^{\log x} = x$.

Sei nun $\varepsilon > 0$ und $n_0 = \lceil \log \frac{1}{\varepsilon} \rceil + 1 \in \mathbb{N}$. Dann gilt $n_0 > \log \frac{1}{\varepsilon}$ und damit $10^{n_0} > 10^{\log \frac{1}{\varepsilon}} = \frac{1}{\varepsilon}$. Also folgt für alle $n \geq n_0$:

$$|1 - a_n| = \frac{1}{10^n} \leq \frac{1}{10^{n_0}} < \frac{1}{\frac{1}{\varepsilon}} = \varepsilon.$$

Wir haben somit gezeigt, dass die Folge gegen 1 konvergiert. 🗗

2. Definiere die Folge $(a_n)_{n \in \mathbb{N}} = (0{,}9, 0{,}09, 0{,}009, \ldots)$ durch $a_n := 9 \cdot (0{,}1)^n$. Dies ist eine geometrische Folge mit $a_1 = 0{,}9$ und Quotient $q = 0{,}1$. Die zugehörige geometrische Reihe $(s_n)_{n \in \mathbb{N}} = (0{,}9, 0{,}99, 0{,}999, \ldots)$ ist nun genau die in der Aufgabe vorgegebene Zahlenfolge. Nach Satz 15.9 konvergiert die Reihe wegen $|q| = 0{,}1 < 1$ und für den Grenzwert gilt:

$$a_1 \cdot \sum_{i=1}^{\infty} q^{i-1} = a_1 \cdot \frac{1}{1-q} = 0{,}9 \cdot \frac{1}{1 - 0{,}1} = 1.$$

P_0 P_1 P_2 P_3

Abbildung 15.1: Achilles im Wettlauf gegen die Schildkröte

3. Alle rationalen Zahlen, die eine endliche (abbrechende) Dezimalbruchentwicklung besitzen, haben genau zwei verschiedene Dezimaldarstellungen, alle rationalen Zahlen, bei denen nur eine periodische (nicht abbrechende) Dezimalbruchdarstellung möglich ist, haben nur diese eine Darstellung.

Zur Erläuterung geben wir zunächst je ein Beispiel:

- $\frac{1}{4} = 0{,}25 = 0{,}24999\ldots$, denn nach dem ersten Teil haben wir $0{,}25 = 1 - 0{,}75 = 0{,}999\ldots - 0{,}75 = 0{,}24999\ldots$

- $\frac{1}{3} = 0{,}333\ldots$ kann als Dezimalbruch nur so dargestellt werden.

Anstelle eines formalen Beweises beschreiben wir hier das Vorgehen im ersten Fall in Worten: Bei endlichen Dezimalbruchdarstellungen gibt es ja immer eine letzte Nachkommastelle $x_n \in \{1, 2, \ldots, 9\}$, die von Null verschieden ist (danach kommen lauter Nullen, die man aber beim Aufschreiben normalerweise weglässt). Vermindere nun diese Stelle x_n in ihrem Ziffernwert um 1 und ändere alle folgenden Nachkommastellen (bis ins Unendliche) auf den Ziffernwert 9. Dann drücken die beiden Darstellungen dieselbe Zahl aus.

Eindeutig ist die Dezimaldarstellung übrigens auch für alle irrationalen Zahlen (Zahlen mit nicht-abbrechender und nicht-periodischer Entwicklung, z. B. π oder $\sqrt{2}$).

Lösung zu Aufgabe 15.5.

1. Wir illustrieren die Argumentation der Schildkröte in Abbildung 15.1. Achilles startet am Punkt P_0, die Schildkröte am Punkt P_1. Immer wenn Achilles am Punkt P_n angelangt ist, befindet sich die Schildkröte bereits am Punkt P_{n+1} (für $n \in \mathbb{N}$). Wenn Achilles also bei P_1 ankommt, ist die Schildkröte bereits am Punkt P_2 und so weiter... Da Achilles zehnmal so schnell wie die Schildkröte ist, beträgt der Abstand von P_n bis zum nächsten Punkt immer ein Zehntel des Abstands zum vorherigen Punkt, d. h. für alle $n \geq 1$ gilt: $\overline{P_n P_{n+1}} = \frac{1}{10} \cdot \overline{P_{n-1} P_n}$.

2. Wir konstruieren eine Folge $(s_n)_{n\in\mathbb{N}}$, welche die Entfernung der Punkte P_n für $n \in \mathbb{N}$ vom Punkt P_0 in Metern angibt. Dann gilt: $s_1 = \overline{P_0P_1} = 100$, $s_2 = \overline{P_0P_1} + \overline{P_1P_2} = 100 + 10 = 110$, $s_3 = \overline{P_0P_1} + \overline{P_1P_2} + \overline{P_2P_3} = 100 + 10 + 1 = 111$, und allgemein aufgrund der letzten Beziehung aus dem ersten Teil:

$$s_n = \sum_{i=1}^{n} \overline{P_{i-1}P_i} = \sum_{i=1}^{n} 100 \cdot 0{,}1^{\,i-1}.$$

Wenn Achilles also nun s_n Meter zurückgelegt hat, dann befindet sich die Schildkröte s_{n+1} Meter von Achilles' Startpunkt entfernt. Es handelt sich bei der konstruierten Folge um eine geometrische Reihe mit Anfangswert 100 und Quotient $\frac{1}{10}$. Nach Satz 15.9 ist diese Reihe konvergent. Für ihren Grenzwert s gilt:

$$s = 100 \cdot \frac{1}{1 - \frac{1}{10}} = \frac{100}{\frac{9}{10}} = 111\frac{1}{9}.$$

Das bedeutet, dass die Schildkröte genau s Meter von Achilles' Startpunkt entfernt von ihm eingeholt wird. Sie selbst ist zu diesem Zeitpunkt $111\frac{1}{9} - 100 = 11\frac{1}{9}$ Meter gelaufen.

3. Die Schildkröte hat in ihren Überlegungen nicht beachtet, dass die Zeitabstände, in denen Achilles jeweils von einem Punkt P_i bis zum nächsten läuft, immer kürzer werden. Um die Zeitdauer zu berechnen, in der die Schildkröte vor Achilles liegt, werden also immer kürzere Zeitintervalle aufsummiert. Wie wir inzwischen wissen, kann die Summe all dieser Zeitintervalle, obwohl sie unendlich viele Summanden enthält, durchaus einen endlichen Wert besitzen. So ist es in diesem Fall.   📖

Lösung zu Aufgabe 15.6. Wir definieren eine Summe, die den insgesamt zurückgelegten Weg in Metern berechnet. Dann gilt für diese Summe:

$$s = 1 + \frac{1}{2} + \frac{1}{3} + \frac{1}{4} + \ldots$$

Sei nun $(a_n)_{n\in\mathbb{N}} = \left(\frac{1}{n}\right)_{n\in\mathbb{N}}$ die harmonische Folge. Dann gibt die n-te Partialsumme s_n den von der Schildkröte nach n Minuten zurückgelegten Weg in Metern an, also stimmt obige Summe s mit dem Wert der zugehörigen harmonischen Reihe überein: $s = \sum_{i=1}^{\infty} \frac{1}{i}$. Die harmonische Reihe aber divergiert, ihr Wert ist unendlich, denn es gilt:

$$1 + \frac{1}{2} + \frac{1}{3} + \frac{1}{4} + \frac{1}{5} + \frac{1}{6} + \frac{1}{7} + \frac{1}{8} + \ldots$$
$$\geq 1 + \frac{1}{2} + \underbrace{\frac{1}{4} + \frac{1}{4}}_{2 \cdot \frac{1}{4} = \frac{1}{2}} + \underbrace{\frac{1}{8} + \frac{1}{8} + \frac{1}{8} + \frac{1}{8}}_{4 \cdot \frac{1}{8} = \frac{1}{2}} + \ldots$$
$$= 1 + \frac{1}{2} + \frac{1}{2} + \frac{1}{2} + \ldots$$

Wir fassen also immer 2, 4, 8, 16, ... Folgenglieder zusammen und zeigen, dass deren Teilsummenwert größer als $\frac{1}{2}$ ist. Folglich ist der Wert der gesamten Summe unendlich.

Genauer gilt: Betrachten wir die Partialsummen $s_2, s_4, s_8, \ldots$, d. h. die Partialsummen, deren Index eine Zweierpotenz ist, so gilt für diese allgemein: $s_{2^m} \geq 1 + \frac{m}{2}$ für alle $m \in \mathbb{N}$. Dies lässt sich mithilfe der Summenschreibweise zeigen. Für alle $m \in \mathbb{N}$ ist nämlich

$$s_{2^m} = \sum_{k=1}^{2^m} \frac{1}{k} = 1 + \sum_{s=0}^{m-1} \sum_{k=1}^{2^s} \frac{1}{2^s + k} \geq 1 + \sum_{s=0}^{m-1} \sum_{k=1}^{2^s} \frac{1}{2^s + 2^s} = 1 + \sum_{s=0}^{m-1} 2^s \cdot \frac{1}{2^{s+1}}$$

$$= 1 + \sum_{s=0}^{m-1} \frac{1}{2} = 1 + \frac{m}{2}.$$

Da aber die Zahlenfolge $\left(1 + \frac{m}{2}\right)_{m \in \mathbb{N}}$ offensichtlich unbeschränkt ist und divergiert, muss auch die Reihe $(s_n)_{n \in \mathbb{N}}$ divergieren.

Dies bedeutet, dass die Schildkröte tatsächlich beliebig weit kommt, auch wenn sie immer langsamer wird. Irgendwann wird sie demnach auch zu Hause ankommen, falls sie sich nicht verläuft. ▣

16 Lösungsvorschläge zu Thema 16

Gerrit Herrmann

Lösung zu Aufgabe 16.1. Jede natürliche Zahl a lässt sich für gegebenes $n \in \mathbb{N}$ schreiben als

$$a = n \cdot k + r$$

für ein $r \in \{0, 1, \dots, n\}$. Zum Beispiel für $n = 7$ und $a = 44$ erhalten wir

$$44 = 7 \cdot 6 + 2$$

Wir haben also n mögliche Reste, die unsere n Kategorien entsprechen. Wir verteilen nun die $n + 1$ Zahlen auf diese n Kategorien und wenden das Schubfachprinzip an. ◧

Lösung zu Aufgabe 16.2.

1. Angenommen in jeder Kategorie seien höchstens r Objekte. Dann ist die Anzahl aller Objekte

   $$m \leq r \cdot n$$

   Dies ist offensichtlich ein Widerspruch zu $r \cdot n < m$.

2. Angeommen in jeder Kategorien seien höchstens endlich viele Objekte. In der ersten Kategorie seien a_1 viele Elemente und in der n-ten Kategorien seien a_n viele Elemente. Dann ist die Anzahl aller Elemente gegeben durch:

   $$a_1 + \dots + a_n \leq n \cdot \max\{a_1, \dots, a_n\} < \infty$$

   Die Anzahl der Elemente ist also beschränkt und damit endlich. Dies ist ein Widerspruch zur Voraussetzung, dass es unendlich viele Objekte sind. ◧

Lösung zu Aufgabe 16.3. Wir würden gerne wie in Aufgabe 16.1 argumentieren. Doch sind es dieses Mal drei mögliche Reste und drei Zahlen. Also gehen wir von dem Fall aus, dass alle drei Zahlen unterschiedlichen Rest beim Teilen durch 3 haben. Da die Benennung von a, b, c keine Rolle spielt, können wir annehmen, dass

$$a = 3 \cdot k_a$$
$$b = 3 \cdot k_b + 1$$
$$c = 3 \cdot k_c + 2$$

© Springer-Verlag GmbH Deutschland, ein Teil von Springer Nature 2019
C. Löh et al. (Hrsg.), *Quod erat knobelandum*,
https://doi.org/10.1007/978-3-662-58725-6_37

für geeignete $k_a, k_b, k_c \in \mathbb{N}$. Daraus folgt dann:

$$a + b + c = (3 \cdot k_a) + (3 \cdot k_b + 1) + (3 \cdot k_c + 2)$$
$$= 3 \cdot (k_a + k_b + k_c) + 3 = 3 \cdot (k_a + k_b + k_c + 1)$$

Somit ist die Summe $a + b + c$ durch 3 teilbar, ein Widerspruch.   ▢

Lösung zu Aufgabe 16.4. Die Antwort ist neun. Zunächst zeigen wir, dass neun Elemente Platz finden. Man betrachte dazu Abbildung 16.1.

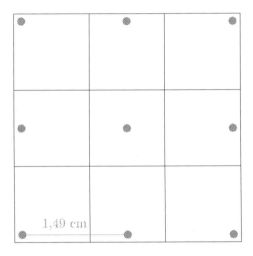

Abbildung 16.1: Es werden neun Punkte im Quadrat mit einem paarweisen Abstand von 1,49 cm verteilt. Es gilt, dass $1{,}49 > \sqrt{2}$.

Nun können wir genau wie in der Beispielaufgabe 16.4 argumentieren. Wir zerteilen das Quadrat in neun kleinere Quadrate. Bei zehn Punkten müssen nun nach dem Schubfachprinzip zwei Punkte im selben kleineren Quadrat landen. Damit ist der Abstand dieser beiden Punkte kleiner als $\sqrt{2}$ cm.   ▢

Lösung zu Aufgabe 16.5. Wir hatten bereits gesehen, wie man aus Beziehungen zwischen Menschen einen Graphen konstruiert. Wir betrachten also sechs Punkte, für jede Person einen Punkt. Davon wählen wir einen Punkt aus, den wir A nennen wollen. Nun gibt es fünf weitere Punkte. Wir bilden zwei Kategorien. Entweder gibt es eine Kante von A zu dem anderen Punkt, oder nicht. Nach dem verallgemeinerten Schubfachprinzip enthält eine Kategorie mindestens drei Elemente. Nehmen wir an, es liegen Kanten dazwischen (der andere Fall ist komplett analog) und wir nennen die anderen Punkte B, C, D. Wir erhalten einen Teilgraphen wie in Abbildung 16.2. Wenn nun keine Kante zwischen BC, CD oder BD verläuft, so sind wir fertig, da die Punkte B, C, D ein unabhängige Menge bilden. Sollte nun eine Kante zwischen zwei Punkten verlaufen zum Beispiel BC dann bilden diese beiden Punkte zusammen mit A einen vollständigen Teilgraphen (s. Abbildung 16.3). Es ist nicht ganz leicht zu sehen, wo wir

Abbildung 16.2: Die Person A kennt die Personen B, C und D.

Abbildung 16.3: Ein Graph, bei dem A, B und C einen vollständigen Teilgraph bilden

beim Beweis die Voraussetzung von sechs Personen benutzt haben, da am Ende nur vier vorkamen. Doch ist die Voraussetzung ganz am Anfang eingegangen, wo wir das Schubfachprinzip verwendet haben. In Abbildung 16.4 ist ein Beispiel für einen Graphen zu sehen, der aus fünf Punkten besteht und der keinen vollständigen Teilgraphen und keine unabhängige Menge mit drei Elementen enthält.

Abbildung 16.4: Ein Graph mit fünf Punkten, der keinen vollständigen Teilgraphen und keine unabhängige Menge mit drei Elementen enthält

Lösung zu Aufgabe 16.6. Wir müssen also einen Graphen mit 17 Knoten angeben, der weder einen vollständigen Teilgraphen der Größe vier hat, noch eine unabhängige Menge aus vier Punkten enthält. Um die Konstruktion besser nachvollziehen zu können, bauen wir den Graphen Schritt für Schritt auf. Wir schreiben die 17 Knoten wie eine Uhr im Kreis auf und verbinden alle benachbarten Knoten miteinander. Wir erhalten einen Graphen wie in Abbildung 16.5. Dieser hat zwar keine vollständigen Teilgraphen mit vier Punkten, aber offensichtlich eine unabhängige Teilmenge mit mehr als vier Punkten. Diese werden wir durch Hinzufügen weiterer Kanten verkleinern. Wir verbinden nun zusätzlich alle Punkte, die genau zwei Kanten von einander entfernt sind. Das Resultat ist in Abbildung 16.6 dargestellt.

Dasselbe Spiel machen wir jetzt noch mit allen Punkten, die Abstand 4 und 8 haben. Der resultierende Graph ist ziemlich unübersichtlich (s. Abbildung 16.7).

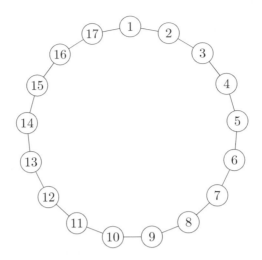

Abbildung 16.5: Der erste Konstruktionsschritt

Mathematisch lässt sich der Graph so beschreiben: Die Menge aller Punkte sind die Zahlen $1,\ldots,17$. Zwischen zwei Punkten x,y liegt nun eine Kante, genau dann, wenn $x - y \in \{\pm 1, \pm 2, \pm 4, \pm 8, 9, 13, 15, 16\}$. Dieser Graph ist sehr symmetrisch. Man kann ihn zum Beispiel drehen. Deshalb reicht es zu zeigen, dass es keinen vollständigen Graphen mit vier Punkten gibt, der den Knoten 1 enthält, und dass es keine unabhängige Menge aus vier Punkten gibt, die den Knoten 1 enthält. Dazu betrachten wir Abbildung 16.8.

Man sieht nun leicht, dass dieser Teilgraph keinen vollständigen Teilgraphen mit vier Punkten enthält. Denn jeder Punkt außer Punkt 1 hat genau vier Kanten. Diese vier Kanten müssten schon den vollständigen Graphen spannen. Doch man sieht sofort, dass dies nie der Fall ist.

Ganz ähnlich können wir auch für die unabhängigen Mengen bei dem Teilgraphen argumentieren. Wir probieren eine möglichst große unabhängige Menge mit dem Punkt 1 zu erhalten, und betrachten dazu Abbildung 16.9. Nehmen wir nun beispielsweise den Punkt 15 hinzu, dann gibt es noch drei weitere Punkte, die keine Kante zu 1 oder 15 haben. Das sind die Punkte 4, 8 und 12. Doch bilden diese drei ein Dreieck, sodass wir nach dem Hinzufügen einer der Punkte eine maximale unabhängige Teilmenge erhalten. Für die anderen Möglichkeiten gilt das Gleiche, da der Graph so symmetrisch konstruiert ist. ◉

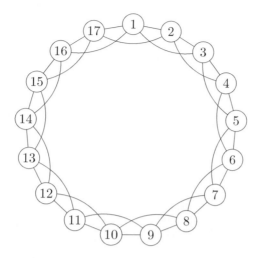

Abbildung 16.6: Der zweite Konstruktionsschritt

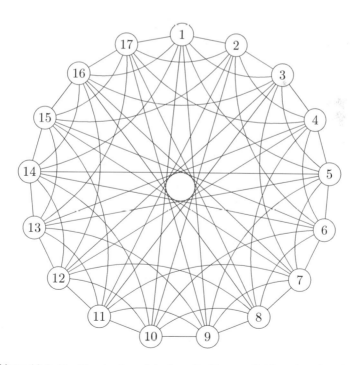

Abbildung 16.7: Ein Graph, der zeigt, dass die Ramsey-Zahl zu 4 größer als 17 ist

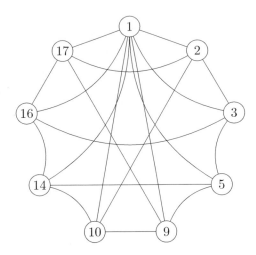

Abbildung 16.8: Der Teilgraph, der alle zum Knoten 1 verbundenen Knoten enthält

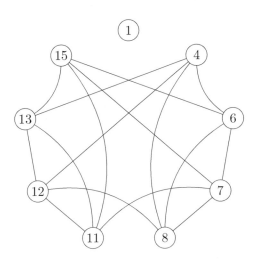

Abbildung 16.9: Der Teilgraph, der alle mit dem Knoten 1 nicht verbundenen Knoten enthält

17 Lösungsvorschläge zu Thema 17

Karin Binder, Georg Bruckmaier

Lösung zu Aufgabe 17.1. Ein Beispiel für eine geheimnisvolle 3-mal-3-Zahlentafel ist Abbildung 17.1 oder auch dem Titelbild zu Kapitel II.17 entnehmen:

2	6	7
9	1	5
4	8	3

Abbildung 17.1: Lösung von Aufgabe 17.1.1

Wie kann man systematisch vorgehen, um eine solche Lösung zu finden? Wir haben die Zahlen 1 bis 9 zur Verfügung; die Summe dieser Zahlen ist $1+2+\cdots+9 = 45$. Das bedeutet, dass die Summe bei einer geheimnisvollen Zahlentafel in jeder Zeile (und jeder Spalte) gleich 15 – die zugehörige geheimnisvolle Zahl – sein muss, da es ja je drei Zeilen (und drei Spalten) gibt (denn $45/3 = 15$). Wenn wir also mit der Konstruktion beginnen, müssen wir immer darauf achten, dass die Summe der ersten „vollen" Zeile (oder Spalte) gleich 15 ist. Die Zahlen „7" und „8" (oder „7" und „9") können zum Beispiel also nicht in derselben Zeile (oder Spalte) vorkommen (auch z. B. nicht „1" und „3"), weil dann die Summe zu klein oder zu groß werden würde.

Es gibt noch viele weitere Zahlentafeln, die man zum Beispiel dadurch erhält, dass man in der Mitte eine andere Zahl platziert oder die obige Zahlentafel dreht oder spiegelt (siehe z.B. Abbildung 17.2).

6	7	2
1	5	9
8	3	4

Abbildung 17.2: Lösung von Aufgabe 17.1.2

Soll sogar eine hochgeheimnisvolle Zahlentafel konstruiert werden, in der also zusätzlich zu den Zeilen und Spalten auch in den beiden Diagonalen die Summe der Zahlen gleich 15 ist, so muss in der Mitte der Zahlentafel die mittlere Zahl (der sog. *Median*) aller vorkommenden Zahlen stehen. In unserem Fall mit den Zahlen 1 bis 9 ist das die Zahl 5. Wäre in der Mitte eine andere Zahl als die

© Springer-Verlag GmbH Deutschland, ein Teil von Springer Nature 2019
C. Löh et al. (Hrsg.), *Quod erat knobelandum*,
https://doi.org/10.1007/978-3-662-58725-6_38

5, so ergäbe sich in irgendeiner Spalte und Zeile immer ein Wert ungleich 15. Probiert es einmal aus!

Beginnt man nun eine hochgeheimnisvolle Zahlentafel zu konstruieren, also mit einer „5" in der Mitte, so ergibt sich beispielsweise die Lösung aus Abbildung 17.2. Auch hier gibt es wieder verschiedene Lösungen, die allerdings alle durch Drehen oder Spiegeln der Zahlentafel entstehen. Ein Beispiel für eine Lösung, die durch eine Drehung um 90° (gegen den Uhrzeigersinn) entsteht, ist die folgende aus Abbildung 17.3:

2	9	4
7	5	3
6	1	8

Abbildung 17.3: Alternative Lösung von Aufgabe 17.1.2

Es gibt tatsächlich keine weiteren Lösungen, wie man sich durch folgende Überlegungen verdeutlichen kann: Die Zahl in der Mitte der Zahlentafel muss ja die 5 sein. Die 9 kann nun entweder in der Mitte einer Seite stehen oder in einer Ecke. Betrachten wir den ersten Fall (9 in der Mitte einer Seite) und schreiben die 9 zum Beispiel darüber (wie in Abbildung 17.3). Welche Zahlen kommen für die beiden Felder in Frage, die neben der Zahl 9 (links und rechts oben in den beiden Ecken) liegen? In unserem Beispiel sind es die beiden Zahlen 2 und 4.

Da die Summe der drei Zahlen pro Zeile, Spalte und Diagonale gleich 15 sein muss, sind für diese beiden Felder neben der 9 nur Zahlen von 1 bis 5 denkbar, denn z. B. $(2 + 4) + 9 = 15$ oder $(1 + 5) + 9 = 15$. Da die Zahl 5 schon für die Mitte der Zahlentafel reserviert ist, fällt sie schon einmal weg. Wenn die Zahl 5 nicht möglich ist, so ist auch die Zahl 1 nicht mehr möglich. Und wenn die Zahl 3 mit der Zahl 9 in einer Zeile oder Spalte ist, müsste wegen $3 + 3 + 9 = 15$ noch eine weitere 3 vorkommen, was ja auch nicht erlaubt ist. So bleiben nur noch die beiden Zahlen 2 und 4 (für die beiden betrachteten Felder neben der Zahl 9) – und diese beiden Zahlen haben wir in unserem oben angegebenen Beispiel schon verwendet! Die in Abbildung 17.2 dargestellte Lösung ist also bis auf Drehungen und Spiegelungen die einzige Lösung mit einer 9 in der Mitte einer Seite.

Aber was ist nun, wenn die 9 in der Ecke steht? Es gibt nur zwei Kombinationen aus drei Zahlen (aus den Zahlen 1 bis 9), die die 9 enthalten und als Summe 15 ergeben: 9-5-1 und 9-4-2 (die Reihenfolge soll hier unbeachtet bleiben). Die erste Zahlenkombination 9-5-1 ist dann bereits der Diagonale vorbehalten, denn die Zahl 5 liegt ja in der Mitte der Zahlentafel. Jedoch ist nun nur noch eine Zahlenkombination (9-4-2) für die waagerechte und die senkrechte Seite mit der 9 übrig. Eine solche hochgeheimnisvolle Zahlentafel mit der 5 in der Mitte und der 9 in einer Ecke ist daher gar nicht möglich. Die in Abbildung 17.1 bzw. in

Abbildung 17.2 dargestellte Lösung ist also (bis auf Drehungen und Spiegelungen) wirklich die einzige.   ⬚

Lösung zu Aufgabe 17.2. In Abbildung 17.4 sind einige Beispiele von Mustern dargestellt, von denen es aber auch noch viele andere gibt:

16	3	2	13
5	10	11	8
9	6	7	12
4	15	14	1

16	3	2	13
5	10	11	8
9	6	7	12
4	15	14	1

16	3	2	13
5	10	11	8
9	6	7	12
4	15	14	1

Abbildung 17.4: Drei Muster in einer hochgeheimnisvollen 4-mal-4-Zahlentafel

Um solche (punkt-, achsen- oder verschiebungs-)symmetrische Muster zu finden, geht man zum Beispiel von Abbildung 17.2 in Kapitel II.17 aus und versucht, zwei bereits symmetrische Zahlen so zu ergänzen, dass die Summe der vier Zahlen gleich 34 ist und das Muster dabei symmetrisch bleibt.   ⬚

Lösung zu Aufgabe 17.3. Die geheimnisvolle Zahl einer geheimnisvollen 5-mal-5-Zahlentafel lautet 65. Wie kommt man (schnell) auf diese Zahl? Bei Aufgabe 17.1 haben wir schon gesehen, dass die geheimnisvolle Zahl einer 3-mal-3-Zahlentafel die Summe aller Zahlen der Zahlentafel (also 1 bis 9) dividiert durch die Anzahl der Zeilen (oder Spalten, also 3) ist, also die Zahl $45/3 = 15$.

Bei 5-mal-5-Zahlentafeln ist das genauso: Es kommen die Zahlen $1, 2, \ldots, 25$ vor, denn es gibt insgesamt 25 Felder mit aufeinander folgenden Zahlen zu besetzen. Addiert man alle Zahlen von 1 bis 25, so ergibt sich als Summe dieser Zahlen 325 (Übrigens: Einen Trick, um diese Summe schneller zu bestimmen, lernst du in Aufgabe 17.7.). Da die Summe in allen fünf Zeilen (und Spalten) gleich sein soll, muss diese $325/5 = 65$ sein. Und *das* ist die gesuchte geheimnisvolle Zahl.   ⬚

Lösung zu Aufgabe 17.4. Um die gesuchte hochgeheimnisvolle Zahlentafel zur Zahl 1936 zu bekommen, gehen wir genauso vor, wie der Weihnachtsmann das bei der hochgeheimnisvollen Zahlentafel zur Zahl 2004 gemacht hat. Wegen $1936 : 34 = 56$ mit Rest 32 passt die geheimnisvolle Zahl 34 also 56-mal in die Zahl 1936. Das heißt, wir multiplizieren die geheimnisvolle Zahlentafel zur Zahl 34 in einem ersten Schritt mit 56 (siehe Abbildung 17.5). Da 1904 ($= 34 \cdot 56$) und die gewünschte Zahl 1936 noch um 32 auseinanderliegen, müssen wir das nun in einem zweiten Schritt korrigieren. Pro Feld darf aber nur 8 (denn $32/4 = 8$) addiert werden, da sich die geheimnisvolle Zahl aus je vier Feldern (einer Spalte, Zeile oder Diagonale) ergibt. Diese Lösung ist in Abbildung 17.5 veranschaulicht.   ⬚

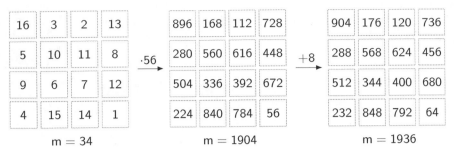

Abbildung 17.5: Schritte zur Bestimmung der hochgeheimnisvollen Zahlentafel zur Zahl 1936

Lösung zu Aufgabe 17.5. Als Beispiel sehen wir uns im Folgenden die geheimnisvolle 4-mal-4-Zahlentafel zur Zahl 2001 an. Da 2001 – im Gegensatz zu den beiden Zahlen 1936 und 2004 – kein Vielfaches der Zahl 4 ist (Vielfache der Zahl 4 sind die Zahlen $4, 8, 12, 16, \ldots$, also alle (ohne Rest) durch 4 teilbaren Zahlen), gibt es hier keine Lösung, bei der in der Zahlentafel nur natürliche Zahlen stehen. Stattdessen kann die Zahlentafel zu einer beliebigen natürlichen Zahl (wie z. B. 2001 oder 2005) auch Viertel, Halbe und Dreiviertel enthalten.

Warum ist das so? Wir gehen wieder vor wie bei der vorherigen Aufgabe: Wie oft passt die geheimnisvolle Zahl 34, die zur geheimnisvollen 4-mal-4-Zahlentafel mit den Zahlen $1, 2, \ldots, 16$ gehört, in die Zahl 2001 hinein? 58 Mal, denn $2001 = 34 \cdot 58 + 29$. Wir müssen nun noch die Differenz zwischen 1972 ($= 34 \cdot 28$) und 2001 gleichmäßig auf die vier Zeilen (und Spalten) verteilen. Das ergibt für jede Zeile (und Spalte) genau $7\frac{1}{4}$ (denn $29/4 = 7\frac{1}{4}$), also eine Bruchzahl und eben keine natürliche Zahl mehr. Wir müssen also statt wie zuvor zu jeder Zahl „+8" nun „+$7\frac{1}{4}$" rechnen, was für die Zahl 2001 zu der hochgeheimnisvollen 4-mal-4-Zahlentafel in Abbildung 17.6 führt.

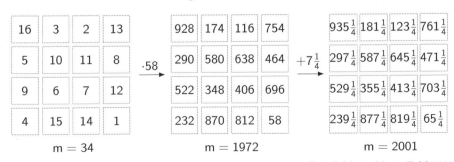

Abbildung 17.6: Schritte zur Bestimmung der hochgeheimnisvollen Zahlentafel zur Zahl 2001. Lösung von Aufgabe 17.5

Ein noch einfacherer Weg zur Lösung ist jedoch der folgende: Ausgehend von der Zahlentafel zur geheimnisvollen Zahl 2004 reicht es, jeweils $\frac{3}{4}$ von jeder Zahl abzuziehen, um zur geheimnisvollen Zahlentafel zur Zahl 2001 zu gelangen.

Lösung zu Aufgabe 17.6. Für $n = 3$, 4 und 5 haben wir bereits Beispiele für geheimnisvolle n-mal-n-Zahlentafeln gesehen bzw. konstruiert. Auch für jedes $n > 5$ kann man sie konstruieren, z. B. mit der *siamesischen Methode* und anderen Verfahren, auf die wir aus Platzgründen auf die angefügten Links am Ende des Kapitels II.17 verweisen. Es bleiben noch die Fälle $n = 1$ und $n = 2$. Für $n = 1$ sieht die Zahlentafel etwas ungewohnt aus, denn eine 1-mal-1-Zahlentafel hat nur eine Zeile und ein Spalte, sie besteht also nur aus einer Zahl (z. B. aus der 1 oder jeder anderen natürlichen Zahl – je nachdem, was die zugehörige (hoch-)geheimnisvolle Zahl sein soll).

Und was ist nun mit einer 2-mal-2-Zahlentafel mit den Zahlen 1, 2, 3 und 4? Für $n = 2$ gibt es *keine* solche geheimnisvolle n-mal-n-Zahlentafel (und erst recht nicht eine hochgeheimnisvolle n-mal-n-Zahlentafel), denn mit den Zahlen 1, 2, 3 und 4 (siehe auch Abbildung 17.7; allgemeiner: mit vier verschiedenen Zahlen ungleich 0) schafft man es nicht, in jeder der beiden Zeilen und Spalten zugleich dieselbe Summe zu erhalten.

Dass es wirklich nicht funktioniert, kann man sehen, indem man sich überlegt, wie die zugehörige geheimnisvolle Zahl lauten müsste. Für die Zahlen 1, 2, 3 und 4 in der Tafel wäre es die Zahl 5, denn ihre Summe ist $1 + 2 + 3 + 4 = 10$, die auf je zwei Zeilen und Spalten aufgeteilt wird (also $10/2 = 5$). Die Summe 5 lässt sich zwar zugleich beispielsweise in den zwei *Zeilen* erreichen, wodurch sich aber ein Widerspruch in den *Spalten* ergibt (oder umgekehrt, siehe auch Abbildung 17.7).

Abbildung 17.7: (Falsche) Versuche einer geheimnisvollen 2-mal-2-Zahlentafel

Diese verschiedenen Bedingungen an die gesuchte Zahlentafel, nämlich dass die Summe in beiden Zeilen und beiden Spalten 5 beträgt, kann man übrigens auch über mehrere Gleichungen aufstellen und auflösen. Man kann nun zeigen, dass diese Gleichungen niemals alle zugleich erfüllt sein können, was bedeutet, dass es tatsächlich keine geheimnisvolle 2-mal-2-Zahlentafel gibt.

Lösung zu Aufgabe 17.7. Der berühmte Mathematiker Carl Friedrich Gauß (*1777; †1855) hatte hierzu eine geniale Idee, die bereits im Kapitel II.4 zur „Induktion" vorgestellt wurde: Will man die Zahlen 1, 2, 3,..., n^2 addieren, also zum Beispiel für $n = 5$ die Summe $1 + 2 + 3 + \cdots + 25 = 325$ berechnen (wie in Aufgabe 17.3), so kann man die von ihm entdeckte Formel $1 + 2 + 3 + \cdots + n^2 = \frac{n^2 \cdot (n^2 + 1)}{2}$ verwenden. Diese Formel wird Carl Friedrich Gauß zu Ehren auch „Gaußsche Summenformel" genannt. Am Beispiel $n = 5$ bedeutet das also: $1 + 2 + 3 + \cdots + 5^2 = \frac{5^2 \cdot (5^2 + 1)}{2} = \frac{25 \cdot 26}{2} = 325$.

Die Formel kann man sich so veranschaulichen: Man schreibt die Zahlen von 1 bis n^2 aufsteigend in eine Zeile. Darunter schreibt man, wie in Abbildung 17.8, die Zahlen in umgekehrter Reihenfolge und addiert anschließend die Zahlen, die jeweils untereinander stehen:

$$
\begin{array}{cccccc}
1 & 2 & 3 & \dots & n^2 - 1 & n^2 \\
n^2 & n^2 - 1 & n^2 - 2 & \dots & 2 & 1
\end{array}
$$

Abbildung 17.8: Illustration der Gaußschen Summenformel

In jeder Spalte ergibt sich die Summe $n^2 + 1$, die wir insgesamt n^2-mal erhalten (also zusammen $(n^2 + 1) \cdot n^2$). Da wir für die gesuchte Summe aller Zahlen von 1 bis n^2 aber alle Zahlen doppelt zählen würde, dürfen wir nur die Hälfte nehmen (also $\cdot \frac{1}{2}$), insgesamt also:

$$
1 + 2 + 3 + \dots + n^2 = \frac{(n^2 + 1) \cdot n^2}{2},
$$

was genau der Formel von Gauß entspricht.

18 Lösungsvorschläge zu Thema 18

Clara Löh

Lösung zu Aufgabe 18.1. *Zu 1.* Für die Sequenz ⬆⬆⬆▷⬆◁ erhalten wir die Schritte in Abbildung 18.1 (und Roro schaut am Ende wieder nach Norden):

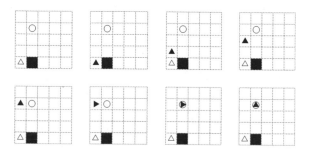

Abbildung 18.1: Lösung von Aufgabe 18.1.1

Zu 2. Für die Sequenz ⬆▷⬆▷⬆◁ erhalten wir die Schritte in Abbildung 18.2 (und Roro schaut am Ende nach Osten):

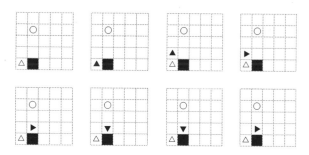

Abbildung 18.2: Lösung von Aufgabe 18.1.2

Man beachte, dass Roro bei der fünften Instruktion auf demselben Feld stehenbleibt, da der Weg durch das Hindernis blockiert ist. ▢

Lösung zu Aufgabe 18.2. Indem man jedes Auftreten des Kommandos ▷ durch ◁◁◁ ersetzt, kann man jedes gewöhnliche Roro-Programm in eines umwandeln, das auch der verunfallte Roro versteht und dasselbe Ziel erreicht wie das ursprüngliche Programm. Also hat zum Beispiel das Roro-Programm

$$\text{⬆ ⬆ ⬆ ◁ ◁ ◁ ⬆ ◁}$$

die gewünschte Eigenschaft. ▢

© Springer-Verlag GmbH Deutschland, ein Teil von Springer Nature 2019
C. Löh et al. (Hrsg.), *Quod erat knobelandum*,
https://doi.org/10.1007/978-3-662-58725-6_39

Lösung zu Aufgabe 18.3. Man kann leicht nachprüfen, dass Roro mit dem folgenden Programm das Ziel erreicht:

△ △ △ △ ▷ △ △ △ △ ▷ △ △ △ △

Dieses Programm besteht aus 14 Instruktionen. Aus folgendem Grund gibt es kein Programm, mit dem Roro das Ziel erreicht, das weniger Instruktionen enthält:

Wegen des Hindernisses muss Roro das mittlere Feld in der obersten Zeile passieren. Da sich Roro nur auf nördlich/südlich/östlich/westlich benachbarte Felder bewegen kann, benötigt man mindestens sechs △-Instruktionen, um vom Start zum obersten mittleren Feld zu gelangen. Da das oberste mittlere Feld jedoch nicht vom Start aus durch sechs △ -Instruktionen erreichbar ist (Roro muss mindestens einmal die Richtung ändern), ist mindestens eine weitere Instruktion nötig. Insgesamt benötigt Roro also mindestens sieben Instruktionen, um vom Start zum obersten mittleren Feld zu kommen. Mit demselben Argument sieht man, dass nochmal mindestens sieben weitere Instruktionen nötig sind, um vom obersten mittleren Feld das Ziel zu erreichen.

Also sind insgesamt mindestens $7 + 7 = 14$ Instruktionen nötig.   ▱

Lösung zu Aufgabe 18.4. *Zu 1.* Zum Beispiel ist ▷ △ ◁ △ △ △ ▷ △ ◁ ein solches Palindromprogramm (es ist tatsächlich ein Palindromprogramm und man überprüft leicht, dass Roro damit das Ziel erreicht).

Zu 2. Nein, ein solches Palindromprogramm kann es nicht geben, denn: Jedes Palindromprogramm enthält dieselbe Anzahl von ▷ und ◁ (denn durch die Palindromeigenschaft gehört zu jedem ▷ ein ◁ und umgekehrt; ist die Länge des Programms ungerade, so muss die mittlere Instruktion △ sein, da sonst die Spiegelungseigenschaft nicht erfüllt ist). Also wird jede Drehung von Roro in einem Palindromprogramm in einer späteren Instruktion wieder rückgängig gemacht, d.h. Roro schaut am Ende in dieselbe Richtung wie am Anfang. In unserem Fall schaut Roro daher am Ende wieder nach Norden und nicht nach Westen.   ▱

Lösung zu Aufgabe 18.5. *Zur linken Karte.* Zum Beispiel hat das Programm △ ▷ △ △ ▷ △ ◁ △ die gewünschte Eigenschaft: Wenn Roro diese acht Instruktionen ausgeführt hat, steht er auf der obersten 4 und schaut nach Osten. Dann werden jeweils die letzten vier Instruktionen (also ▷ △ ◁ △) wiederholt und Roro nähert sich so „Stufe für Stufe" dem Ziel.

Zur rechten Karte. Eine mögliche Lösung ist zum Beispiel △ ◁ △ ▷ △ .   ▱

Lösung zu Aufgabe 18.6. Ein Beispiel für ein solches Programm ist:

△ △ △ △ △   ▷   △ △ △ △ ▷ △ △
    ①   ②   ③   ④

Wir begründen nun, warum dieses Programm gegen das Vergessen von höchstens einer Instruktion resistent ist:

- Falls Roro keine Instruktion vergisst, erreicht er damit das Ziel (einfach zu überprüfen; aufgrund der Hindernisse, die das Ziel umgeben, wird er sich am Ende nicht vom Ziel wegbewegen).

- Falls Roro eine der Instruktionen aus ① vergisst, wird er trotzdem am Ende von ① genau unterhalb der Hindernisse ankommen (da ja eigentlich ein ▲ „zu viel" ist) und erreicht dann wie im vorigen Fall das Ziel.

- Falls Roro die Instruktion ② vergisst, bleibt er während der Instruktionen aus ③ auf demselben Feld stehen (wegen des Hindernisses) und erreicht dann mit den verbleibenden Instruktionen das Ziel.

- Falls Roro eine der Instruktionen aus ③ vergisst, erreicht er trotzdem das Ziel (da ja eigentlich ein ▲ „zu viel" ist).

- Falls Roro eine der Instruktionen aus ④ vergisst, befindet er sich bereits am Ziel und wird dort (wegen der Hindernisse) auch bleiben.

Epilog

Quod erat docendum?

Stefan Krauss

∞.1   Warum wir dieses Buch geschrieben haben

Es gibt bereits zahlreiche Aufgabensammlungen für Schüler, die an Mathematik interessiert sind. Neben typischen Zusammenstellungen zum Einüben von Schulwissen (z. B. zur Abiturvorbereitung, vgl. Link in der Linksammlung am Ende des Kapitels) gibt es auch Bücher zur sogenannten Unterhaltungsmathematik, in denen mathematische Rätsel und Knobeleien für ein breites Publikum vorgestellt werden (stellvertretend hierfür ist das Gesamtwerk von Martin Gardner zu nennen [2]). Im Internet liefern die Suchbegriffe „Aufgabensammlung“ und „Mathematik“ insgesamt über 100000 Treffer. Die Frage scheint also berechtigt: Wozu ein weiteres Buch mit mathematischen Aufgaben für Schüler?

Im Gegensatz zu vielen der gerade genannten Aufgabensammlungen haben wir versucht, zusätzlich einige uns wichtig erscheinende Prinzipien zu berücksichtigen. Auch wenn dabei sicherlich nicht jeder Aspekt in jedem Kapitel zur Gänze umgesetzt werden konnte, haben wir uns bemüht, in der vorliegenden Aufgabensammlung die folgenden Vorzüge zu verwirklichen.

© Springer-Verlag GmbH Deutschland, ein Teil von Springer Nature 2019
C. Löh et al. (Hrsg.), *Quod erat knobelandum*,
https://doi.org/10.1007/978-3-662-58725-6

∞.1.1   Strukturiertheit

In jedem der 18 Kapitel wird ein bestimmtes Thema einleitend durch interessante, aber dennoch einfache Beispiele oder Knobelaufgaben motiviert, die oftmals verblüffenden Charakter haben und Neugier wecken sollen. Anschließend werden die beschriebenen Phänomene in der Sprache der Mathematik formuliert, wobei viel Wert auf anschauliche Beispiele und auf die Illustration von Lösungswegen gelegt wird, die für das jeweilige Teilgebiet typisch sind. Erst nach dieser ersten – gelegentlich auch umfangreicheren – thematischen Orientierung werden die zu bearbeitenden Aufgaben gestellt. Diese haben in der Regel nicht nur ansteigenden Schwierigkeitsgrad, sondern vertiefen das Thema auch sukzessive. Zum Abschluss jedes Kapitels werden Literatur, weiterführende Internetlinks und – wenn es sich anbietet – auch ein kurzer Ausblick auf mögliche Anschlussthemen gegeben.

∞.1.2   Themengebundenheit

An einem Thema „dranzubleiben" und dabei immer wieder neue Entdeckungen zu machen ist prototypisch für (erfolgreiches) mathematisches Arbeiten. Im vorliegenden Buch werden vielfältige Möglichkeiten zur intensiven und fokussierten Beschäftigung mit interessanten mathematischen Sachverhalten bereitgestellt. Dabei können Schüler zum Beispiel erleben, wie die Beantwortung einer Frage oftmals neue Fragen aufwirft und sich so mathematische Themengebiete entfalten können. Diese Themen können inhaltlicher Natur sein (z. B. das Thema II.12 zum Eulerschen Polyedersatz), mathematische Beweistechniken betreffen (z. B. das Thema II.4 zur Induktion) oder auch Anwendungscharakter haben (z. B. das Thema II.11 zur RSA-Verschlüsselung). Auch wenn sich nicht alle Kapitel unter dieses Prinzip einordnen lassen (vgl. z. B. das Thema II.10), wurde doch – im Gegensatz zu vielen unterhaltungsmathematischen Aufgabensammlungen – in den meisten Kapiteln der Versuch unternommen, ein bestimmtes mathematisches Thema von verschiedenen Seiten zu beleuchten. Die damit oftmals einhergehende schrittweise Verbindung von (auch scheinbar unterschiedlichen) Teilaspekten eines Phänomens gibt einen Einblick in typische mathematische Erkenntnisprozesse.

∞.1.3   Propädeutik

Eine wichtige Rolle bei der gerade beschriebenen sukzessiven Erarbeitung eines Themengebiets spielt der axiomatische Aufbau der Mathematik. Damit verbunden sind vor allem das Definieren von Begriffen, das Aufstellen und Beweisen von Behauptungen und eine exakte Verwendung von Sprache und mathematischen Symbolen. Im vorliegenden Buch werden diese typischen mathematischen Arbeitsweisen anhand zahlreicher Beispiele exemplifiziert. Gerade das wiederholte Einfordern von Beweisen unterscheidet das vorliegende Buch von vielen schulbezogenen Aufgabensammlungen, in denen oftmals die Beherrschung und das Einüben von Rechentechniken im Vordergrund steht. Die zahlreichen Brückenkurse und Einführungsveranstaltungen, die aktuell für beginnende Mathematikstudenten angeboten werden, belegen jedenfalls eindrucksvoll, dass die an der Universität geforderten mathematischen Arbeitsweisen in der Schule offenbar nicht ausreichend vermittelt werden. Nicht zuletzt gibt das vorliegende Buch aber auch einen inhaltlichen Einblick in die Hochschulmathematik, indem beispielsweise Themen wie Folgen und Reihen (s. Thema II.13 und Thema II.15), Graphentheorie (s. Thema II.3), Gruppentheorie (s. Thema II.14) oder das „Modulo-Rechnen" (s. Thema II.2) behandelt werden.

∞.1.4 Voraussetzungsfreiheit

Gerade mit Blick auf die genannten Bezüge zur universitären Mathematik ist hervorzuheben, dass zur Bearbeitung der vorgestellten Themen dennoch wenig Wissen vorausgesetzt wird und die behandelten Inhalte auch – so weit wie möglich – losgelöst vom Schulcurriculum sind. So ist es möglich, dass sich bereits interessierte Schüler der 7. Klasse – unabhängig von Schulform oder Bundesland – an den Aufgaben versuchen und zumindest die einfacheren Aufgaben auch erfolgreich bearbeiten können. Die Zielgruppe des vorliegenden Buches soll dabei ausdrücklich nicht auf Gymnasiasten beschränkt sein (tatsächlich hatten wir unter den Einsendungen sowohl 7.-Klässler als auch Realschüler). Auch aus diesem Grund wurden die original verwendeten Themenblätter des Schülerzirkels für das Buch noch einmal um einige „Aufwärmaufgaben" ergänzt.

∞.1.5 Potenzial für vielfältige Bearbeitungsmodi

Die einzelnen Kapitel sind so gestaltet, dass sie sowohl von Schülern selbständig als auch zusammen mit Lehrkräften bearbeitet werden können. Das zum Lösen der Aufgaben erforderliche Wissen wird jeweils am Anfang des Kapitels aufbereitet, wobei in jedem Kapitel quasi „von vorne" begonnen wird (eine Ausnahme stellt das Thema II.15 mit dem Titel „Mehr Folgen und Reihen" dar, sowie das relativ anspruchsvolle Thema II.11 zur RSA-Verschlüsselung, für das eine gewisse Vertrautheit mit dem Modulo-Rechnen aus dem Thema II.2 zur Zahlentheorie empfehlenswert ist). In Teil I des Buches werden außerdem Hinweise zur Bearbeitung der im Teil II vorgestellten Themen gegeben (s. Kapitel I.2) sowie Lösungsvorschläge zu einem Musterthema (s. Thema I.1) ausführlich erläutert. Insofern sind alle Voraussetzungen dafür gegeben, dass sich interessierte Schüler auch ohne vorherige Erläuterung durch eine Lehrkraft alleine (oder auch als Gruppe) mit den einzelnen Kapiteln beschäftigen können. Lehrer haben uns aber auch berichtet, dass sie die Aufgaben gemeinsam mit Schülern in Nachmittags-AGs oder in Mathe-Pluskursen bearbeitet haben. Das Buch bietet also auch für Lehrkräfte Gelegenheit, bestimmte Themen je nach Interesse herauszugreifen und Schüler bei der Bearbeitung individuell zu unterstützen.

∞.1.6 Kompetenzorientierung

Obwohl sich die Inhalte der Kapitel – schon aufgrund der angestrebten Überschneidungsfreiheit mit dem Schulcurriculum – für den regulären Unterricht nur bedingt eignen, ist das vorliegende Buch konform mit den Anforderungen der in der letzten Dekade von der Kultusministerkonferenz verabschiedeten und in der Folgezeit in ganz Deutschland implementierten Bildungsstandards für den Mathematikunterricht. Neben technischen Fertigkeiten können anhand der gestellten Themen vor allem die Kompetenzen Problemlösen und Argumentieren gefördert werden, und zwar jeweils auf höchstem Anforderungsniveau (z. B. komplexe Argumentationen entwickeln, begründete Vermutungen aufstellen, Lösungsideen reflektieren, etc.). Auch das Kommunizieren mathematischer Inhalte kann anhand der einzelnen Kapitel – gerade bei der Bearbeitung in der Gruppe – auf hohem Niveau verwirklicht werden (z. B. komplexe mathematische Sachverhalte mündlich oder schriftlich präsentieren bzw. Äußerungen von anderen zu mathematischen Inhalten bewerten [1]).

∞.1.7 Spaß an der Mathematik

Alle genannten Vorteile wären nur wenig wert, wenn dabei das vielleicht wichtigste Ziel außer Acht gelassen werden würde: Über die propädeutische Funktion und die anwendungsfokussierte Kompetenzorientierung hinaus soll in dem Buch vor allem der Spaß an der Beschäftigung mit der Mathematik vermittelt werden. Die Themen sollen zum Denken anregen und die Aufgaben sollen zum Knobeln einladen. „Harte mathematische Denkarbeit" kann dabei durch Erfolgserlebnisse belohnt werden. Empirische Studien zeigen immer wieder, dass Schüler eine Herausforderung durchaus zu schätzen wissen – gerade, wenn sie nicht mit Noten sanktioniert wird. Auch wenn dies natürlich nicht für alle Schüler zutrifft, so findet man in Untersuchungen doch immer wieder, dass „kognitive Aktivierung" durch herausfordernde Aufgaben für Schüler durchaus ein intellektuelles Vergnügen darstellen kann.

∞.2 Zur Rolle von Aufgaben in der Mathematik

In keinem anderen Fach dominieren Aufgaben das Unterrichtsgeschehen stärker als in Mathematik. Schüler erfahren die Unterrichtsinhalte oft durch Aufgaben und erleben ihre Kompetenz (sei es im Unterricht, zuhause oder in der Prüfungs-situation) über deren Bewältigung. Aufgaben können Motivation und Interesse der Schüler beeinflussen und haben darüber hinaus das Potenzial, Einstellungen und Überzeugungen (z. B. über das Wesen der Mathematik) zu ändern. Aufgaben bilden somit einen entscheidenden Rahmen für die Genese von Lern-prozessen und Erfolgserlebnissen.

Empirische Studien haben in der Vergangenheit allerdings gezeigt (z. B. die Analyse von über 40.000 Aufgaben aus dem deutschen Mathematikunterricht in der COACTIV-Studie), dass die von Lehrkräften eingesetzten Aufgaben relativ homogen und anregungsarm sind und zum weit überwiegenden Teil lediglich technische Fertigkeiten einfordern [3]. Als Voraussetzung für eine erfolgreiche Implementation der Bildungsstandards im Mathematikunterricht wird jedoch gemeinhin gerade eine kognitiv aktivierende Aufgabenkultur gesehen [1]. Wir möchten mit den präsentierten Themen und Aufgabenstellungen Schüler „ko-gnitiv aktivieren" und zu spannenden mathematischen Entdeckungsreisen ein-laden. Gleichzeitig ist es Ziel des Buches, Kompetenzen zu vermitteln, die nicht nur mit den Bildungsstandards kompatibel sind, sondern auch an ein Mathe-matikstudium heranführen können.

Weiterführende Links

http://www.iqb.hu-berlin.de/bista/abi
http://en.wikipedia.org/wiki/Martin_Gardner_bibliography

Literatur

[1] W. Blum, C. Drüke-Noe, R. Hartung, O. Köller. *Bildungsstandards Mathe-matik: konkret. Sekundarstufe I: Aufgabenbeispiele, Unterrichtsanregungen, Fortbildungsideen*, vierte Auflage, Berlin: Cornelsen Verlag Scriptor, 2010.

[2] M. Gardner. *My Best Mathematical and Logic Puzzles*, Dover, 1994.

[3] M. Neubrand, A. Jordan, S. Krauss, W. Blum, K. Löwen. *Aufgaben im COACTIV-Projekt: Einblicke in das Potenzial für kognitive Aktivierung im Mathematikunterricht*, in M. Kunter, J. Baumert, W. Blum, U. Klusmann, S. Krauss, M. Neubrand. *Professionelle Kompetenz von Lehrkräften. Er-gebnisse des Forschungsprogramms COACTIV*, Münster: Waxmann, 2011.

Index

Symbole

⇔, 111
⇒, 110
Σ, 173, 238, 271
∧, 109
¬, 109
∨, 109
Ⓒ, 19
□, 19
14-15-Puzzle, 163

A

abzählbar unendlich, 104
Achilles und die Schildkröte, 169
Algebra, xi, 37, 123, 166
Algorithmus
    erweiterter euklidischer, 126
alternierende Folge, 150
Analysis, xi, 153, 169
Anti-Zauberspruch, 158
Äquivalenz, 17, 111
Arithmetik, 37, 123
arithmetische Folge, 149
arithmetische Reihe, 153
Aufrundungsfunktion, 172
Aussage, 108, 115
    Negation, 109, 115
    Verneinung, 109, 115
Aussagenlogik, 15, 108
Auswahlaxiom, 251

B

Behauptung, 15
beschränkte Menge, 98
Beschränktheit von Folgen, 151
Beweis, 15
    Äquivalenz, 17
    Behauptung, 15
    direkter, 15
    durch Widerspruch, 16
    indirekter, 16
    Kontraposition, 16
    von Eindeutigkeitsaussagen, 18
    Voraussetzung, 15
Bildungsgesetz, 150
    explizites, 151
    rekursives, 151
Buchstabenquadrat, 191

C

Cantor, Georg, 104, 252

D

Definition, x
dekadischer Logarithmus, 162, 288
Dezimaldarstellung, 177
Diagonalargument, 252
Differentialgeometrie, xi
direkter Beweis, 15
Disjunktion, 109, 110
diskrete Mathematik, xi, 235
divergente Folge, 171
divergente Reihe, 174
Dodekaeder, 137
Dominoeffekt, 58
Dominostein, 3

E

ε-Umgebung, 171
Eindeutigkeitsaussage, 18
einfach geschlossene Kurve, 88
einfacher Graph, 144
Element
    größtes, 98
    inverses, 167
    neutrales, 167
    Ordnung, 167
endliche Menge, 96
erweiterter euklidischer Algorithmus, 126
euklidischer Algorithmus
    erweiterter, 126
Euler
    Leonhard, 135
Euler-Kreis, 48
Euler-Weg, 48
Eulersche Zahl, 135
Eulersche φ-Funktion, 126
Eulerscher Polyedersatz
    für Graphen, 139
    für konvexe Polyeder, 141
explizites Bildungsgesetz, 151

F

Färbung, 4
Fibonacci-Folge, 150
Fibonacci-Zahlen, 223

© Springer-Verlag GmbH Deutschland, ein Teil von Springer Nature 2019
C. Löh et al. (Hrsg.), *Quod erat knobelandum*,
https://doi.org/10.1007/978-3-662-58725-6

Folge, 148, 171
    alternierende, 150
    arithmetische, 149
    divergente, 171
    Fibonacci-, 150
    geometrische, 149
    Grenzwert, 171
    harmonische, 149, 170, 172
    konstante, 176
    konvergente, 171
Folge der Partialsummen, 152
Folgenbeschränktheit, 151
frrrrzt, 196
Fundamentalsatz der Zahlentheorie, 124
Funktion
    Turo, 199

G

Gegenbeispiel, 13
geheimnisvolle Zahl, 190
geheimnisvolle Zahlentafel, 189
Geometrie, xi, 135
    Differential-, xi
    diskrete, xi
geometrische Folge, 149
geometrische Reihe, 153, 175
Georg Cantor, 104
gerichteter Graph, 49
geschlossene Schleife, 85
geschlossener Weg, 48
gewichteter Graph, 49
Gewinnstrategie, 69
ggT, siehe größter gemeinsamer Teiler
globale Strategie, 86, 88
Grad eines Knotens, 48
Graph, 46, 47, 137
    einfacher, 144
    Euler-Kreis, 48
    Euler-Weg, 48
    gerichteter, 49
    gewichteter, 49
    Hamilton-Kreis, 51
    Hamilton-Weg, 51
    Knotengrad, 48
    Kreis, 48
    planarer, 137, 144
    Teilbarkeits-, 49
    vollständiger, 53, 185
    Weg, 47
    zusammenhängender, 48, 139, 144
Graphentheorie, 45
    Königsberger Brückenproblem, 46
    Problem des Handlungsreisenden, 50
    Ramsey-Theorie, 183
Grenzwert
    einer Folge, 171
    einer Reihe, 174

Grenzwertsätze, 175, 176
größter gemeinsamer Teiler, 124
größtes Element, 98
Gruppe, siehe Trickkiste
    isomorph, 167
    Kleinsche Vierer-, 167
    Permutations-, 167
    zyklische, 167
Gruppentheorie, 166

H

Hamilton
    Sir William Rowan, 52
Hamilton-Kreis, 51
Hamilton-Weg, 51
harmonische Folge, 149, 170, 172
harmonische Reihe, 153, 177
Hexaeder, 137
Hilbert
    David, 104
Hilberts Hotel, 99
Hilbertsche Probleme, 104
Hinweise
    zum Aufschreiben von Lösungen, 19
    zum Lösen von Aufgaben, 12
hochgeheimnisvolle Zahlentafel, 190
homöomorph, 88
Hotel
    Hilberts, 99

I

Ikosaeder, 137
Implikation, 16, 110, 111
indirekter Beweis, 16
Induktion, 57, 58
    Beispiel, 59, 60
    fehlerhafte, 63
    verallgemeinerte, 64
Induktionsanfang, 58, 59, 60
Induktionsprinzip, siehe Induktion
Induktionsschritt, 58, 59, 60
Induktionsvoraussetzung, 59, 60
Instruktion
    Roro, 195
    Turo, 199
Invariante, 29, 30
Invariantenprinzip, 30
inverses Element, 167
Invertieren
    modulares, 126

J

Jordanscher Kurvensatz, 88, 92
Josephus-Problem, 226
Junktor, 109, 112

K

Kante, 47
Kantengewicht, 49
Kardinalzahl, 252
Karte
  Roro, 195
  Turo, 199
kgV, *siehe* kleinstes gemeinsames
    Vielfaches
Kleinsche Vierergruppe, 167
kleinstes gemeinsames Vielfaches, 124
Knoten, 46, 47
  Grad, 48
Kombinatorik, 235
kongruent, 136
Kongruenz, 125
Königsberger Brückenproblem, 46
Konjunktion, 109
konstante Folge, 176
Kontinuumshypothese, 252
Kontinuumsproblem, 252
Kontraposition, 16
konvergente Folge, 171
konvergente Reihe, 174
Konvergenz, 153
konvexer Polyeder, 136, 143
Kopie einer Trickkiste, 161
Korollar, x
Körper
  platonischer, 136, 145
Kurve
  einfach geschlossene, 88
Kürzungsregel, 126

L

L-Form, 5
Lagrange
  Satz von, 166
Laufindex, 173
leere Menge, 96
Lemma, x
Lemma von Bézout, 126
log, 288
Logarithmus, 288
  dekadischer, 162, 288
Logical, 112, 116
Logik, xi, 14, 107
  Aussagen-, 15
lokale Strategie, 86, 90

M

magischer Würfel, 191
magisches Quadrat, 191
Mathematik
  diskrete, xi, 235
  Teilgebiete, xi

mathematische Theorie, 15
Median, 299
Menge
  abzählbar unendliche, 104
  beschränkte, 98
  endliche, 96
  leere, 96
  überabzählbare, 104
  unendliche, 96
Mengenlehre, xi, 14, 104
Methode
  siamesische, 302
Modell
  graphentheoretisches, 47
modulares Invertieren, 126
modulo, 38
monoton fallend, 152
  streng, 152
monoton steigend, 152
  streng, 152
Monotonie, 152
Multigraph, 47
Muster
  in magischen Quadraten, 193

N

Nash
  John Forbes Jr., 72
Negation, 109, 115
neutrales Element, 167
Nim, 74, 75

O

öffentlicher Schlüssel, 128
Oktaeder, 137
Ordinalzahl, 252
Ordnung, 167

P

Palindromprogramm, 198
Paradoxon
  Zenon, 169
Partialsummen, 152
Permutation, 62, 162
Permutationsgruppe, 167
Ping-Pong-Strategie, 71
planarer Graph, 137, 144
platonischer Körper, 136, 145
Polyeder, 136
  konvexer, 136, 143
Polyedersatz
  Eulerscher
    für Graphen, 139
    für konvexe Polyeder, 141
Potenzmenge, 251

Primzahl, 124
Primzahldrilling, 18
privater Schlüssel, 128
Problem
  des Handlungsreisenden, 50
  Hilbertsche Probleme, 104
  Josephus-, 226
  Königsberger Brückenproblem, 46
  Kontinuums-, 252
Programm
  Roro, 195
  Turo, 199

Q

qed, 19
Quadrat
  magisches, 191
  semimagisches, 191
quadratfrei, 133
quod erat demonstrandum, x, 19

R

Ramsey
  Satz von, 185
Ramsey-Theorie, 183
Ramsey-Zahl, 185, 235
Rechenschieber, 162
Reihe, 152, 174
  alternierende, 153
  arithmetische, 153
  divergente, 174
  geometrische, 153, 175
  Grenzwert, 174
  harmonische, 153, 177
  konvergente, 174
  unendliche, 173
  Wert, 174
Rekursion, 151
Rekursionsprinzip, 66
rekursives Bildungsgesetz, 151
Roro, 195
  Palindromprogramm, 198
  Startfeld, 195
  Wand, 195
  Zielfeld, 195
Roro-Instruktion, 195
Roro-Karte, 195
Roro-Programm, 195
RSA-Kryptosystem, 123
RSA-Verfahren, 127

S

Satz, x
  Eulerscher Polyedersatz, 139, 141
  Jordanscher Kurven-, 88, 92

von Euler, 48
von Euler-Fermat, 127
von Lagrange, 166
von Ramsey, 185
Schildkröte, 169
Schleife
  geschlossene, 85
Schubfachprinzip, 179, 180
semimagisches Quadrat, 191
Sequenzzahl, 83
siamesische Methode, 302
Slitherlink, 85
spiegelig, 164
Spiel
  symmetrisches, 72
Spieltheorie, 69, 70, 73
Stärke, 160
  unendliche, 160
Startfeld
  Roro, 195
  Turo, 199
Stochastik, xi
Strategie
  globale, 86, 88
  lokale, 86, 90
  Ping-Pong-, 71
Strategy-stealing Argument, 73
Summe
  der ersten n geraden Zahlen, 62
  der ersten n Potenzen, 62
  der ersten n Quadrate, 64
  der ersten n ungeraden Zahlen, 62
  der ersten n Zahlen, 59
  Laufindex, 173
  unendliche, 174
Summenzeichen, 173, 238, 271
Symmetrie, 70
symmetrisches Spiel, 72

T

T-Form, 5
Teilbarkeit, 124
Teilbarkeitsgraph, 49
Tetraeder, 137
Theorem, x
Tic-Tac-Toe, 75
Topologie, xi, 88, 247
  algebraische, xi
Torus, 246
Trickkiste, 158
  Kopie, 161
  spiegelig, 164
  Umordnung, 162
  Vierer-, 164
  Zeitzauber, 160
Turing-Maschine, 201
Turing-vollständig, 201

Turo, 199
  Instruktion, 199
Turo-Funktion, 199
Turo-Programm, 199
Turtle-Graphik, 196, 199

U

überabzählbar unendlich, 104
Überdeckung, 4
Umordnungstrickkiste, 162
unabhängige Teilmenge, 185
unendlich, 96
  überabzählbar, 104
  abzählbar, 104
unendlich stark, 160
unendliche Menge, 96
unendliche Reihe, 173
unendliche Summe, 174

V

verallgemeinertes Induktionsprinzip, 64
Verknüpfung, 109
  genau-dann-wenn, 111
  nicht, 109
  oder-, 109
  und , 109
  wenn-dann, 110
Verknüpfungstabelle, 158
Verneinung, 109, 115
Vierer-Trickkiste, 164
vollständiger Graph, 53, 185
vollständige Induktion, *siehe* Induktion
Voraussetzung, 15

W

Wahrheitstafel, 109
Wand
  Roro, 195
Weg, 47
  Euler, *siehe* Euler-Weg
  geschlossener, 48
Wohlordnungsprinzip, 67
Würfel, *siehe* Hexaeder

Z

Zahl
  Eulersche, 135
  Fibonacci-, 223
  geheimnisvolle, 190
  magische, 191
  Ramsey-, 235
Zahlen
  die natürlichen, 58
Zahlenbereiche, 124
Zahlentafel
  geheimnisvolle, 189
  hochgeheimnisvolle, 190
Zauberspruch
  Anti-, 158
  langweiliger, 158
  Stärke, 160
  Trickkiste, 158
Zeitzauber, 160
Zenon, 169
Zielfeld
  Roro, 195
zusammenhängender Graph, 48, 139, 144
Zwei-Personen-Spiel, 70
  symmetrisches, 72

Willkommen zu den Springer Alerts

- Unser Neuerscheinungs-Service für Sie:
  aktuell *** kostenlos *** passgenau *** flexibel

Springer veröffentlicht mehr als 5.500 wissenschaftliche Bücher jährlich in gedruckter Form. Mehr als 2.200 englischsprachige Zeitschriften und mehr als 120.000 eBooks und Referenzwerke sind auf unserer Online Plattform SpringerLink verfügbar. Seit seiner Gründung 1842 arbeitet Springer weltweit mit den hervorragendsten und anerkanntesten Wissenschaftlern zusammen, eine Partnerschaft, die auf Offenheit und gegenseitigem Vertrauen beruht.

Die SpringerAlerts sind der beste Weg, um über Neuentwicklungen im eigenen Fachgebiet auf dem Laufenden zu sein. Sie sind der/die Erste, der/die über neu erschienene Bücher informiert ist oder das Inhaltsverzeichnis des neuesten Zeitschriftenheftes erhält. Unser Service ist kostenlos, schnell und vor allem flexibel. Passen Sie die SpringerAlerts genau an Ihre Interessen und Ihren Bedarf an, um nur diejenigen Information zu erhalten, die Sie wirklich benötigen.

Mehr Infos unter: springer.com/alert

Printed in the United States
By Bookmasters